D1843900

Testtraining Kaufmännische Berufe

Hesse/Schrader

Testtraining
Kaufmännische Berufe

Einstellungs- und Eignungstests
erfolgreich bestehen

eichborn
berufsstrategie

Die Autoren
Jürgen Hesse, Jahrgang 1951, ist geschäftsführender Diplompsychologe im Büro für Berufsstrategie, Berlin.
Hans Christian Schrader, Jahrgang 1952, ist Diplompsychologe. Er lebt und arbeitet in der Nähe von Freiburg.

Mehr Infos zu diesem Buch unter www.testtraining-spezial.de

Adresse der Autoren
Büro für Berufsstrategie
Hesse/Schrader
Oranienburger Straße 4–5
10178 Berlin
Tel. 030 / 28 88 57-0
Fax 030 / 28 88 57-36
E-Mail info@berufsstrategie.de

1. Auflage 2010

Lektorat: Thorsten Schulte
Umschlaggestaltung: Christina Hucke
Typografie und Satz: Oliver Schmitt
Druck und Bindung: Fuldaer Verlagsanstalt, Fulda
ISBN 978-3-8218-5713-8

FSC © **Mix**
Produktgruppe aus vorbildlich bewirtschafteten Wäldern, kontrollierten Herkünften und Recyclingholz oder -fasern
www.fsc.org Zert.-Nr. SCS-COC-001554
© 1996 Forest Stewardship Council

Eichborn Verlag, Kaiserstraße 66, 60329 Frankfurt am Main
Mehr Informationen zu Büchern und Hörbüchern aus dem Eichborn Verlag finden Sie unter www.eichborn.de

Inhalt

Auf der CD-ROM, die hinten im Buch eingeklebt ist, finden Sie weitere 10 Tests aus den Themengebieten Allgemeinwissen, Merkfähigkeit, Mathematik, Technisches Verständnis, Logisches Denken, sowie einen Persönlichkeitstest.

Vorwort

Liebe Leserinnen, liebe Leser,

herzlich willkommen zum Testtraining Kaufmännische Berufe. Wir möchten Ihnen helfen, die gängigsten Einstellungstests für kaufmännische Berufe erfolgreich zu bestehen, vor allem aber die den Tests zugrunde liegenden Prinzipien zu verstehen. Dabei wollen wir uns nicht auf einen speziellen Beruf festlegen, sondern bieten Ihnen eine Vielfalt an Auswahlmöglichkeiten. Ob Sie nun Automobilverkäufer, Bürokaufmann, Hotelkaufmann oder Luftverkehrskaufmann werden möchten oder einen ganz anderen kaufmännischen Beruf ins Auge gefasst haben – die für Sie wichtigsten Tests sind in diesem Buch zusammengetragen. Schon an dieser Stelle müssen wir Sie um Nachsicht bitten, dass wir der Einfachheit halber hier nur die männliche Sprachform verwenden. Kauffrauen sind selbstverständlich genauso angesprochen.

Die in diesem Buch versammelten Tests werden nicht in allen Berufssparten gleich häufig durchgeführt. Daher haben wir Ihnen jeweils zu Beginn eines neuen Abschnitts einen Seitenteil reserviert, auf dem Sie mit einem Blick erkennen können, ob dieser Teil für Sie besonders wichtig ist. Damit wollen wir Ihnen das zielgerichtete Lernen erleichtern.

Arbeiten Sie dieses Buch sorgsam durch und üben Sie ganz gezielt an Ihren Schwachpunkten. Und: Beginnen Sie rechtzeitig mit der Vorbereitung auf Ihre Einstellungstestverfahren. Begegnen Ihnen neue – hier noch nicht aufgeführte – Verfahren, so waren uns diese zum Zeitpunkt des Drucks leider noch unbekannt. Wir würden uns freuen, wenn Sie uns diese kurz beschreiben und per E-Mail (autoren@testtraining-spezial.de) zukommen lassen. Genauso freuen wir uns natürlich auch über aktuelle Erfahrungsberichte, die wir anonymisiert veröffentlichen dürfen. Im Internet finden Sie unter www.testtraining-spezial.de neben einem Kontaktformular auch aktuelle Informationen. Bitte schauen Sie dort regelmäßig nach.

Für Ihre Testverfahren wünschen wir Ihnen nun von ganzem Herzen viel Erfolg! Und sollte es einmal dennoch nicht geklappt haben, so bedenken Sie:

Wir sind nicht nur auf der Welt, um so zu sein, wie andere uns gerne haben wollen!

Ihre

EINLEITUNG

Einstellungstests gehören heutzutage leider zum Bewerbungsalltag. Nicht selten sind sie für den überraschten Kandidaten mit Angst und Schrecken verbunden. Sicherlich kennen auch Sie schon dieses mulmige Gefühl, das einen in solchen Situationen befällt. Tests verlieren aber ihren Schrecken, wenn man weiß, worauf es ankommt.

In unserem Leben werden wir immer wieder getestet. Mal unfreiwillig, mal, weil wir uns selbst etwas beweisen wollen – in der Freizeit, beim Sport oder im Urlaub. In der Berufswelt versucht man den richtigen Bewerber auf den richtigen Posten zu setzen. An sich löblich, jedoch geschieht dies mithilfe von Testverfahren, die angeblich objektive Aussagen über einen Kandidaten treffen sollen, diese Erwartung jedoch häufig nicht zu erfüllen vermögen. Diese Tests können z. B. sein:

- Intelligenztests (mit den Abteilungen Logik, insbesondere Mathematik, Kreativität, Gedächtnis etc.)
- Konzentrations-Leistungstests (u. a. mit Verfahren zur Gedächtnisüberprüfung)
- Persönlichkeitstests
- Assessment-Center-Tests

Dazu kommen noch eine Reihe weiterer Tests, die teilweise von den Anwendern selbst gestrickt wurden und als höchst zweifelhaft angesehen werden dürfen. »Gibt es in der Antarktis Eisbären?« oder »Kann man in Afrika Jaguare antreffen?« sind Fragen aus dem Mannheimer Intelligenztest, der z. B. Ausbildungsplatzbewerbern immer wieder vorgelegt wird. Ausgefragt und abgeblitzt.

Testkritik

Aus psychologischer, pädagogischer und juristischer Sicht muss die durch Einstellungstests gesteuerte Auswahlpraxis bei der Vergabe von Ausbildungs- und Arbeitsplätzen entschieden kritisiert werden.

So ist aus psychologischer Sicht die Ableitung bzw. Vorhersehbarkeit von Testerfolg auf Berufserfolg wissenschaftlich unhaltbar. Häufig werden sogar noch veraltete Test aus den 1980er-Jahren eingesetzt, die nicht oder nur unzureichend dem heutigen Wissen angepasst sind.

Aus pädagogischer Sicht führt die gängige Testpraxis mit ihren Ablehnungsbescheiden bei jungen Bewerbern häufig zu einer erheblichen Beeinträchtigung des Selbstwertgefühls. Oft wird dem Bewerber der Eindruck vermittelt, er sei zu dumm, diesen Beruf auszuüben. Dies wird durch die Argumentation der Firmen und die pseudo-objektiven Tests noch verstärkt.

Bei juristischer Betrachtung der Einstellungsverfahren muss man immer wieder feststellen, dass auch rechtliche Grenzen deutlich überschritten werden. Laut Gesetzgebung ist es nur erlaubt, Fragen zu stellen, die direkt den Arbeitsplatz oder die angestrebte Tätigkeit betreffen. Fragestellungen, ob man demnächst heiraten möchte oder eines Tages Kinder haben will, sind einfach unzulässig. Hierzu gleich eine Anmerkung: Notlügen sind in einem solchen Fall nicht nur moralisch, sondern auch juristisch erlaubt!

Testanwender argumentieren immer wieder gerne:

- Einstellungstests lassen mehr Aussagen über einen Bewerber zu als die reine Bewertung von Zensuren und Zeugnissen.
- Tests sind objektiv. Alle Bewerber haben die gleichen Chancen.
- Tests helfen auch dem Bewerber, Fehlentscheidungen zu vermeiden. Dieser kann am Testergebnis selbst feststellen, dass er für einen bestimmten Beruf nicht geeignet ist. (Eines, wenn nicht *das* beliebteste Argument der Tester – »Es ist nur für *Sie* gut, damit Sie nicht einen Beruf ergreifen, mit dem Sie Ihr Leben lang unglücklich sind!«)
- Einstellungstests werden regelmäßig aktualisiert, also immer der Zeit angepasst.

Kommen Ihnen bei diesen Aussagen nicht auch Zweifel? Wenn Tests so gut wären, warum werden immer nur junge Menschen getestet? Haben Sie schon einmal davon gehört, dass Professoren oder gar der Bundeskanzler getestet wurden, ob sie in der Lage sind, ihr Amt auszuüben?

Unserer Meinung nach ist der Einstellungstest mit einem Foto vergleichbar. Auch dieses kann verwackelt oder unterbelichtet sein. Kann man dann Rückschlüsse ziehen, dass es bei der Aufnahme ein Erdbeben gegeben hat? Oder kann ich an einem Urlaubsfoto erkennen, ob der Fotograf sich im Urlaub gut erholt hat? Wohl eher nicht. Und genauso verhält es sich bei einem Einstellungstest. Habe ich Kopfschmerzen, bin ich an diesem Tag in der Testbearbeitung nicht so gut wie jemand, der gesund ist, sich bereits vorher intensiv mit den Aufgaben vertraut gemacht und sogar geübt hat. Und was ist mit denen, die Prüfungsangst haben? Sind da die Chancen noch gleich und die Rückschlüsse transparent? Wohl kaum.

Testvorbereitung

Auch wenn man Ihnen von Testanwenderseite bisweilen einzureden versucht, es sei besser, sich nicht vorzubereiten, sollten Sie diesen Ratschlag auf keinen Fall beherzigen. An dieser Stelle wollen wir Ihnen noch ein paar Tipps geben, die Ihnen helfen werden, mit der Testsituation besser klarzukommen.

Machen Sie sich rechtzeitig mit den Testaufgaben vertraut. In diesem Buch finden Sie nahezu alle Aufgabentypen, die Sie unter Umständen bearbeiten müssen. Alle hier vorgestellten Tests beginnen mit einer je nach Schwierigkeitsgrad kurzen oder längeren Einleitung und Beschreibung des Testverfahrens. Verdeutlichen Sie sich grundsätzlich *vor* dem Teststart die Aufgabenstellung. Starten Sie niemals in den Test mit der Hoffnung, Sie würden das Prinzip im Laufe der Bearbeitung verstehen.

Lassen Sie sich möglichst nicht aus der Ruhe bringen. Arbeiten Sie zügig, aber immer mit dem nötigen Maß an Sorgfalt. Die meisten Aufgaben – auch in diesem Buch – sind so zahlreich, dass Sie sie selten alle vollständig – insbesondere in der zu kurzen Bearbeitungszeit – lösen werden.

Üben Sie die hier vorgestellten Aufgaben und fangen Sie rechtzeitig damit an. Leicht neigt man dazu, unangenehme Tätigkeiten aufzuschieben. Nur indem Sie intensiv üben, können Sie Ihre Chancen deutlich erhöhen. Fangen Sie zu kurz vor einem Test mit der Vorbereitung an, fehlt meist die Zeit, sich gründlich mit den Aufgaben zu befassen. Das menschliche Gehirn lernt in der Regel langsam und hat die gewünschten »Daten« nicht wie ein Computer nach einmaliger Eingabe sofort griffbereit. Aus der Schule sollte jeder wissen, wie und wann er am effektivsten lernt.

Üben Sie, wann immer es geht, mit einem Helfer. Dieser soll die Aufgabenbearbeitung überwachen, die Zeit nehmen und die Tests korrigieren. Bei der Testbesprechung kann er Ihnen vielleicht noch wertvolle Hinweise geben, wenn Sie selbst nicht auf die richtige Lösung kommen.

Nutzen Sie auch die Übungsangebote der Firmen. Was das heißt? Senden Sie Bewerbungen ab, um Testerfahrung zu sammeln. Fangen Sie also nicht gleich mit einer Bewerbung bei Ihrem Traumarbeitsplatzanbieter an. Es wäre schade, würden Sie dort durchfallen, nur weil Ihnen eine gewisse Testerfahrung fehlt.

Eine gute Einstellungshilfe ist ein Praktikum in der Wunschfirma. Dort lernt man Sie kennen. Dies ist insbesondere hilfreich, wenn man gute Kontakte knüpft und über diese wertvolle Tipps und u. U. sogar Testunterlagen bekommt. Bei einem Vorstellungsgespräch hat man so einen besonderen Bonus.

Versuchen Sie auch die mündliche Prüfungssituation zu üben. Bitten Sie einen Helfer, sich in die Rolle des Personalchefs zu versetzen und mit Ihnen ein Bewerbungsgespräch durchzuführen. Dabei soll er Sie ruhig etwas provozieren und Ihnen das Wort im Mund umdrehen. So eine Übung macht Spaß und trainiert zugleich. Denn: Auch in einem mündlichen Gespräch sollten Sie mit Provokationen gelassen umgehen können. Antworten Sie nett und freundlich, zeigen Sie aber auch Grenzen. Man muss sich nicht alles gefallen lassen und darf durchaus auch mal in die Offensive gehen. Verlassen Sie aber niemals den Raum! Dieses Verhalten würde man als Flucht interpretieren.

Sollte es trotz aller Vorbereitung nicht gleich klappen, lassen Sie den Kopf nicht hängen. Einstellungstests haben nur eine wirklich sehr begrenzte Aussagekraft. Rückschlüsse auf Sie als Mensch sind völlig abwegig. Glauben Sie an sich und verfolgen Sie hartnäckig Ihre Ziele. Manchmal muss man, um diese zu erreichen, durchhalten und kämpfen.

Zu den Berufen in diesem Buch

»Dieser Test wird verwendet für ...«
... ist die Einleitung für jeden neuen Test, den wir Ihnen in diesem Buch vorstellen. Sie sehen jeweils Ziffern, die sich auf die unten genannten Berufsgruppen beziehen. (1. Verkaufsberufe, 2. Groß- und Außenhandelskaufleute usw.) Sie können sich besser orientieren, ob Sie diesen Test für Ihre Einstellungstestverfahren besonders üben sollten. Doch Stopp! Wiegen Sie sich nicht in trügerischer Sicherheit und nehmen Sie unseren Rat an, immer alle Tests in diesem Buch durchzugehen. Nur dies ist der sichere Weg, um auf alle Eventualitäten vorbereitet zu sein.

Grundsätzlich lassen sich die Berufe in diesem Buch in folgende Gruppen einteilen:

1. **Verkaufsberufe (Einzelhandel)**
   Hierunter versteht man, dass die Beschäftigten dieser Berufsgruppe schwerpunktmäßig mit Einkaufen/Verkaufen, Vermitteln und Kassieren betraut sind. Sie arbeiten vornehmlich im Einzelhandel. Berufsgruppen wie Floristen, Kassierer und Apothekenhelfer sind dieser Gruppe zugeordnet. Automobilverkäufer und Lebensmittelfachverkäufer lassen sich z. B. auch zu dieser Obergruppe zählen.

2. **Groß- und Außenhandelskaufleute**
   Auch diese sind schwerpunktmäßig – so sagt es die Bundesagentur für Arbeit – mit dem Einkaufen/Verkaufen, Vermitteln und Kassieren beschäftigt. Damit arbeiten sie rein formal im Einzelhandel, werden aber dennoch abgegrenzt, da sie deutlich häufiger kaufmännische/betriebswirtschaftliche Fachkenntnisse in ihrer Tätigkeit benötigen. Vertriebssachbearbeiter zählen jedoch zur Gruppe »sonstige Berufe« – so auch in unserer Berufsübersicht.

3. **Bank- und Versicherungskaufleute**
   Bank- und Versicherungskaufleute bilden wegen ihres Branchenbezugs ein eigenes Berufsfeld. Hierzu empfehlen wir Ihnen auch unser Buch *Testtraining Banken und Versicherungen*, das sich auf über 360 Seiten rein diesem Berufszweig widmet.

4. **Werbefachleute**
   Zur Gruppe der Werbefachleute gehören sowohl der Werbekaufmann als auch Marketing- und Absatzfachleute sowie Statistiker, Marktforscher und andere verwandte Berufe, die im Berufsfeld »Werben, Marketing, Öffentlichkeitsarbeit/PR« zusammengefasst werden können.

5. **Sonstige kaufmännische Berufe**
   Hierzu zählen alle anderen Berufe, die auch den Typus »Einkaufen/Verkaufen, Vermitteln und Kassieren« aufweisen. Ausnahmen bilden Verkehrsfachleute (Güter-, Personen- und Fremdenverkehr), die nochmals separat erfasst werden.

Finden Sie in der Übersicht Ihren angestrebten Beruf nicht, können Sie sich im Zweifel immer die Gruppe »Sonstige« ansehen – oder alle Tests üben.

BERUFSORIENTIERUNG

Kleiner, erster Orientierungstest: »Hab ich's drauf?« Die folgenden drei kleinen »Einschätzungs-Test-Übungen« (wir bemühen nur sehr ungerne das Wort Test!), sollen Ihnen helfen, herauszufinden, ob das kaufmännische Metier wirklich für Sie das Richtige sein könnte. Aber Bitte: Kein Test kann in die Zukunft schauen, auch unsere hier nicht, und so wollen wir dieses Angebot und insbesondere das Ergebnis nicht absolut verstanden wissen, sondern als kleine Orientierungsunterstützung. Es zeigt Ihnen aber auch, mit welchen Fragen und Aufgaben Sie konfrontiert werden können, um herauszufinden, ob Ihr »Herz wirklich für die Kaufmannswelt schlägt«.

Interessentest für junge Menschen

Können Sie sich die hier vorgestellten Tätigkeiten, Aufgaben, Aktivitäten vorstellen? Für wie interessant schätzen Sie diese?

Finden diese Aussagen Ihre ganz deutliche Ablehnung: ☹☹
oder vielleicht nur eine geringe Ablehnung: ☹
oder sind Sie ohne jedes Gefühl, neutral: 😐
oder spüren Sie eine gewisse Zustimmung: ☺
oder bekommen sie Ihre ganz deutliche Zustimmung: ☺☺

	überhaupt nicht		▶		**absolut, sehr**
1. In Pausen für Ordnung und Sicherheit auf dem Schulhof sorgen.	☹☹	☹	😐	☺	☺☺
2. Mit Freunden gemeinsam eine große Schulparty organisieren.	☹☹	☹	😐	☺	☺☺
3. Behinderten bei der Auseinandersetzung mit Behörden helfen.	☹☹	☹	😐	☺	☺☺
4. In einem Hotel an der Rezeption arbeiten und für alle Fragen zuständig sein.	☹☹	☹	😐	☺	☺☺
5. In einem Büro den Telefondienst übernehmen.	☹☹	☹	😐	☺	☺☺
6. Auf dem Flohmarkt selbst etwas verkaufen.	☹☹	☹	😐	☺	☺☺
7. Als Schulsprecher etwas mit der Schulleitung verhandeln.	☹☹	☹	😐	☺	☺☺
8. Anzeigenkunden für die Schülerzeitung werben.	☹☹	☹	😐	☺	☺☺
9. Im Supermarkt an der Kasse arbeiten.	☹☹	☹	😐	☺	☺☺
10. Das alte Fahrrad oder Mofa eines Freundes bestmöglich verkaufen helfen.	☹☹	☹	😐	☺	☺☺
11. Als Unterstützung für einen Förster für einen Wald zuständig sein	☹☹	☹	😐	☺	☺☺
12. Geschäftspläne und Modelle für die Gründung einer Schülerfirma entwerfen.	☹☹	☹	😐	☺	☺☺
13. Neue Ideen entwickeln, wie man sein Taschengeld aufbessern könnte.	☹☹	☹	😐	☺	☺☺

14. Aktiv an einer Marktforschungsstudie für ein neues alkoholfreies Erfrischungsgetränk mitwirken.	☹☹	☹	😐	☺	☺☺
15. Neue, günstigere Einkaufsquellen für Schulbedarf finden.	☹☹	☹	😐	☺	☺☺
16. Preis- und Einkaufsverhandlungen für die Schulbibliothek führen.	☹☹	☹	😐	☺	☺☺
17. Eine Gewinn-und-Verlust-Rechnung nach einer Schulveranstaltung aufstellen.	☹☹	☹	😐	☺	☺☺
18. Eine Gemeinschaftskasse führen und verwalten.	☹☹	☹	😐	☺	☺☺
19. Die Kostenkalkulation für eine größere Gruppenreise übernehmen.	☹☹	☹	😐	☺	☺☺
20. Eintrittspreise für eine Veranstaltung in der eigenen Schule kalkulieren.	☹☹	☹	😐	☺	☺☺
21. Eine Schülerfirma für Nachhilfeunterricht gründen und leiten.	☹☹	☹	😐	☺	☺☺
22. Im Kaufhaus die verkauften Waren als Geschenke nett verpacken helfen.	☹☹	☹	😐	☺	☺☺
23. In einer Videothek aushilfsweise arbeiten.	☹☹	☹	😐	☺	☺☺
24. In der Warenannahme eines Kaufhauses arbeiten.	☹☹	☹	😐	☺	☺☺
25. In einer Tankstelle am Wochenende als Aushilfskassierer arbeiten.	☹☹	☹	😐	☺	☺☺
26. Einen Ferienjob in einem großen Baumarkt und Gartencenter annehmen.	☹☹	☹	😐	☺	☺☺
27. Interessenten technische Geräte (z. B. Unterhaltungselektronik) vorführen und erklären.	☹☹	☹	😐	☺	☺☺
28. Freunden beim Gebrauchtwagenkauf beratend zur Seite stehen.	☹☹	☹	😐	☺	☺☺

Auswertung

Maximal konnten Sie bei diesem Test 140 Punkte erreichen. Bitte addieren Sie nun Ihre Punkte:

Symbol	Anzahl	Punktwert	Summe
☺☺		5	
☺		4	
😐		3	
☹		2	
☹☹		1	
		Gesamt:	

deutlich unter 80 Punkte: Ihr Ergebnis verdeutlicht kein besonderes Interesse an typisch kaufmännischen Aktivitäten. Bei einem Motivationstest und Auswahlverfahren würden Sie ziemlich sicher »verabschiedet« werden. Besser, Sie überlegen sich Ihren Berufswunsch noch einmal ganz genau. Meinen Sie wirklich, dass das kaufmännische Metier für Sie das Richtige ist?

ab 80 Punkte: Ein schon recht interessantes Ergebnis in Richtung: »Könnte etwas für Sie sein!« Je höher, desto besser, und spätestens ab 95 Punkten scheinen Sie das richtige Betätigungsfeld für sich entdeckt zu haben. Vielleicht gibt es aber auch noch andere berufliche Gebiete, die Sie interessieren. Denken Sie gut darüber nach, insbesondere wenn Ihr Ergebnis deutlich unter 95 Punkten liegt.

ab 108 Punkte: Sehr interessant, Sie scheinen wirklich motiviert! Das macht einen überzeugenden Eindruck, denn alle wichtigen Tätigkeiten in den kaufmännischen Bereichen schätzen Sie für sich als interessant ein. Bei so viel Interesse überzeugen Sie auch die strengsten Auswähler. Sind Sie wirklich so überzeugt?

ab 130 Punkte: Ein erstaunlich hohes Ergebnis! Und das macht fast schon wieder misstrauisch. Haben Sie wirklich ein so starkes Interesse an all den abgefragten Tätigkeiten, oder wollten Sie ganz bewusst einen »guten«, einen hoch motivierten Eindruck erzeugen? Vorsicht! In diesem Fall ist es Ihnen nicht gelungen, das ist einfach schon etwas zu viel des Guten! Bitte nicht übertreiben!

Interessentest für Berufserfahrene

Wie schätzen Sie sich bezüglich folgender Aussagen ein? Finden diese Aussagen

Ihre deutliche Zustimmung: ☺☺
oder nur eine geringe Zustimmung: ☺
oder vielleicht schon eine geringe Ablehnung: ☹
oder finden diese Aussagen Ihre deutliche Ablehnung: ☹☹

Von total ablehnend über ablehnend bis zu Zustimmung und totaler Zustimmung sollen Sie sich jetzt ganz spontan entscheiden.

	deutliche Ablehnung	▶		**volle Zustimmung**
1. Kollegen zu sagen, was getan werden muss, kann ich mir für mich gut vorstellen.	☹☹ ●	☹ ○	☺ ■	☺☺ □
2. Es gefällt mir, wenn ich andere beeinflussen kann.	☹☹ ●	☹ ○	☺ ■	☺☺ □
3. In einer Führungsposition zu sein reizt mich nicht besonders.	☹☹ □	☹ ■	☺ ○	☺☺ ●
4. Andere zu kritisieren fällt mir nicht schwer.	☹☹ ●	☹ ○	☺ ■	☺☺ □
5. Ich mag es, Dinge oder Prozesse so zu beeinflussen, wie ich es als richtig empfinde.	☹☹ ●	☹ ○	☺ ■	☺☺ □
6. Ich habe schon eine ganze Menge bewegt in meinem Leben.	☹☹ ●	☹ ○	☺ ■	☺☺ □
7. Bisweilen muss ich schon mal in meinem Tatendrang gebremst werden.	☹☹ ●	☹ ○	☺ ■	☺☺ □
8. Ich bin sicher für einige so etwas wie ein unbequemer Querdenker.	☹☹ ●	☹ ○	☺ ■	☺☺ □
9. Für mich kommt an erster Stelle meine Arbeit.	☹☹ ●	☹ ○	☺ ■	☺☺ □
10. Ich bin nicht besonders ehrgeizig.	☹☹ □	☹ ■	☺ ○	☺☺ ●
11. Wegen der vielen Arbeit vernachlässige ich schon mal mein Privatleben.	☹☹ ●	☹ ○	☺ ■	☺☺ □
12. Es reizt mich besonders, schwierige Probleme zu lösen.	☹☹ ●	☹ ○	☺ ■	☺☺ □
13. Freizeit hat für mich nicht die höchste Bedeutung.	☹☹ ●	☹ ○	☺ ■	☺☺ □

14. Ich weiß, wie ich mich durchsetzen kann.	☹☹ ●	☹ ○	☺ ■	☺☺ □
15. Es fällt mir auf der Arbeit leicht, andere Kollegen für meine Ideen einzunehmen.	☹☹ ●	☹ ○	☺ ■	☺☺ □
16. Anderen gegenüber bin ich meist etwas zu nachgiebig.	☹☹ □	☹ ■	☺ ○	☺☺ ●
17. Bei einem Streit haben es andere mit mir schwer.	☹☹ □	☹ ■	☺ ○	☺☺ ●
18. Schnell mit anderen ins Gespräch zu kommen ist für mich kein Problem.	☹☹ ●	☹ ○	☺ ■	☺☺ □
19. Es fällt mir schwer, mich mit fremden Personen über etwas zu unterhalten.	☹☹ □	☹ ■	☺ ○	☺☺ ●
20. Wegen meiner guten Kontaktfähigkeit werde ich von anderen beneidet.	☹☹ ●	☹ ○	☺ ■	☺☺ □
21. Es fällt mir leicht, auf andere Menschen zuzugehen.	☹☹ ●	☹ ○	☺ ■	☺☺ □
22. Die meisten Menschen, die ich kenne, mag ich eigentlich auch gut leiden.	☹☹ ●	☹ ○	☺ ■	☺☺ □
23. Wenn ich jemanden nicht mag, mache ich auch keinen Hehl daraus.	☹☹ □	☹ ■	☺ ○	☺☺ ●
24. Ich komme nicht mit jedem gleich gut aus.	☹☹ □	☹ ■	☺ ○	☺☺ ●
25. Wer sich mit mir anlegt, wird es schnell bereuen.	☹☹ □	☹ ■	☺ ○	☺☺ ●
26. Ich kann mich gut in andere Menschen hineinversetzen.	☹☹ ●	☹ ○	☺ ■	☺☺ □
27. In heiklen Situationen treffe ich fast immer den richtigen Ton.	☹☹ ●	☹ ○	☺ ■	☺☺ □
28. Wenn sich jemand in meiner Gegenwart nicht wohlfühlt, bemerke ich das ziemlich schnell.	☹☹ ●	☹ ○	☺ ■	☺☺ □
29. Ich bin mir häufig nicht sicher, was andere von mir erwarten.	☹☹ □	☹ ■	☺ ○	☺☺ ●
30. Ich gebe mich meistens so, wie ich auch wirklich bin.	☹☹ ●	☹ ○	☺ ■	☺☺ □
30. Ich stehe eigentlich sehr ungern im Mittelpunkt.	☹☹ □	☹ ■	☺ ○	☺☺ ●
32. Wenn andere mich nicht mögen, macht mich das ziemlich unsicher.	☹☹ □	☹ ■	☺ ○	☺☺ ●

	☹☹	☹	☺	☺☺
33. Es ist mir ziemlich egal, was die Leute hinter meinem Rücken reden.	●	○	■	□
34. Ich habe ziemlich gute Nerven.	●	○	■	□
35. Ich grüble ziemlich häufig über persönliche Probleme.	□	■	○	●
36. Ich kann zu Recht behaupten, dass ich ein ziemlich dickes Fell habe.	●	○	■	□
37. Wenn mich Probleme richtig belasten, bin ich für andere ziemlich ungenießbar.	□	■	○	●
38. Mich haut so schnell nichts um.	●	○	■	□
39. Auch wenn alles gleichzeitig auf mich einströmt, bleibe ich relativ ruhig.	●	○	■	□
40. Auf längere Sicht würde mir eine hohe Arbeitsbelastung ziemlich zu schaffen machen.	□	■	○	●
41. Ich bleibe auch gelassen, wenn ich sehr hart arbeiten muss.	●	○	■	□
42. Ich bin doch schon recht ehrgeizig.	●	○	■	□
43. Ich würde nie wegen meiner Arbeit mein Privatleben ernsthaft vernachlässigen.	□	■	○	●
44. Besonders schwierige Probleme zu lösen ist für mich kein Ansporn.	□	■	○	●

Auswertung

Bitte addieren Sie nun erneut Ihre Punkte. Maximal konnten Sie bei diesem Test 176 Punkte erreichen.

Symbol	Anzahl	Punktwert	Summe
●		1	
○		2	
■		3	
□		4	
		Gesamt:	

deutlich unter 80 Punkte: Ihr Ergebnis bei diesem kleinen Test verdeutlicht kein besonderes Interesse an typisch kaufmännischen Herausforderungen und Verhaltensweisen. Bei einem Motivationstest und Test-Auswahlverfahren würden Sie mit ziemlicher Sicherheit »verabschiedet« werden. Besser, Sie überlegen sich Ihren Berufswunsch noch einmal ganz genau. Meinen Sie wirklich, dass das kaufmännische Metier für Sie das Richtige ist? Bitte nochmals nachdenken und sich (evtl. auch professionell) beraten lassen!

ab 81 Punkte: Ein schon recht interessantes Ergebnis in Richtung: »Könnte etwas für Sie sein!« Okay! Nichts scheint dagegen zu sprechen, und es gilt: »Probieren geht über Studieren«. Je höher desto besser und spätestens ab 95 Punkten scheinen Sie das richtige Betätigungsfeld für sich entdeckt zu haben. Vielleicht gibt es aber auch noch andere berufliche Gebiete, die Sie interessieren. Denken Sie gut darüber nach, insbesondere wenn Ihr Ergebnis deutlich unter 95 Punkten liegt.

ab 108 Punkte: Sehr interessant, Sie scheinen ziemlich motiviert! Das macht einen schon recht überzeugenden Eindruck, denn alle wichtigen Verhaltensweisen in kaufmännischen Bereichen schätzen Sie für sich positiv ein. Insbesondere wenn Sie

über 135 Punkte (aber unter 155) liegen, scheint dieser Bereich genau das Richtige für Sie zu sein. Bei so viel Interesse überzeugen Sie auch die strengsten Auswähler. Sind Sie wirklich so überzeugt?

ab 160 Punkte: Ein erstaunlich hohes Ergebnis! Und das macht fast schon wieder misstrauisch. Wollten Sie vielleicht ganz bewusst einen »guten«, einen hoch motivierten Eindruck erzeugen? Achtung! In diesem Fall ist es Ihnen nicht gelungen, das ist einfach schon etwas zu viel des Guten! Also Vorsicht und nicht übertreiben! Aber vielleicht sind Sie ja so, und dann ist das auch okay!

Test zum Umgang mit Verkaufssituationen

Fünf kleine Szenen aus dem Einzelhandel, und Sie sollen sich zu einer der möglichen Handlungsalternativen zuordnen. Wie entscheiden Sie sich?

1. Einem Kunden ist etwas verkauft worden, am nächsten Tag bringt er es zurück und erklärt, er habe sich geirrt ... Was meinen Sie dazu?

a) Ja, zurücknehmen, ohne Wenn und Aber. 

b) Geht leider nicht, weil ... 

c) Ja, zurücknehmen, aber: eine kleine Summe einbehalten, den Restbetrag nur als Kaufgutschein anbieten. 

d) Zunächst den Kunden wegschicken, weil man sich vorab mit dem Chefverkäufer besprechen muss. 

2. Ein guter Kunde möchte etwas teures Kaufen, ihm fehlen aber noch etwa 10% am Betrag, um alles zu bezahlen. Wie entscheiden Sie sich?

a) Machen Sie das Geschäft und räumen ihm ein Sonderrabatt ein? 

b) Sagen Sie, er soll wiederkommen, bald hat er ja die Gesamtsumme? 

c) Verkaufen Sie es, und in einem Monat soll der Kunde den Restbetrag bringen? 

d) Verkaufen Sie, aber ein kleiner Aufschlag für die letzte Rate in vier Wochen muss sein? 

3. Zwei Kunden streiten sich, wer jetzt dran ist, von Ihnen bedient zu werden. Den einen kennen Sie, er kauft öfters und ist ein sehr sympathischer, wenn auch eher kleiner Einkäufer von irgendwas. Der andere sieht deutlich nach Geld aus, Sie kennen ihn aber überhaupt nicht, wissen auch nicht, was er will ...

a) Ihre Meinung dazu: Die sollen sich ruhig zu Ende streiten, dann bedienen Sie den »Gewinner«. 

b) Sie beruhigen beide, und durch Ihre ansteckend gute Laune und den Versuch, beide fast gleichzeitig zu beraten, entspannt sich schnell die Situation. 

c) Sie versuchen die Wogen zu glätten, auch wenn es für Sie sehr anstrengend ist. 

d) Sie holen sich einen weiteren Verkäufer und bedienen so beide Kunden gleichzeitig. 

4. Ein guter Kunde behauptet, das Teil, das er gerne bei Ihnen kaufen möchte, gebe es aber bei der Konkurrenz um 10% billiger.

a) Sie denken, das kann doch nicht sein ... 

b) Sie offerieren sofort einen Preisnachlass. 

c) Sie erklären, dass dort aber nicht der gleiche Service geboten wird wie bei ihnen. 

d) Sie bitten um Verständnis, das müssen Sie erst mal mit dem Chefverkäufer besprechen. 

5. Ein Kunde kommt und legt gleich los, denn: Das gestern gekaufte Teil ist kaputt, zu teuer, passt überhaupt nicht und seine Frau will es jetzt auch gar nicht mehr ...

a) Sie sagen: Keine Sorge, dann nehmen wir es selbstverständlich zurück. 

b) Sie fragen: Was können wir denn jetzt tun, um Sie und Ihre Frau glücklich zu machen 

c) Sie denken: Pech, das ist aber nicht mehr mein Problem, und warten erst mal ab. 

d) Sie schlagen vor, nach Ladenschluss soll der Kunde wiederkommen, dann haben Sie mehr Zeit ... 

Auswertung

Bitte entschlüsseln Sie die Symbole nunmehr in Punktwerte und addieren Sie Ihr Ergebnis. Maximal konnten Sie bei diesem Test 19 Punkte erreichen.

Symbol	Anzahl	Punktwert	Summe
		4	
		3	
		2	
		1	
		0	
		Gesamt:	

unter 11 Punkte: Sie haben die Aufgaben leider nicht wirklich optimal gelöst. Liegt es an dem Mangel an Erfahrung, oder ist dieses Gebiet einfach nicht das Richtige für Sie? Bitte nochmals nachdenken, vielleicht den kleinen Test in vier Wochen wiederholen und sich beruflich beraten lassen!

ab 11 Punkte: Alles okay! Sie haben eine interessante Ausgangsbasis und hier gut abgeschnitten, was bedeutet: Sie wissen schon, worauf es ankommt. Das könnte also das richtige Metier für Sie sein. Ein paar Punkte mehr, und Sie zeigen fast überdurchschnittliches verkäuferisches Wissen, beinahe so etwas wie Talent!

ab 15 Punkte: Gute Idee mit dieser Berufswahl! Sie scheinen bereits sehr viel zu wissen. Wer weiß, ob Sie nicht auch in einem anderen Gebiet sehr erfolgreich wären? Der richtige Umgang mit Menschen ist überall absolut wichtig. Und gefragt! Gute berufliche Chancen für Sie!

ALLGEMEINWISSEN

Zum einen geht es um ein wenig mehr Wissen auf dem einen oder anderen Gebiet, zum anderen aber auch darum, ob Sie sich unterhalten, also mitreden können oder leider null Ahnung haben bei Themen wie beispielsweise Kunst oder Sport und dann besser schweigen sollten. Das wäre natürlich nicht so gut, denn wenn Sie jemandem etwas verkaufen wollen und im Small Talk bei vielen Sachgebieten absolut ohne jedes Wissen auftreten, steigt nicht gerade die Sympathie und – noch wichtiger – das Vertrauen in Sie als »Anbieter/Verkäufer«.

Und noch etwas ist uns ganz wichtig an dieser Stelle: Der Hinweis zu den Zeitvorgaben! Sie werden feststellen, die Ihnen vorgegebene Bearbeitungszeit reicht in der Regel nicht aus. In der realen Testsituation ist das (leider) auch so. Dadurch soll u. a. untersucht werden, ob und wie Sie mit Frust klarkommen. Nehmen Sie sich im Anschluss an die erste Bearbeitung so viel Zeit wie nötig und arbeiten Sie alle Aufgaben für sich und in »Ihrer Zeit« durch!

Weitere Fragen zum Allgemeinwissen finden Sie auch auf der diesem Buch beiliegenden CD-ROM!

Fachtest Allgemeinwissen

Dieser Test wird besonders häufig verwendet für	Testziel	Testdauer
☒ Alle kaufmännischen Berufe, v. a. Einzelhandel, abhängig von der Branche (Bereich 1) (Zu den Bereichen siehe S. 15.)	☒ Überprüfung Ihres Allgemeinwissens	☒ Ca. 5 Minuten je Themengebiet

Fragen zum Allgemeinwissen gehören zum Standard in fast jedem Einstellungstestverfahren. Je nach gewünschtem Arbeitsplatz sind diese umfangreicher oder kürzer gehalten. Klar, dass Sie als Verkäufer in einer Zoohandlung mit noch ein paar weitergehenden Bio- oder besser Zoologie-Fragen konfrontiert werden und in einer Musikalienhandlung bei Bach nicht Wasser assoziieren sollten. Von mehreren vorgegebenen Antwortmöglichkeiten ist jeweils immer nur eine richtig.

Ein Beispiel

Als Flora bezeichnet man in der Biologie ...?

a) Pflanzen
b) Tiere
c) Menschen
d) anorganische Stoffe

In diesem Fall wäre Antwort a) richtig und damit anzukreuzen.

Ein weiteres Beispiel

Von wem wird in den USA der Präsident gewählt?

a) direkt vom Volk
b) durch Wahlmänner
c) vom Senat
d) vom Kongress

Hier müssten Sie Antwort b) als richtig markieren.

Bitte bearbeiten Sie nun die Fragen auf den folgenden Seiten. Los geht's!

Biologie

Bitte beantworten Sie die nun folgenden 10 Fragen zum Allgemeinwissen in der Biologie innerhalb der nächsten 5 Minuten.

1. Was enthält Düngemittel für einen wichtigen Stoff?
   a) Stickstoff
   b) Kohlenstoff
   c) Sauerstoff
   d) Wasserstoff

2. Welche Tiere haben Facettenaugen?
   a) Säugetiere
   b) Insekten
   c) Fische
   d) Vögel

3. Welcher Teil der Zelle spielt bei der Fortpflanzung die Hauptrolle?
   a) Zellflüssigkeit
   b) Zellmembran
   c) Zellkern
   d) Zellofon

4. Wie viele Chromosomen hat die menschliche Zelle?
   a) 38
   b) 46
   c) 58
   d) 60

5. Welcher Stoff sorgt dafür, dass der Rasen grün ist?
   a) Chloroform
   b) Chlorophyll
   c) Chloräthylen
   d) Chlor

6. Der Adamsapfel ist ein(e) ...?
   a) Teil der Flügel bei bestimmten Insekten
   b) spanische Apfelsorte
   c) Schildknorpel
   d) Gelenk

7. Welches Hormon wird von der Schilddrüse produziert?
   a) Thyroxin
   b) Adrenalin
   c) Östrogen
   d) Noradrenalin

8. Das sogenannte Labyrinth
   gehört zum ...
   a) Stammhirn
   b) Magen-/Darmtrakt
   c) Innenohr
   d) Fußgelenk

9. Welche Sekrete spielen bei der Verdauung eine wichtige Rolle?
   a) Assalsekret
   b) Gallensekret
   c) Liquor
   d) Calisekret

10. Was bezeichnet die Mutation?
   a) eine hormonelle Veränderung beim Zyklus der Frau
   b) eine Erbgutänderung in der Evolution
   c) ein Zellsterben in den Mitochondrien
   d) ein Zellwachstum in den Mitochondrien

Lösungen auf Seite 238.

Chemie

Bitte beantworten Sie die nun folgenden 10 Fragen zum Allgemeinwissen in der Chemie innerhalb der nächsten 5 Minuten.

1. Auf welchem Grundstoff baut sich die organische Chemie auf?
   a) Kohlenstoff
   b) Wasserstoff
   c) Stickstoff
   d) Sauerstoff

2. Woraus wird Benzin gewonnen?
   a) Erdöl
   b) Schwermetall
   c) Mineralien
   d) Erdgas

3. Was ist Quecksilber?
   a) eine silberglänzende ätzende Säure
   b) eine Legierung aus Silber und Eisen
   c) ein Element und Metall
   d) eine giftige Lauge

4. Wozu wird eine Pipette benutzt?
   a) als Umrührstab
   b) als Saugheber
   c) als Abfüllinstrument
   d) als Zerstäuber

5. Was versteht man unter Oxidation?
   a) Verbindung eines Stoffes mit Stickstoff
   b) Verbindung eines Stoffes mit Sauerstoff
   c) Verbindung eines Stoffes mit Kohlenstoff
   d) Verbindung eines Stoffes mit Wasserstoff

6. Was sind Moleküle?
   a) eine Verbindung von Atomen
   b) eine Sammlung von Elementen
   c) eine Einheit von Kühlstoffen
   d) eine Verbindung von Kohlenwasserstoff und Stickstoff

7. Was versteht man unter „Glukose“?
   a) eine Art Süßstoff
   b) Traubenzucker
   c) Einfachzucker
   d) eine Art Fruchtzucker

8. Wann wird Lackmuspapier rot?
   a) in Kontakt mit Säure
   b) in Kontakt mit Basen
   c) in Kontakt mit Sauerstoff
   d) in Kontakt mit Kälte

9. Wie viele Elemente kennt die Chemie?
   a) weniger als 100
   b) unzählige
   c) etwa 115
   d) mehr als 200

10. Was ist eine Emulsion?
   a) ein scharfes Reinigungsmittel
   b) eine fein verteilte Lösung von Stoffen in einer Flüssigkeit
   c) eine hoch explosive Mixtur
   d) eine elastische Kunststoffverbindung

Lösungen auf Seite 238 f.

Geografie

Bitte beantworten Sie die nun folgenden 10 Fragen zum Allgemeinwissen in der Geografie innerhalb der nächsten 5 Minuten.

1. Wo steht die Sonne am 21. Juni im Zenit?
   a) nördlicher Wendekreis
   b) südlicher Wendekreis
   c) Äquator
   d) Südpol

2. Was ist die Tundra?
   a) eine gebirgige Landschaft
   b) eine wüstenähnliche Landschaft
   c) eine steinige Graslandschaft
   d) eine baumlose Kältesteppenlandschaft

3. Belgrad ist die Hauptstadt von ...
   a) Tschechien
   b) Rumänien
   c) Serbien
   d) Bulgarien

4. Welches Gebirge liegt (am Rhein) dem Taunus gegenüber?
   a) Harz
   b) Hunsrück
   c) Eifel
   d) Teutoburger Wald

5. Das Kap der Guten Hoffnung ist die Südspitze von ...
   a) Südafrika
   b) Südamerika
   c) Indien
   d) Südkorea

6. Persiens heutiger Staatsname lautet ...
   a) Syrien
   b) Irak
   c) Iran
   d) Sudan

7. Der Verbindungskanal zwischen Stillem Ozean und Karibischem Meer heißt ...
   a) Canal de Grande
   b) Suezkanal
   c) Panamakanal
   d) keine Lösung richtig

8. Die Pyrenäen bilden Grund und Boden für . . .
   a) Monaco
   b) San Marino
   c) Andorra
   d) Liechtenstein

9. Wie heißt der Hauptausfuhrhafen für Baumwolle in den USA?
   a) Boston
   b) Baltimore
   c) New Orleans
   d) Chicago

10. Welches der folgenden Länder ist nach Kanada und USA das drittgrößte Amerikas?
   a) Mexiko
   b) Brasilien
   c) Argentinien
   d) Peru

Lösungen auf Seite 239.

Geschichte

Bitte beantworten Sie die nun folgenden 10 Fragen zum geschichtlichen Allgemeinwissen innerhalb der nächsten 5 Minuten.

1. Wann endete der 2. Weltkrieg in Europa?
   a) März 1945
   b) April 1945
   c) Mai 1945
   d) Juni 1945

2. Woher kamen die Goten ihrer Stammessage nach?
   a) aus Skandinavien
   b) vom Balkan
   c) aus Vorderasien
   d) aus Lettland

3. Die Unabhängigkeitserklärung der USA war ...
   a) 1769
   b) 1776
   c) 1793
   d) 1815

4. Mit der Flucht Mohammeds von Mekka nach Medina beginnt im Islam eine eigene Zeitrechnung. Wann fand dies nach unserer Zeitrechnung statt?
   a) 518 v. Chr.
   b) 400 v. Chr.
   c) 612 n. Chr.
   d) 622 n. Chr.

5. Die Schlagworte der französischen Revolution hießen ...
   a) Freiheit, Gleichheit, Brüderlichkeit
   b) Frieden, Freiheit, Wohlstand
   c) Frieden, Freiheit, Gerechtigkeit
   d) Einigkeit und Recht und Freiheit

6. Wer gründete das Deutsche Reich?
   a) Hitler
   b) Bismarck
   c) Hindenburg
   d) Stresemann

7. Welches kleine, aber wichtige europäische Land hat seit 1815 keine Kriege mit seinen Nachbarn geführt?
   a) Holland
   b) Schweiz
   c) Dänemark
   d) Österreich

8. In welchem Jahrhundert fand die Reformation statt?
   a) 15. Jahrhundert
   b) 17. Jahrhundert
   c) 14. Jahrhundert
   d) 16. Jahrhundert

9. Welcher amerikanische Präsident beendete den Krieg zwischen den Süd- und den Nordstaaten des Landes und schaffte die Sklaverei weitestgehend ab?
   a) Jefferson
   b) Lincoln
   c) Washington
   d) Roosevelt

10. Aus welchem Land stammte Kolumbus?
   a) Italien
   b) Spanien
   c) Griechenland
   d) Portugal

Lösungen auf Seite 240.

Kunst

Bitte beantworten Sie die nun folgenden 10 Fragen zum Allgemeinwissen in der Kunst innerhalb der nächsten 5 Minuten.

1. Renoir gehörte zu den Malern, die nicht nur Landschaften, sondern auch das moderne Leben in der Großstadt malten. Die Stilgruppe heißt ...
   a) Expressionismus
   b) Impressionismus
   c) Realismus
   d) Naturalismus

2. »Die vier Apostel« (1526), ursprünglich als Altarflügel konzipiert, stammt von ...
   a) Cranach
   b) Dürer
   c) Grünewald
   d) Klee

3. In welchem Stil ist der Kölner Dom gebaut?
   a) Renaissance
   b) Romanik
   c) Gotik
   d) Klassizismus

4. Ein italienischer Renaissance-Maler, Mathematiker und Erfinder war ...
   a) Tizian
   b) Raffael
   c) Da Vinci
   d) Michelangelo

5. Die Freseniusinische Kapelle im Vatikan malte vor allem ...
   a) Da Vinci
   b) Tizian
   c) Michelangelo
   d) Raffael

6. Welcher bedeutende flämische Künstler (1577–1640) malte u. a. das Bild »Kopf eines Kindes«?
   a) Rubens
   b) van Delft
   c) van Dyck
   d) van Gogh

7. Wie heißt die deutsche Grafikerin und Bildhauerin, die vor allem soziale Themen beeindruckend darstellte?
   a) Waldorf
   b) Zille
   c) Kollwitz
   d) Werner

8. Um 1888 wurde eine neue Pinseltechnik entwickelt. An der Punkt-Strich-Malerei erkennt man den Stil von ...
   a) van Gogh
   b) Raffael
   c) Cézanne
   d) Nolde

9. Die byzantinische Epoche hat insbesondere die Kunstart der ... entwickelt und gepflegt.
   a) Fresken
   b) Mosaiken
   c) Ornamentik
   d) Aquarelle

10. Welcher französische Maler verwendete mit Vorliebe Motive aus der Inselwelt Polynesiens (Südsee)?
    a) Cézanne
    b) Gauguin
    c) Magritte
    d) Degas

Lösungen auf Seite 240 f.

Literatur

Bitte beantworten Sie die nun folgenden 10 Fragen zum Allgemeinwissen in der Literatur innerhalb der nächsten 5 Minuten.

1. Der bedeutendste Erziehungs- und Entwicklungsroman um 1800 war »Wilhelm Meisters Lehr- und Wanderjahre« und stammt von ...
   a) Herder
   b) Schiller
   c) Goethe
   d) Busch

2. Über den Dreißigjährigen Krieg schrieb Schiller sein dreiteiliges Drama ...
   a) Don Carlos
   b) Wilhelm Tell
   c) Wallenstein
   d) Aida

3. Ein bedeutender französischer Komödiendichter des 17. Jahrhunderts war ...
   a) Balzac
   b) Molière
   c) Tartuffe
   d) Sartre

4. »Buddenbrooks«, die Familiengeschichte einer Lübecker Kaufmannsfamilie, schrieb um 1900 ...
   a) Thomas Mann
   b) Stefan Zweig
   c) Hermann Hesse
   d) Günter Grass

5. Dürrenmatt warf die Frage nach der Eigenverantwortung der Wissenschaftler neu auf. Seine Komödie, die hinsichtlich der atomaren Aufrüstung zu denken gibt, hat den Titel ...
   a) Die Physiker
   b) Der Besuch der alten Dame
   c) Ein Engel
   d) Krieg und Frieden

6. Wer schrieb »Die fromme Helene«?
   a) Kleist
   b) Busch
   c) Wagner
   d) Hesse

7. Wer schrieb den »Hauptmann von Köpenick«?
   a) Zuckmayer
   b) Valentin
   c) Böll
   d) Juhnke

8. Wer schrieb Emilia Galotti?
   a) Lessing
   b) Schiller
   c) Goethe
   d) Hebbel

9. Eine mittelalterliche Dichtung, die vor allem das Rittertum verherrlichte, war ...
   a) Parzival
   b) Der arme Heinrich
   c) Tristan und Isolde
   d) Schloss Grafenstein

10. Zahlreiche Operntexte für Richard Strauss schrieb ...
   a) Hofmannsthal
   b) Zuckmayer
   c) Grillparzer
   d) Schubert

Lösungen auf Seite 241 f.

Musik

Bitte beantworten Sie die nun folgenden 10 Fragen zum Allgemeinwissen in der Musik innerhalb der nächsten 5 Minuten.

1. Welcher Notendreiklang ergibt einen C-Dur-Akkord?
   a) C – D – G
   b) D – F – A
   c) C – E – G
   d) C – D – E

2. Wer komponierte »Die Fledermaus«?
   a) Ralph Benatzky
   b) Leon Jessel
   c) Johann Strauß
   d) Wolfgang Amadeus Mozart

3. Wie viele Halbtonschritte hat eine Oktave?
   a) 10
   b) 12
   c) 8
   d) 7

4. Wie viele Saiten hat eine „normale" Gitarre?
   a) 4 Saiten
   b) 6 Saiten
   c) 8 Saiten
   d) 7 Saiten

5. Welches dieser Blechblasinstrumente ist ein Bassinstrument?
   a) Horn
   b) Trompete
   c) Posaune
   d) Tuba

6. Das Geburtsland des Jazz ist …
   a) Afrika
   b) Lateinamerika
   c) Nordamerika
   d) Europa

7. Bei welchem modernen russischen Komponisten erfuhr vor allem der Rhythmus eine neuartige Behandlung?
   a) Schostakowitsch
   b) Prokofieff
   c) Rasputin
   d) Strawinsky

8. Ein großer Meister der Barockmusik ist neben Bach auch ...
   a) Haydn
   b) Mozart
   c) Händel
   d) Wagner

9. Wer komponierte den Liederzyklus »Die Winterreise«?
   a) Schubert
   b) Schumann
   c) Schulz
   d) Schostakowitsch

10. Welches ist eines der wirkungsvollsten Elemente der Jazzmusik?
    a) der Rhythmus
    b) die Synkope
    c) das Stakkato
    d) der Gesang

Lösungen auf Seite 242 f.

Physik

Bitte beantworten Sie die nun folgenden 10 Fragen zum Allgemeinwissen in Physik innerhalb der nächsten 5 Minuten.

1. Was ist ein Ion?
   a) ein chemisches Element
   b) ein elektrisch geladenes Atom oder Molekül
   c) eine physikalische Maßeinheit für Elektrizität
   d) eine Messgröße für Volumina

2. Was ist ein Episkop?
   a) ein Gerät zum Projizieren von Bildern
   b) ein Untersuchungsgerät für Schallwellen
   c) ein Gerät zum Messen von Erdbeben
   d) ein Abhörgerät

3. Wie lautet der Fachausdruck für »nach innen gewölbt«?
   a) konkav
   b) introdux
   c) konvex
   d) invux

4. Wie hoch ist die Temperatur des Drahtes in der Glühlampe?
   a) über 2.000 Grad Celsius
   b) 1.000 Grad Celsius
   c) 500 Grad Celsius
   d) 100 Grad Celsius

5. Wie schnell breitet sich Schall im Vakuum aus?
   a) ca. 300 m/s
   b) ca. 1.200 m/s
   c) ca. 12 km/s
   d) überhaupt nicht

6. Was ist ein Kondensierungsprozess?
   a) ein Verdichtungsprozess
   b) ein Entladungsprozess
   c) ein Entstehungsprozess
   d) ein Verschmelzungsprozess

7. Welches ist der beste Wärmeleiter?
   a) Glas
   b) Kunststoff
   c) Holz
   d) Metall

8. Welches Bauteil lässt keinen Gleichstrom durch?
   a) Widerstand
   b) Spule
   c) Transistor
   d) Kondensator

9. Wie lautet die Einheit zur Angabe der elektrischen Stromstärke?
   a) Volt (V)
   b) Coulomb (C)
   c) Watt (W)
   d) Ampère (A)

10. Bei welcher Temperatur liegt der absolute Nullpunkt?
   a) bei etwa 0 Grad Celsius
   b) bei etwa minus 333 Grad Celsius
   c) bei etwa minus 273 Grad Celsius
   d) bei etwa minus 400 Grad

Lösungen auf Seite 243.

Sport

Bitte beantworten Sie die nun folgenden 10 Fragen zum Allgemeinwissen im Sport innerhalb der nächsten 5 Minuten.

1. Wie setzt sich die nordische Kombination zusammen?
   a) Skisprung und Langlauf
   b) Taubenschießen und Abfahrtslauf
   c) Skispringen und Slalom
   d) Langlauf, Schießen, Abfahrtslauf

2. In welcher Sportart gibt es einen Penalty?
   a) Rugby
   b) Eishockey
   c) Hallenhandball
   d) Volleyball

3. In welcher dieser Sportarten spricht man von einem Libero?
   a) Völkerball
   b) Handball
   c) Fußball
   d) Basketball

4. Bei welcher Sportart kann man „einen Krebs fangen“?
   a) Rudern
   b) Schwimmen
   c) Tennis
   d) Wettangeln

5. Wie viele Spieler zählen zu einer Rugbymannschaft?
   a) 11 Spieler
   b) 15 Spieler
   c) 19 Spieler
   d) 20 Spieler

6. Körperloses Spiel ist höchstes Gebot beim …
   a) Fußball
   b) Basketball
   c) Hallenhandball
   d) Hallenkopfball

7. Ein Box-Weltmeisterschaftskampf geht maximal über wie viele Runden?
   a) 10 Runden
   b) 15 Runden
   c) 12 Runden
   d) 20 Runden

8. Nach wie vielen Aufschlägen wechselt in der Regel beim Tischtennis der Aufschlag?
   a) 2
   b) 3
   c) 5
   d) 10

9. In welcher Sportart gibt es eine Spanische Eröffnung?
   a) Cricket
   b) Schach
   c) Golf
   d) Fußball

10. Wie viele Feldspieler können beim Fußball in der Regel ausgewechselt werden?
   a) 2 Spieler
   b) 3 Spieler
   c) 4 Spieler
   d) alle Spieler

Lösungen auf Seite 243 f.

Staat, Politik

Bitte beantworten Sie die nun folgenden 10 Fragen zum Allgemeinwissen in Staat und Politik innerhalb der nächsten 5 Minuten.

1. Von wem wird der Bundespräsident der BR Deutschland gewählt?
   a) vom Bundestag
   b) vom Bundesrat
   c) von der Bundesversammlung
   d) direkt vom Volk

2. Wofür wurde das Schengener Abkommen geschlossen?
   a) ethische Kontrollinstanz bei Genversuchen
   b) Einführung des Euro
   c) Abbau der Grenzkontrollen innerhalb der EU
   d) Koordinierung der Funkfrequenzen im Flugverkehr

3. Die Staatsform der BR Deutschland nennt man ...
   a) bundesstaatliche Präsidialdemokratie
   b) Volksdemokratie
   c) föderale Präsidialrepublik
   d) demokratisch-parlamentarischer Bundesstaat

4. Von wem werden in Deutschland Gesetze verabschiedet?
   a) vom Bundespräsidenten
   b) vom Bundestag
   c) vom Bundesrat
   d) vom Bundeskanzler

5. Wer löste Ludwig Erhard als Bundeskanzler ab?
   a) Willy Brandt
   b) Helmut Kohl
   c) Kurt-Georg Kiesinger
   d) Helmut Schmidt

6. Wie war die Abkürzung der Vorläuferorganisation der EU?
   a) ETA
   b) EFTA
   c) EG
   d) COMECON

7. Wie lautet die Bezeichnung für das Parlament der USA?
   a) Senat
   b) Kongress
   c) Oberhaus
   d) Duma

8. Wie lange dauert im Normalfall eine Legislaturperiode in Deutschland?
   a) 3 Jahre
   b) 4 Jahre
   c) 5 Jahre
   d) 7 Jahre

9. Welches Gericht übt keine Strafjustiz aus?
   a) Landgericht
   b) Amtsgericht
   c) Oberlandgericht
   d) Bundesverfassungsgericht

10. Welcher Staat ist nicht NATO-Mitglied?
   a) Schweiz
   b) Luxemburg
   c) Türkei
   d) Portugal

Lösungen auf Seite 244.

Technik

Bitte beantworten Sie die nun folgenden 10 Fragen zum technischen Allgemeinwissen innerhalb der nächsten 5 Minuten.

1. Wie viele Stunden zeigt die Skala einer Sonnenuhr an?
   a) 6 Stunden
   b) 8 Stunden
   c) 12 Stunden
   d) 24 Stunden

2. Bei welchem Wetter pflanzt sich Schall schneller fort?
   a) bei warmem
   b) bei kaltem
   c) bei feuchtem
   d) immer gleich

3. Von der Sonne bis zur Erde braucht Licht ...
   a) 8 Minuten 13 Sekunden
   b) 12 Minuten 30 Sekunden
   c) 1 Stunde 3 Minuten
   d) 2 Stunden 14 Minuten

4. Welche Funktion hat ein Transformator?
   a) Umspanner
   b) Speicher
   c) Gleichrichter
   d) keine Antwort ist richtig

5. Das ... ist ein Messinstrument für den Luftdruck.
   a) Hygrometer
   b) Barometer
   c) Thermometer
   d) Ergometer

6. Was ist weiches Wasser?
   a) Wasser ohne Kalkgehalt
   b) Wasser mit starkem Kalkgehalt
   c) Wasser mit mittlerem Kalkgehalt
   d) Wasser ohne Salze

7. Hausstrom hat in Mitteleuropa ... Hertz.
   a) 220
   b) 50
   c) 100
   d) kein Hertz

8. Der /das ... ist ein Messinstrument für Erdbeben.
   a) Quadrometer
   b) Seismograph
   c) Hygrometer
   d) Ergometer

9. Die Braun'sche Röhre findet Verwendung im/in der ...
   a) Stereoanlage
   b) Telefon
   c) Oszilloskop
   d) Teleskop

10. Wie heißt das mechanische Teil, das eine Vor- und Rückwärtsbewegung eines Kolbens in eine Drehbewegung umsetzt?
   a) Pleuelstange
   b) Zylinder
   c) Schiebemuffe
   d) Zahnradkranz

Lösungen auf Seite 245.

Wirtschaft

Bitte beantworten Sie die nun folgenden 10 Fragen zum wirtschaftlichen Allgemeinwissen innerhalb der nächsten 5 Minuten.

1. Die von einem Kreditnehmer zu zahlenden Kosten für einen Kredit bezeichnet man als ...
   a) Dividende
   b) Zinsen
   c) Devisen
   d) Prämie

2. Was charakterisiert u. a. eine inflationäre Entwicklung?
   a) abnehmende Exporte
   b) Flucht in die Sachwerte
   c) Wachsen der Kaufkraft
   d) das Ansteigen der Sparneigung

3. Was versteht man unter dem Nettogewicht?
   a) das Gewicht einer Ware zum Zeitpunkt der Verpackung
   b) den Wert einer Ware exklusive Mehrwertsteuer
   c) das Gewicht einer Ware ohne Verpackung
   d) das Gesamtgewicht einer Ware

4. Was sind Subventionen?
   a) staatliche Zuschüsse
   b) indirekte Steuern
   c) eine Art Schutzzoll
   d) eine Art Investitionsabgabe

5. Wie bezeichnet man die gesamtwirtschaftliche Größe der in einem Jahr produzierten Sachgüter und Dienstleistungen?
   a) Sozialvermögen
   b) Sozialprodukt
   c) Volksvermögen
   d) Volkseinkommen

6. Was ist ein Wechsel?
   a) die Übertragung von Aktienmehrheiten
   b) die Verpflichtungserklärung eines Schuldners
   c) eine Veränderung der Konjunkturlage
   d) ein Begriff aus der Börsenwelt

7. Was ist ein Pfandbrief?
   a) eine festverzinsliche Schuldverschreibung
   b) Urkunde eines Leihhauses
   c) eine Hypothek
   d) Verpflichtungserklärung eines Schuldners

8. Was ist eine Hypothek?
   a) ein Zahlungsversprechen
   b) eine schwere Belastung
   c) eine Art Darlehen gegen Sicherheit an Grundstücken/Häusern
   d) ein Scheck auf eine zukünftige Wirtschaftsleistung

9. Was versteht man unter Dividende?
   a) einen bestimmten Steuersatz
   b) einen nicht zu versteuernden Lotteriegewinn
   c) einen Gewinnanteil an einer Aktiengesellschaft
   d) eine finanzielle Beteiligung an einer Gesellschaft

10. Eine Handelsvollmacht mit bestimmten Rechten und Pflichten bezeichnet man als ...
    a) Valuta
    b) Mathura
    c) Prokura
    d) Validität

Lösungen auf Seite 245 f.

Weitere Fragen zum Allgemeinwissen finden Sie auch auf der diesem Buch beiliegenden CD-ROM! Nutzen Sie diese, schauen Sie in unser Buch *Das große Testtraining der Allgemeinbildung* oder in unsere CD-ROM *Testtrainingplus*, auf der sich noch viele weitere Aufgaben befinden. Sie werden schnell merken, dass ein bisschen Training Ihnen zu ungeahnter Leistungssteigerung verhilft.

KONZENTRATION

Konzentrations- und Leistungstests nehmen immer wieder einen großen Raum in den gängigen Personalauswahlverfahren ein. In diesem Buch finden Sie diese Gruppe unterteilt nach

- Gedächtnistests
- Organisations-/Ordnungs- und Sorgfaltstests
- Einfallsgeschwindigkeits- und Kreativitätstests

Besonders den Bereich Organisation/Ordnung und Sorgfalt sollten Sie sich intensiv ansehen, ist dieser Teil bei kaufmännischen Berufen doch immer wieder stark gefordert.

Gedächtnistests

Bei den Gedächtnistests geht es um Ihre Merkfähigkeit. Oftmals sollen Sie sich (sinnlose) Zahlen, Bilder, Geschichten, Symbole oder Kombinationen aus diesen und anderen Dingen merken und zu einem späteren Zeitpunkt reproduzieren. Trainieren lassen sich diese Tests jedoch relativ leicht: Nutzen Sie die Übungsaufgaben in diesem Buch, auf der CD-ROM oder von unserer CD-ROM *Testtrainingplus*, auf der sich noch weitere Aufgaben finden.

Bevor Sie nun mit den Tests beginnen, vorweg ein paar Bearbeitungstipps:
Geht es darum, sich Wörter zu merken, so setzen Sie diese am besten zu einer kurzen Geschichte zusammen. Aus »Hund«, »Knochen« und »Garten« kann so leicht »Der Hund vergräbt den Knochen im Garten« werden. Dies gilt sowohl für Aufgaben, bei denen Sie das gesamte gemerkte Wort wiedergeben müssen, als auch für Aufgabentypen, bei denen z. B. gefragt wird, wie das Wort mit dem Anfangsbuchstaben »H« (Hund) hieß.

Eine andere Mnemotechnik hilft Ihnen, sich auch bei gruppenweisen Aufgabenstellungen diese mithilfe eines Kunstwortes einzuprägen. Die Berufe »Eismann, Imker, Nachtwächter, Pfarrer und Uhrmacher« können Sie sich z. B. mit der Abkürzung »EINPU« merken, die Sie dann mit den Berufen assoziieren.

Zahlen(kolonnen) fassen Sie am besten zusammen. So kann aus 47 und 11 schnell 4711 werden, oder Sie verbinden 21, 13 und 80 mit einer Kurzgeschichte: Wir leben im 21. Jahrhundert. Mit 13 waren wir jung, mit 80 sind wir alt.

Versuchen Sie während des Trainings, diese Techniken einmal anzuwenden und herauszufinden, mit welcher Sie die besten Ergebnisse erzielen. Weitere Tipps finden Sie auch im Internet, wenn Sie z. B. nach dem Begriff »Mnemotechnik« suchen.

Gedächtnisleistung – Lernphase

Dieser Test wird besonders häufig verwendet für	Testziel	Testdauer
☒ Alle kaufmännischen Berufe aus den Bereichen 2 und 3 (Zu den Bereichen siehe S. 15.)	☒ Überprüfung Ihrer Merkfähigkeit	☒ Ca. 5 Minuten

Wer kennt die Situation nicht, dass man zu einem bestimmten Anlass mehreren neuen Personen vorgestellt wird, mit denen man die nächste Zeit verbringen wird, aber eigentlich sonst gar nichts über sie weiß? Dieser Test wird Ihre Merkfähigkeit prüfen. Genauer gesagt geht es darum, dass Sie sich in kurzer Zeit vier verschiedene Gesichter und die dazugehörigen Lebensdaten einzuprägen sollen.

Es geht bei jeder der vier Personen um:
Geburtsdatum und Ort, wo sind sie aufgewachsen, Schulabschluss, erster gelernter Beruf, aktuelle Tätigkeit, Hobbys, Familienstand, (Ehe-)Partner(in), Beruf, Kinderanzahl u. Alter, aktuelle Wohnumstände.

Prägen Sie sich die folgenden Gesichter (Fotos) und Daten innerhalb von 5 Minuten gut ein. Die Erinnerungsphase wird erst einige Tests später erfolgen!

Franz Xaver Hubener, Diplomkaufmann, 55 Jahre alt

1. Geburtsdatum: 31. August 1951 in Wien, dort aufgewachsen bei den Großeltern
2. die Eltern kamen bei einem Verkehrsunfall ums Leben
3. Schulabschluss: Mittelschule, Ausbildung zum Bürogehilfen, danach 2. Bildungsweg, BWL-Studium
4. aktuelle Tätigkeit: Hauptbuchhalter
5. Hobbys: Rosenzucht und Gartenarbeiten
6. verheiratet mit einer Grundschullehrerin
7. ein Sohn, 18 Jahre alt, macht gerade das Abitur, will Jura studieren
8. die Familie lebt in Wien, im Stadtteil X in einer Eigentumswohnung, aber sie hat einen Garten

Werner Murbach, 45 Jahre alt

1. Geburtsdatum: 13. August 1961 in Sulzbach und dort aufgewachsen
2. seine Eltern hatten eine Bäckerei, seine Mutter starb früh an Lungenkrebs
3. Schulabschluss: Hauptschule, Ausbildung zum Bäcker
4. aktuelle Tätigkeit: Vertreter
5. Hobbys: Drachenfliegen und Schwimmen
6. verheiratet mit einer 13 Jahre jüngeren Verkäuferin
7. zwei Kinder, Sohn: Mike, 15 Jahre alt, Tochter: Michaela, 13 Jahre alt
8. die Familie lebt in X, in einem kleinen, schlichten Einfamilienhäuschen, das sie geerbt hat

Erika Bernweiß, 33 Jahre alt

1. Geburtsdatum: 3. Dezember 1975 in Bern, dort auch aufgewachsen
2. ihre Eltern hatten fünf Kinder, vier Jungen und Erika
3. Schulabschluss: Mittlere Reife, Ausbildung zur Bankkauffrau bei der Sparkasse
4. aktuelle Tätigkeit: Abteilungsleiterin Einkauf
5. Hobbys: Skifahren und Mountan-Bike
6. verheiratet mit einem Tierarzt
7. drei Kinder, alles Töchter, 10, 5 und 1 Jahr alt
8. die Familie lebt bei Bern, in einem gemieteten, großzügigen Zweifamilienhaus zusammen mit den Schwiegereltern, die auf die Kinder aufpassen

Anna Dornbach, 23 Jahre alt

1. Geburtsdatum: 1. Januar 1985 in München, aufgewachsen in Rosenheim
2. sie hat eine Zwillingsschwester, die aber von Geburt an schwer behindert ist
3. Schulabschluss: Abitur, Ausbildung zur Industriekauffrau bei einem Holzgroßhandel
4. aktuelle Tätigkeit: Disponentin
5. Hobbys: Musik aktiv und passiv, sie spielt zwei Instrumente: Klavier und Geige
6. sie ist noch unverheiratet
7. plant aber eine große Familie mit mindestens drei Kindern
8. wohnt zusammen mit ihrem Freund in Rosenheim, der bei der städtischen Müllabfuhr arbeitet, in einer kleinen gemieteten Zweiraumwohnung

Bitte beschäftigen Sie sich nun mit ca. 2 bis 3 anderen Testaufgaben Ihrer Wahl aus diesem Buch. Die Erinnerungsphase folgt anschließend auf Seite 60.

Geometrische Figuren und Zahlen merken

Dieser Test wird besonders häufig verwendet für	Testziel	Testdauer
☒ Alle kaufmännischen Berufe aus den Bereichen 2, 3 und 4 (Zu den Bereichen siehe S. 15.)	☒ Überprüfung Ihrer Merkfähigkeit	☒ Ca. 3 Minuten

Bei diesem Test sollen Sie sich Zahlen merken, die in bestimmten grafischen Symbolen abgebildet sind. Später müssen Sie Zahlen und Figuren wieder einander zuordnen. Natürlich ist es auch möglich, dass man diesen Test leicht abwandelt. So wäre es auch denkbar, dass Sie sich statt Zahlen Buchstaben oder andere Symbole (Gegenstände) wie ein Fahrrad, ein Auto u. Ä. merken sollen.

Bitte prägen Sie sich nun die folgenden Figuren und Zahlen gut ein. Sie haben dazu 2 Minuten Zeit.

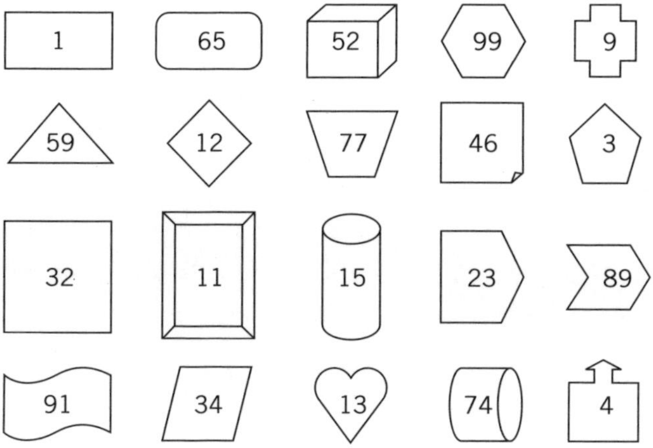

Bitte tragen Sie nun die gemerkten Zahlen in die zugehörigen geometrischen Figuren des unten stehenden Feldes ein. Vergleichen Sie anschließend Ihre Lösung mit den Originalen. Zum Eintragen haben Sie 1 Minute Zeit.

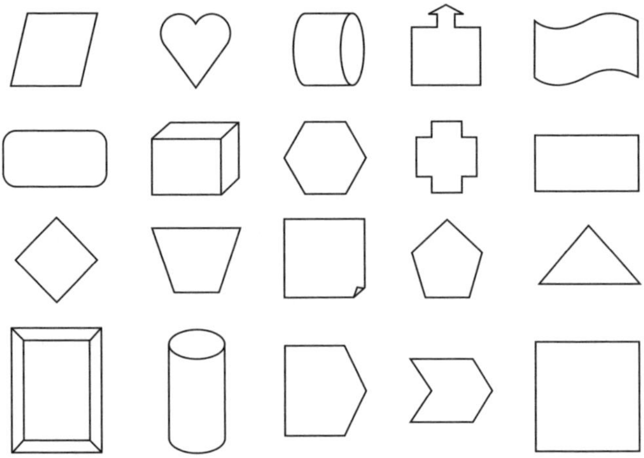

Zahlen merken

Dieser Test wird besonders häufig verwendet für	Testziel	Testdauer
☒ Alle kaufmännischen Berufe aus den Bereichen 1, 2, 3 und 5	☒ Überprüfung Ihrer Merkfähigkeit	☒ Ca. 2 Minuten

Jetzt ist Ihr Kurzzeitgedächtnis für Zahlen gefragt. Bitte prägen Sie sich nun die folgenden zweistelligen Zahlen ein. Sie haben insgesamt 1 Minute Zeit!

19	21	78	54	66	44	20	73
11	56	31	12	87	65	47	32

Fertig?
Dann verdecken Sie nun die oberen Zahlen mit einem Blatt und tragen Sie die gemerkten Zahlen in beliebiger Reihenfolge in die unten stehenden Lösungsfelder ein. Wieder haben Sie 1 Minute Zeit.

1. ________	9. ________
2. ________	10. ________
3. ________	11. ________
4. ________	12. ________
5. ________	13. ________
6. ________	14. ________
7. ________	15. ________
8. ________	16. ________

Geschafft! Vergleichen Sie nun Ihre Zahlen mit denen aus der Aufgabe. Wie viele konnten Sie sich merken? Alles über zehn ist schon sehr gut.

Gedächtnisleistung – Erinnerungsphase

Was wissen Sie noch über die Ihnen vorgestellten Personen, bezogen auf die Themen Namen, Alter, Geburtsdatum und Ort, aufgewachsen, Schulabschluss, 1. gelernter Beruf, aktuelle Tätigkeit, Hobbys, über den Familienstand, Beruf, Frau/Mann, Kinderanzahl u. Alter des/der Partners/Partnerin, aktuelle Wohn- u. Lebenssituation?

Wer ist wer?
Bitte identifizieren Sie aus den 12 Fotos unsere 4 Kandidaten und schreiben Sie deren Namen unter die Bilder.

Bitte beantworten Sie diese Fragen innerhalb von 10 Minuten:

Wer ist der älteste Kandidat: ______________________

Wie heißt der jüngste Kandidat: ______________________

Wer wohnt in einem eigenen Haus: ______________________

Wessen Hobby ist die Rosenzucht: ______________________

Wessen Hobby ist Schwimmen: ______________________

Wer ist in Wien geboren: ______________________

Wer hat mehr als zwei Kinder: ______________________

Welche Hobbys hat der/die Disponent/in: ______________________

Welche Hobbys hat der/die Abteilungsleiter/in: ______________________

Wer ist nicht bei seinen Eltern aufgewachsen: ______________________

Wessen Mutter starb früh: ______________________

Wo arbeitet der Partner von Anna Dornbach: ______________________

Was arbeitet der Partner von Erika Bernweiß: ______________________

Wer ist Buchhalter/in: ______________________

Welche Musikinstrumente spielt Anna Dornbach: ______________________

Wer wuchs als Zwillingskind auf: ______________________

Wer wuchs mit vielen Geschwistern auf: ______________________

Wessen Tochter ist erst ein Jahr alt: ______________________

Wie viele Kinder wünscht sich Anna Dornbach: ______________________

Was hat der Sohn von Franz Xaver Hubener vor: ______________________

Welche Tätigkeit übt Werner Murbach aktuell aus: ______________________

Wer hat eine Ausbildung bei der Sparkasse gemacht: ______________________

Welchen Schulabschluss hat der Vertreter: ______________________

Was arbeitet die Frau von Werner Murbach: ______________________

Wer hat einen Mittelschulabschluss: ______________________

Fertig? Bitte vergleichen Sie nun die Bilder mit den Originalen.

Lösungen auf Seite 246 f.

Zahlen wiedererkennen

Dieser Test wird besonders häufig verwendet für	Testziel	Testdauer
☒ Alle kaufmännischen Berufe	☒ Überprüfung Ihrer Merkfähigkeit	☒ Ca. 3 Minuten

Jetzt sollen Sie sich erneut Zahlen einprägen und diese später in einem Zahlenfeld identifizieren.

Bitte merken Sie sich die folgenden Zahlen. Sie haben 1 Minute Zeit!

63827
98447
12563
76282
97624

Bitte verdecken Sie nun die oberen Zahlen mit einem Blatt und markieren Sie in dem Zahlenfeld alle Zahlen, die Sie sich eben gemerkt haben, mit einem geraden, waagerechten Strich. Sie haben dafür 2 Minuten Zeit.

76567	35432	56776	25315	85367	75653
46543	56545	63827	21344	23213	24321
97876	63675	42464	32345	43211	64324
97624	32345	65476	54256	75458	12563
64336	53245	21121	13432	32245	32345
75657	43225	22455	21123	21344	21234
76456	98447	32235	43523	43234	65434
65435	11122	21234	32344	47655	99087
98789	97809	87678	65435	43345	23323
87965	53245	43245	97876	97887	76282

Lösungen auf Seite 247.

Organisation/Ordnung/Sorgfalt

»Ordnung ist das halbe Leben«, heißt es im Volksmund. Auch im Beruf sollen Sie zeigen, dass Sie Ordnung halten und organisieren können. Sorgfalt ist dabei erste Pflicht. Die folgenden Aufgaben werden Ihnen helfen, diese Eigenschaften zu trainieren und weiter auszubauen.

Aktienkurse auswerten

Dieser Test wird besonders häufig verwendet für	**Testziel**	**Testdauer**
☒ Alle kaufmännischen Berufe, insebsondere aus den Bereichen 2, 3, 4 und 5	☒ Überprüfung Ihrer Merkfähigkeit	☒ Ca. 8 Minuten

Hier sind Ordnung und Sorgfalt gefordert. Bitte beantworten Sie die folgenden fünf Fragen mithilfe der Aktienkurse vom Deutschen Aktienmarkt. Für Ihre Antworten haben Sie 8 Minuten Zeit, Nebenrechnungen sind erlaubt, Fehler bei der Beantwortung der Fragen werden mit Punktabzug bestraft.

Name	Div./Bonus	28.09.	27.09.	Hoch	Tief
Metro	1,13	40,49	40,30	53,00	38,60
BMW	0,40	37,95	36,65	38,49	23,20
E.ON	1,25	58,65	58,19	60,80	41,15
Allianz	1,02	37,00	36,00	43,65	28,00
Bayer	0,00	90,00	90,00	193,00	16,30
MAN	1,18	130,00	133,00	180,00	35,00
Linde	1,00	151,45	154,45	195,40	75,60
Fresenius	0,80	21,20	22,10	41,00	20,02
Lufthansa	0,00	25,20	24,90	47,40	22,10
Volkswagen	0,77	50,35	49,85	57,10	39,10

1. Zwischen welchen der in der Tabelle angeführten Unternehmen bestand am 27.09. die höchste Differenz im aktuellen Tageswert?

a) Metro / BMW
b) Bayer / MAN
c) Lufthansa / BMW
d) Volkswagen / Fresenius
e) E.ON / Linde

2. Welche Unternehmen haben zusammen die höchste Differenz zwischen ihren Hoch-/Tiefkursen?

a) Metro / BMW
b) E.ON / Metro
c) Lufthansa / VW
d) E.ON / BMW
e) Fresenius / Lufthansa

3. Wenn man alle Boni zusammenzählt: Welches Aktienpaket hat die zweithöchste Ausschüttung?

a) Metro / BMW / Linde / Fresenius
b) Lufthansa / Metro / E.ON / VW
c) VW / Lufthansa / E.ON / Allianz
d) Bayer / Lufthansa / MAN / E.ON
e) Allianz / MAN / E.ON / Metro

4. Bei welchem Unternehmen gibt es zwischen dem 27.09. und dem 28.09. die höchste Wertschwankung (a), bei welchem die geringste (b)?

a) ______________

b) ______________

5. Welches Unternehmen ist am 27.09. seinem persönlichen Tiefstwert am nächsten (a), und welches ist am zweitweitesten entfernt (b)?

a) ______________

b) ______________

Lösungen auf Seite 247.

Buchstabensalat

Dieser Test wird besonders häufig verwendet für	Testziel	Testdauer
☒ Alle kaufmännischen Berufe, v. a. aus den Bereichen 2 und 3	☒ Zeigen Sie Spürsinn, Genauigkeit und Sorgfalt!	☒ Ca. 15 Minuten

Bei dieser Aufgabe müssen aus einer Vielzahl verschiedener Buchstaben in einem Rechteck Wörter aus einem bestimmten Sachgebiet herausgesucht werden. Diese Wörter können waagerecht von links nach rechts, senkrecht von oben nach unten, diagonal von links unten nach rechts oben oder diagonal von links oben nach rechts unten angeordnet sein (siehe folgendes Beispiel).

Bei diesem Beispiel sind vier Namen aus der Tierwelt in der oben beschriebenen Anordnung versteckt.

A	B	E	G	I	R	O	S	T	D	H	I	R	N	B	R
S	D	O	P	Ü	R	U	I	S	F	H	J	K	L	P	Ö
D	G	I	R	A	F	F	E	K	S	L	A	R	M	O	P
D	F	A	L	L	E	G	I	S	C	C	H	L	Ö	T	Z
A	D	K	L	E	Ö	Ä	H	Y	X	V	H	G	H	J	Ö
H	J	K	Z	L	Ü	D	U	B	N	A	R	W	H	A	L
I	F	T	G	J	K	L	N	L	Ö	S	S	Q	E	L	C
B	A	R	G	H	D	R	D	R	A	B	I	U	A	I	T
K	A	S	T	E	V	O	M	V	I	E	R	T	E	L	N
P	F	I	S	T	C	H	I	N	T	E	Z	L	P	A	B

Lösung: Giraffe, Katze, Hund, Schwein

In der folgenden »Buchstaben-Wüste« sind 17 Wörter aus dem Pflanzenreich versteckt. Sie haben 15 Minuten Zeit, die Wörter aus dem Buchstabensalat herauszufinden.

B	R	E	A	S	T	E	R	T	Z	U	R	U	B	S	T
C	H	I	R	X	V	E	I	L	H	Ö	E	Ä	B	R	E
V	Ü	X	F	R	E	E	S	I	E	F	A	R	G	I	E
E	B	E	C	H	W	I	Q	U	E	K	H	E	I	P	R
I	G	E	L	F	R	U	S	Ö	T	Z	E	I	N	R	M
L	Ä	R	M	S	E	E	R	O	S	E	S	M	S	I	E
C	A	E	L	C	K	Ü	S	C	H	G	L	A	S	M	I
H	O	S	E	H	L	A	U	T	I	E	Ä	D	U	E	L
E	N	B	B	U	V	E	R	K	D	I	N	U	B	L	Ä
N	A	R	E	F	R	A	G	O	A	X	Y	E	Ö	J	A
F	M	A	R	G	E	R	I	T	E	U	L	R	L	E	B
X	I	R	B	Ö	L	L	X	C	H	L	Ä	E	N	K	M
D	I	B	L	K	I	A	K	E	L	E	I	L	Q	U	E
I	S	R	Ü	B	K	E	H	T	S	C	H	E	I	N	M
S	O	N	M	U	R	D	A	R	M	S	O	N	N	A	N
T	U	S	C	H	E	L	Ö	W	E	N	Z	A	H	N	Ö
E	A	R	H	N	Ä	S	T	G	I	R	L	A	B	U	S
L	P	F	E	I	L	E	I	M	G	N	O	K	Ä	W	I
R	R	A	N	G	S	V	E	U	R	Ä	S	T	W	I	R
A	U	S	T	S	X	A	L	A	Ü	O	A	D	E	C	L
C	I	R	I	S	B	O	F	O	T	S	S	E	Ü	K	A
P	F	E	R	D	E	N	E	R	G	T	Ö	E	L	E	E
P	F	A	D	Ü	I	Ä	H	T	E	S	C	H	A	F	A
C	I	M	T	A	U	S	E	E	N	Z	I	A	N	L	U
A	N	A	R	R	S	D	W	R	T	I	G	R	E	R	F
E	G	E	R	L	O	I	S	T	E	I	M	S	I	N	R
B	E	I	L	O	S	S	E	L	H	J	I	E	R	O	E

Lösungen auf Seite 248.

Dienstplan

Dieser Test wird besonders häufig verwendet für	Testziel	Testdauer
☒ Kaufmännische Berufe in den Bereichen 2 und 3	☒ Überprüfung Ihres organisatorischen Denkvermögens. Beweisen Sie Konzentration und logische Denkfähigkeit!	☒ Ca. 8 Minuten

Ein Taxibetrieb beschäftigt 25 studentische Taxi-Aushilfsfahrer. Jede/r von ihnen ist nur einmal in der Woche in der Lage, eine Schicht zu leisten. Es gibt zwei Schichten: tagsüber und nachts. Stellen Sie einen Dienstplan auf, der berücksichtigt, dass zehn Taxifahrer keinen Tagesdienst und acht keinen Nachtdienst machen können. Einige Taxifahrer können Tages- und Nachtdienst machen. Der Tagesdienst soll mit zwei Fahrern besetzt werden, der Nachtdienst mit drei. Der Wochenplan, den Sie aufstellen sollen (von Montag bis Freitag), muss alle Namen der Taxifahrer einmal berücksichtigen, wobei niemandem, der keinen Tages- bzw. Nachtdienst macht, zugemutet werden darf, einen solchen zu übernehmen.

Für diese Aufgabe gibt es keine Beispielanleitung. Sie haben zur Erstellung des Dienstplans 8 Minuten Zeit.

Nachstehend die Liste der Namen (mit dem Vermerk T = kein Tagesdienst bzw. N = kein Nachtdienst möglich).

Name	Schicht	Name	Schicht	Name	Schicht
Anna	T	Else		Nora	N
Andreas	N	Fritz	N	Palja	
Birgit		Gabi	T	Robert	T
Bernd	T	Heinz	T	Susanne	N
Berta		Karl	N	Sonja	
Detlev	N	Karin	T	Sabine	T
Doris	N	Katrin	N	Renate	T
Dagmar		Ludwig	T		
Erik	T	Mailin			

Lösungen auf Seite 249.

Verteilen und Ordnen

Dieser Test wird besonders häufig verwendet für	Testziel	Testdauer
☒ Kaufmännische Berufe in den Bereichen 2 und 3	☒ Überprüfung Ihres organisatorischen Denkvermögens. Zeigen Sie Ordnungssinn und beweisen Sie Konzentration und logische Denkfähigkeit!	☒ Ca. 7 Minuten

Auf 10 Karteikästen soll eine große Menge von Karteikarten gleichmäßig verteilt werden. Dabei sind die Karteikarten nach den Anfangsbuchstaben der Kundennamen geordnet in den bzw. die Karteikästen abzulegen. Bei einer Vorabdurchsicht haben Sie feststellen können, dass einzelne Buchstaben des Alphabets (die Anfangsbuchstaben der Kunden) prozentual unterschiedlich oft vertreten sind (siehe Aufstellung). Der Buchstabe Q zum Beispiel ist überhaupt nicht vertreten. Wie müssen die restlichen 25 Buchstaben des Alphabets auf 10 Karteikästen verteilt werden, wenn man die Bedingung wahren will, dass jeder Karteikasten die gleiche Menge von Karteikarten aufnimmt?

Von den Kundennamen, die auf Karteikarten stehen und in die 10 Kästen zu sortieren sind, beginnen jeweils:

- 2,5 % mit den Anfangsbuchstaben
  D, F, H, I, J, K, N, P, R, T, V, W

- 3,33 % mit den Anfangsbuchstaben
  Z, X, Y

- 5 % mit den Anfangsbuchstaben
  M, B, E, C, L, O, S, U

- 10 % mit den Anfangsbuchstaben
  A, G

Achten Sie auf die Bedingung, dass jeder Karteikasten die gleiche Menge an Karteikarten enthalten muss. Für diese Aufgabe haben Sie 7 Minuten Zeit.

Lösungen auf Seite 249.

Hausverwaltung

Dieser Test wird besonders häufig verwendet für	**Testziel**	**Testdauer**
☒ Kaufmännische Berufe in den Bereichen 2 und 3	☒ Überprüfung Ihres organisatorischen Denkvermögens. Zeigen Sie Ordnungssinn und beweisen Sie Konzentration und logische Denkfähigkeit!	☒ Ca. 10 Minuten

In einem neuen vierstöckigen Bürokomplex sollen die 208 Räume auf eine logisch sinnvolle Art und Weise mit Türschildern beschriftet werden. Jeder Suchende soll anhand der Raumbezeichnung leicht einen bestimmten Raum finden und aus dessen Nummer seine Funktion ableiten können.

Der Bürokomplex besteht aus 2 Häusern mit jeweils 80 Büros, 3 Kopierzimmern, 4 Technikräumen, 8 Toiletten, 5 Konferenzräumen und 4 Küchen.

Entwickeln Sie nun einen Vorschlag, auf welche Art Sie die Räume des Komplexes durchnummerieren würden. Sie haben hierzu 10 Minuten Zeit.

Tipp: Hier ist vor allen Dingen ein planvolles Vorgehen beim Bearbeiten der Aufgaben vonnöten. Oftmals schließt sich an diesen Aufgabentyp ein Interview mit dem Testanwender an, dem Sie dann Ihre Systematik beim Lösen derartiger Aufgaben darlegen sollen. Also nicht Hals über Kopf loslegen, sondern erst eine Lösungsstrategie entwickeln und dann die Testaufgabe anpacken.

Lösungen auf Seite 249.

Post, Porto und Tarife

Dieser Test wird besonders häufig verwendet für	Testziel	Testdauer
☒ Kaufmännische Berufe in den Bereichen 2, 3 und 5	☒ Überprüfung Ihres organisatorischen Denkvermögens. Zeigen Sie Ordnungssinn und beweisen Sie Konzentration!	☒ Ca. 10 Minuten

Von Hamburg, dem Tor zur Welt, aus sind verschiedene Postsachen (Briefe, Telegramme, Pakete) zu verschicken. Ihre Aufgabe besteht darin, die Post- bzw. Frachtgebühr anhand von Tabellen zu ermitteln. Durch unterschiedliche Beförderungsarten (z. B. Eilzustellung) wird alles etwas schwieriger. Hinzu kommt noch, dass gerade in dem Augenblick, in dem Sie an die Arbeit gehen wollen, eine Tarifänderung ins Haus steht. Aber sehen Sie selbst:

Beförderungsgegenstände

	Tarifwert
Drucksache	1
Postkarte	2
Brief	3
Telegramm	4
Päckchen (bis 2.000 g)	5
Paket (bis 5.000 g)	6
(über 5 kg–10 kg)	7
(über 11 kg–15 kg)	8

Beförderungsart/Zuschläge

Einschreiben	5
Luftpost	3
Eilzustellung	5
Auslandszuschlag	4
Versicherungszuschlag bei Wertsachen	8

Bestimmungsorte

	km von Hamburg aus
A	10 km
B	20 km
C	50 km
D	100 km
E	150 km
F	180 km
G	200 km
H	400 km
I	900 km
J	1.000 km
K	1.500 km
L	2.500 km

Kilometer/Tarife

Entfernung	Tarifwert
0–10 km	1
11–50 km	2
51–100 km	3
101–500 km	4
501–1.000 km	5
über 1.000 km	6

Tarife

Tarifwerte	Gebühren-einheit bis 31.12.	Gebühren-einheit ab 1.1.
1	0,50	0,70
2	0,90	1,00
3	1,20	1,50
4	2,20	2,50
5	2,50	2,80
6	3,00	3,40
7	3,50	3,90
8	4,00	4,50
9	4,70	5,00
10	5,10	5,60
11	5,90	6,10
12	6,80	7,10
13	7,50	7,90

Tarifwerte	Gebühren-einheit bis 31.12.	Gebühren-einheit ab 1.1.
14	8,10	8,50
15	8,90	9,70
16	10,00	10,40
17	10,50	10,80
18	12,50	13,00
19	15,00	18,00
20	18,50	18,90
21	19,20	19,60
22	20,40	20,90
23	21,70	22,00
24	22,20	22,60
25	22,90	23,10

1. Beispiel:

Ein Brief soll am 31.12. von Hamburg aus nach D geschickt werden.
Wie hoch ist die anfallende Gebühreneinheit (GE)?

Brief Tarifwert 3
nach D 100 km + 3
= 6 am 31.12. = 3,00 GE

2. Beispiel:

Ein Telegramm soll am 1.1. von Hamburg nach I geschickt werden.

Telegramm Tarifwert 4
nach I 900 km + 5
= 9 am 1.1. = 5,00 GE

Für 17 Aufgaben haben Sie 10 Minuten Zeit.
(Wie hoch sind jeweils die GE?)

1. Eine Postkarte ist am 29.12. auf dem Weg nach G.
2. Ein Telegramm wird am 13.1. nach J ins Ausland (Zuschlag!) geschickt.
3. Nach D soll ein Luftpost-Brief am 4.1. versandt werden.
4. Ein Brief soll per Luftpost nach E am 30.12. geschickt werden.
5. Ein 1.100 g schweres Päckchen soll ins Ausland nach H geschickt werden (vor dem 1.1.).
6. Ein Paket muss per Eilzustellung am 30.12. in C sein. Es wiegt 4,9 kg.
7. Eine Postkarte wird am 2.1. ins Ausland nach J geschickt.
8. Ein Telegramm soll nach H ins Ausland am 31.12. geschickt werden.
9. Ein 5,5 kg schweres Einschreiben-Paket soll per Luftpost ins Ausland am 5.1. nach J versandt werden.
10. Eine Drucksache soll mit Auslandszuschlag am 2.1. nach E geschickt werden.
11. Ein Luftpost-Eilzustellungspäckchen von 800 g soll ins Ausland geschickt werden, am 3.1. nach H.
12. Am 1.1. soll eine Postkarte nach B per Eilzustellung den Empfänger erreichen.
13. Ein Eilzustellungs-Luftpostpaket (15 kg) soll am 30.12. ins Ausland nach G versandt werden.
14. 6.000 g wiegt ein Paket, das per Einschreiben ins Ausland nach I geht und noch vor dem 30.12. eintreffen soll.
15. Per Luftpost wird ein Päckchen nach F am 2.1. versandt.
16. Ein versichertes Wertpaket (10 kg) wird am 1.12. ins Ausland nach L verschickt.
17. Ein Wertbrief soll per Einschreiben am 30.1. nach K versandt werden.

Lösungen auf Seite 249.

Rechnungsprüfung

Dieser Test wird besonders häufig verwendet für	**Testziel**	**Testdauer**
☒ Alle kaufmännischen Berufe, insbesondere im Bereich 1	☒ Überprüfung Ihres organisatorischen Denkvermögens. Zeigen Sie Ordnungssinn und beweisen Sie Konzentration und logische Denkfähigkeit!	☒ Ca. 7 Minuten

Sie sind Mitarbeiter in der kaufmännischen Abteilung eines Versandhauses. Zu Ihren Aufgaben gehört es, ausgehende Rechnungen auf Richtigkeit zu prüfen.

Im Folgenden bekommen Sie 6 Rechnungen vorgelegt, in welche sich Fehler eingeschlichen haben. Sie haben 7 Minuten Zeit, diese ausfindig zu machen und zu korrigieren.

A

Nadelstreifen-Blazer	35,00
Hose mit Nadelstreifen	49,95
Miedergürtel aus Glattleder	22,99
GESAMT	EUR 107,94

B

Pullover mit Stehkragen	27,70
Sweatshirt mit Kapuze	13,07
	40,77
Gutschrift	– 32,00
GESAMT	EUR 8,77

C

Strickrock, lang	32,99
Bluse aus zweifarbigem Gewebe	33,95
Rollkragenpullover mit Halbarm	24,30
Ledergürtel mit Silberschließe	15,00
Rock mit Nadelstreifen	24,65
	130,89
10 % Rabatt	– 14,40
GESAMT	EUR 116,49

D	Weste im Trachtenlook	25,12
	Trachtenbluse	54,80
	Trachtenrock mit Seitenschlitzen	111,91
	Jeans-Jacke	42,95
		234,78
	5 % Versand und Porto	11,74
	GESAMT	EUR 246,52

E	Trekkingstiefelette	79,90
	Karo-Hemdbluse mit Stickerei	19,99
	Bluse mit Spitze	13,14
	Hose mit Schlag	27,31
	Sweatshirt aus Frottee	11,00
	Rock mit Schlitz	28,95
		180,29
	5 % Skonto	– 9,01
		171,28
	Gutschrift	– 7,99
	GESAMT	EUR 163,39

F	Wickelrock, kurz und peppig	47,80
	Hüfthose in legerer Form	23,14
	Freizeitschuh im Materialmix	74,51
		145,55
	10 % Mehrwertsteuer	14,55
		160,10
	5 % Verpackung und Porto	8,00
		168,10
	Gutschrift	– 10,49
	GESAMT	EUR 157,61

Lösungen auf Seite 250.

Sortieren

Dieser Test wird besonders häufig verwendet für	Testziel	Testdauer
☒ Kaufmännische Berufe in den Bereichen 2, 3 und 5	☒ Überprüfung Ihres organisatorischen Denkvermögens. Zeigen Sie Ordnungssinn und beweisen Sie Konzentration und logische Denkfähigkeit!	☒ Ca. 10 Minuten

Bei dieser Aufgabe geht es um Ordnung, Konzentration und Sorgfalt. Sie bekommen drei Listen, um daraus einen Zahlencode abzuleiten. Auf der ersten sind verschiedene Studienfächer durch eine Ziffer gekennzeichnet. Ein alphabetisches Namen-Codierschema ist Gegenstand der zweiten Liste. Eine dritte Liste enthält Dozentennamen, die bestimmten Studienfächern zugeordnet sind (z.B. Dr. E. Kluge / Archäologie).

Ihre Aufgabe besteht darin, mithilfe der Listen eins und zwei nun die Dozenten/Studienfächer-Liste (dritte Liste) listig in Form von Zahlencodes umzusetzen und diese in die vierte Spalte einzutragen. Alles Müller, oder was?

Ein Beispiel

Dr. Gernot Pfeifer ist Dozent der Elektrotechnik

Dr. Gernot Pfeifer = 22, da Buchstabe P (gemäß Liste zwei),

Elektrotechnik = 23 (gemäß Liste eins),

Lösung = 2223.

Beachten Sie bitte, dass bei den Doppelnamen der Anfangsbuchstabe des ersten Nachnamens entscheidend ist.

Für diese Aufgabe haben Sie 10 Minuten Zeit.

1. Liste: Studienfächer

01 = Medizin
02 = Philosophie
03 = Mathematik
04 = Geografie
05 = Chemie
06 = Geologie
07 = Forstwissenschaft
08 = Archäologie
09 = Ethnologie
10 = Anglistik
11 = Bibliothekswissenschaft
12 = Germanistik
13 = Psychologie
14 = Slawistik
15 = Amerikanistik
16 = Bergbau
17 = Architektur
18 = Verfahrenstechnik
19 = Physik
20 = Altamerikanistik
21 = Biotechnologie
22 = Kommunikationswiss.
23 = Elektrotechnik
24 = Biologie
25 = Maschinenbau
26 = Publizistik
27 = Wasserbau
28 = Umwelttechnik
29 = Politik
30 = Jura

2. Liste: Alphabetisches Namen-Codierschema

00 = Aa–Am
01 = An–Az
02 = Ba–Bo
03 = Bp–Bz
04 = C
05 = Da–Dn
06 = Do–Dz
07 = Ea–Ek
08 = El–Ep
09 = Eq–Ez
10 = Fa–Fm
11 = Fn–Fz
12 = Ga–Gz
13 = Ha–Ho
14 = Hp–Hz
15 = I–J
16 = Ka–Kl
17 = Km–Kz
18 = L
19 = Ma –Mz
20 = Na –Nm
21 = Nn–Nz
22 = O–P
23 = Q
24 = R–Sa
25 = Sb–Se
26 = Sf–St
27 = Su–Sz
28 = Ta–Tz
29 = U–W
30 = X–Z

3. Liste: Dozenten und Studienfächer / Lösungsfelder
Bitte tragen Sie rechts die richtige Codierung ein.

1. Prof. Dr. Müller / Archäologie	
2. Dr. G. Zacher / Verfahrenstechnik	
3. Dr. Dr. Egon Berg / Amerikanistik	
4. Dr. Ilse Stein / Psychologie	
5. Prof. Dr. Peter Ellenberg / Architektur	
6. Dr. Sybille Koch / Biotechnik	
7. Dr. F. Sunner-Probst / Geografie	
8. Friedhelm Heinig / Mathematik	
9. Dr. Gernot Pfeifer / Elektrotechnik	

10. Prof. Dr. J. Schröder-Olm / Chemie

11. Dr. W. Döhring / Kommunikationswissenschaft

12. Dr. E. Kluge / Archäologie

13. Brigitte Caspari / Germanistik

14. Elvira Norderbaum / Altamerikanistik

15. Prof. Dr. D. Bolle / Forstwissenschaft

16. Prof. Dr. Norbert Eisenstedt / Bergbau

17. Dr. Anton Himmelmeier / Verfahrenstechnik

18. Ulrich Tiefenbach / Philosophie

19. Ferdinand Undeloh / Biologie

20. Prof. Dr. V. Schlüsselbein / Medizin

21. Dr. P. Friedendorf / Politik

22. Dr. Dr. G. Regensberg / Jura

23. Prof. Dr. W. Brüning / Bibliothekswissenschaft

24. Dr. Karl Anton / Philosophie

25. Dr. Ludwig Dahrendorf / Geologie

26. Dr. Rudolf Sievenkrug / Ethnologie

27. Dr. Dr. Otto Günther / Anglistik

28. Dr. Volker Ludwig / Verfahrenstechnik

29. Prof. Dr. E. Czerminski / Umwelttechnik

30. Hubert Müller-Bramholz / Politik

31. Prof. Dr. Jochen Kamm / Biotechnik

32. Dr. Bärbel Zuversicht / Psychologie

33. Prof. Dr. Ch. Westermeier / Wasserbau

34. Andreas Berge-Saale / Germanistik

35. Dr. W. Löffler / Bibliothekswissenschaft

36. Prof. Dr. D. Abenrath / Slawistik

37. Dr. Dr. H. Rübenstedt / Forstwissenschaft

38. Prof. Dr. Marion Elm / Kommunikationswissenschaft

39. Dr. Verena Pflug / Umwelttechnik

40. Prof. Dr. P. Kalder / Wasserbau

Lösungen auf Seite 251.

Spedition

Dieser Test wird besonders häufig verwendet für	Testziel	Testdauer
☒ Kaufmännische Berufe in den Bereichen 2 und 5	☒ Überprüfung Ihres organisatorischen Denkvermögens. Zeigen Sie Ordnungssinn und beweisen Sie Konzentration, Kostenbewusstsein und logische Denkfähigkeit!	☒ Ca. 45 Minuten

Diese Aufgabe fordert Ihr Planungsgeschick heraus: Sie sind Leiter eines Speditionsunternehmens. Ein Kunde möchte von Ihnen ein Angebot für einen Großauftrag über verschiedene Transporte. Geld spielt bei diesem Kunden keine Rolle, wichtig ist nur, dass der Auftrag so schnell wie möglich abgewickelt wird. Sie sollen nun einen effizienten Weg finden, die folgenden 20 Transportaufträge in kürzester Zeit durchzuführen, denn nur der schnellste Spediteur bekommt den Zuschlag.

Transportieren Sie von A nach B … Frachteinheiten!

Auftrag	A	B	Frachteinheiten
1	Nürnberg	Saarbrücken	5
2	Saarbrücken	Nürnberg	6
3	Saarbrücken	Innsbruck	4
4	Leipzig	Brüssel	3
5	Stuttgart	Berlin	3
6	München	Berlin	3
7	Rostock	Kassel	3
8	Bern	Graz	5
9	Salzburg	Hannover	3
10	Frankfurt	Linz	3
11	Kassel	Verona	3
12	Hannover	München	3
13	Hannover	Stuttgart	4
14	Mailand	Wien	2
15	Bern	Berlin	4
16	München	Mailand	3
17	Wien	Basel	5
18	Wien	Triest	6
19	Verona	München	4
20	Köln	Zürich	5

Zur Durchführung der einzelnen Aufträge stehen Ihrer Spedition 3 Lkws und 1 Anhänger zur Verfügung, alle mit einer Frachtkapazität von 6 Frachteinheiten ausgestattet. Ihr Lkw A befindet sich zurzeit in Ihrem Stützpunkt in Berlin, genauso wie Ihr einziger Anhänger. Lkw B ist dagegen zurzeit in Rotterdam unterwegs, Lkw C steht in München.

Folgende Regeln müssen ebenfalls in Ihrer Planung Beachtung finden:

1. Das Be- bzw. Entladen eines Lkws dauert jeweils 1 Stunde. Kann das Be- und Entladen in einer Stadt gleichzeitig ablaufen, verkürzt sich die Ladezeit auf insgesamt 1,5 Stunden. (Beispiel: Lkw A wird in Hannover beladen – Ladezeit: 1 h. Lkw B wird in München erst entladen, dann gleich wieder beladen – Ladezeit: nur 1,5 h statt 2 h.)
2. Der Lkw-Anhänger kann in jeder beliebigen Stadt ohne weitere Zeitverzögerungen an- und abgekoppelt werden. Man kann ihn allein in einer Stadt stehen lassen, auch wenn er beladen ist. Führt ein Lkw den Anhänger mit sich, verlängert sich seine Fahrzeit um 25 %.
3. Nach deutschem Gesetz muss jeder Kraftfahrer nach 8 Stunden Fahrt eine vierstündige Pause einlegen. Einzige Ausnahme ist Ihr Lkw A. Hier hat der Fahrer einen Beifahrer, der für ihn einspringen kann. Dadurch kann Lkw A ohne Pausen durchfahren.
4. Lkw C steht Ihnen maximal bis 00.00 Uhr des vierten Tages zur Verfügung. Danach wird er anderweitig verwendet und kann nicht mehr für diese Aufgabe genutzt werden.
5. Wenn die Frachtkapazität es zulässt, kann ein Lkw auch mehrere Frachtaufträge gleichzeitig ausführen, d. h. Frachteinheiten aus verschiedenen Aufträgen transportieren.
6. Ein Auftrag ist immer erst dann abgeschlossen, wenn die Fracht am Bestimmungsort abgeladen wurde.

Der folgenden Karte können Sie die einzelnen Fahrzeiten von Stadt zu Stadt entnehmen. Sie dürfen Ihre Lkws nur entlang der Linien fahren lassen. Die Fahrzeit ist in Stunden angegeben. Beispielsweise dauert eine Fahrt von Berlin nach Hannover 3 Stunden, eine Fahrt von Berlin nach Hamburg dagegen 4,5 Stunden.

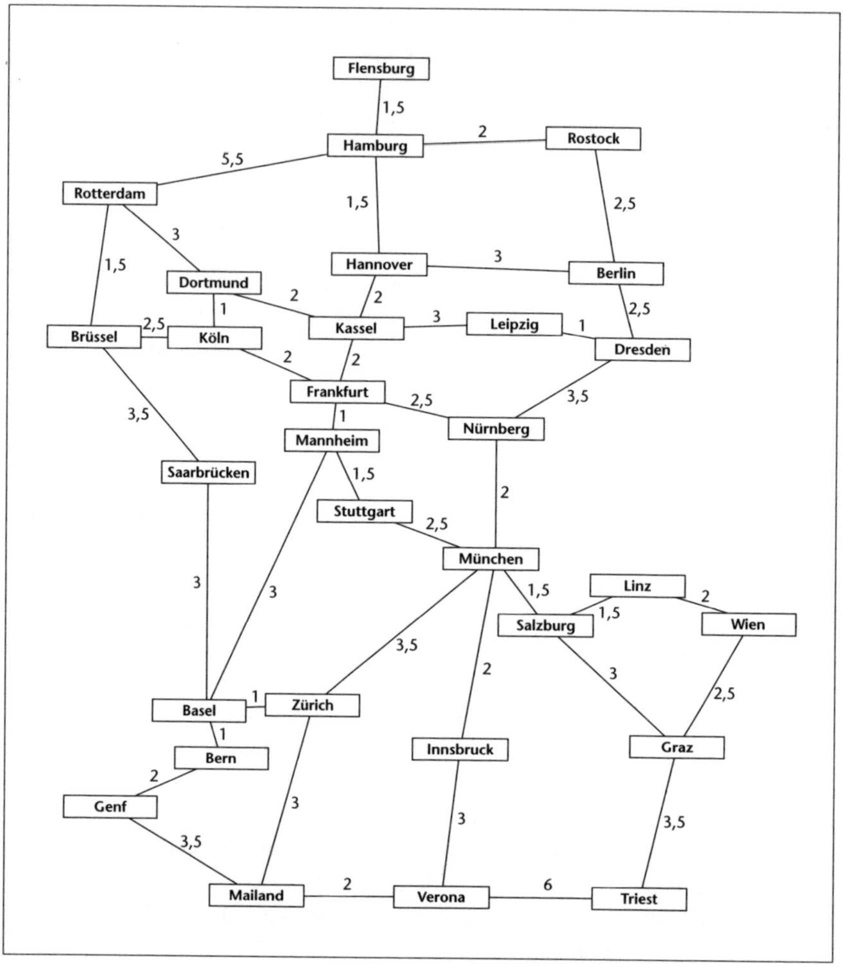

Zum Verständnis nun ein kurzes Beispiel:
Sie sollen 4 Frachteinheiten von Hamburg nach Frankfurt transportieren, ihr Lkw steht zurzeit in Hannover.

Fahrt von Hannover nach Hamburg: 1,5 Stunden
Beladen des Lkws: 1,0 Stunden
Fahrt von Hamburg nach Frankfurt: 5,5 Stunden
Entladen des Lkws: 1,0 Stunden

Gesamtzeit: 9,0 Stunden

Versuchen Sie nun, für jeden Lkw und für den Anhänger einen Fahrplan zu entwerfen, sodass die 20 Transportaufträge auf dem schnellstmöglichen Weg erledigt werden können. Wie viel Zeit benötigt Ihre Spedition, um alle 20 Aufträge ordnungsgemäß ausführen zu können?

Zur Lösung dieser Aufgabe haben Sie 45 Minuten Zeit.

Tipp: Bei dieser Aufgabe geht es auch darum, wie strukturiert Sie Ihre Lösung darlegen können. Versuchen Sie deshalb am besten, Ihr Ergebnis in einer Tabelle darzustellen.

Lösungen auf Seite 251 ff.

Tabellen auswerten

Dieser Test wird besonders häufig verwendet für	**Testziel**	**Testdauer**
☒ Kaufmännische Berufe in den Bereichen 2, 3 und 5	☒ Beweisen Sie Konzentration, Rechen- und logische Denkfähigkeit!	☒ Ca. 7 Minuten

Dieser Test wird Ihnen wahrscheinlich aus der Schule noch bekannt vorkommen. Mithilfe der Angaben in einer Tabelle sollen Sie verschiedene Fragen beantworten. Beachten Sie, dass jeweils immer nur *eine* Antwort richtig ist. Sie dürfen sich auf einem Extrablatt Notizen machen und Nebenrechnungen anfertigen.

Für die gewissenhafte Beantwortung der Fragen zur folgenden Tabelle haben Sie insgesamt 7 Minuten Zeit! Fehler werden mit Punktabzug bestraft.

Anzahl der Individuen von Maulwurfspopulationen									
	Ort X			**Ort Y**			**Ort Z**		
	Individuen		Nachwuchs	Individuen		Nachwuchs	Individuen		Nachwuchs
Jahr	M	W		M	W		M	W	
2007	103	78	102	47	23	6	342	504	432
2008	143	150	123	37	34	9	643	533	601
2009	120	170	87	67	77	43	448	400	548
2010	112	99	87	78	56	88	397	456	532
2011	167	174	199	131	158	129	664	435	653

Die Daten verstehen sich inkl. Zu- und Abwanderungen der Tiere.

1. Wie groß ist der Unterschied zwischen der niedrigsten und der höchsten Individuenzahl (m und w getrennt angesehen!)?

a) 604 m	b) 723 m	c) 641 m	d) 666 m	e) 689 m
499 w	624 w	510 w	514 w	562 w

2. In welchem Jahr hat es in allen drei Orten zusammen die höchste Nachkommenzahl der Maulwurfspopulationen gegeben?

a) 2007 b) 2008 c) 2009 d) 2010 e) 2011

3. Wie hoch war die durchschnittliche Nachkommenzahl aller Individuen in Ort X?

a) 119,2 b) 119,3 c) 119,4 d) 119,5 e) 119,6

4. In welchem Jahr stieg die Nachkommenzahl der Individuen in welchem Ort um 50 %?

a) Ort Y / 2007 → 2008
b) Ort Z / 2009 → 2010
c) Ort X / 2008 → 2009
d) Ort X / 2010 → 2011
e) Ort Y / 2008 → 2009

5. Wie groß war durchschnittlich der Unterschied in der Menge der Nachkommen zwischen Ort Y und Ort Z?

a) 497,9
b) 498,0
c) 498,1
d) 498,2
e) 498,3

Lösungen auf Seite 254.

Wegeplan

Dieser Test wird besonders häufig verwendet für	Testziel	Testdauer
☒ Kaufmännische Berufe in den Bereichen 2 und 3	☒ Überprüfung Ihres organisatorischen Denkvermögens. Beweisen Sie Konzentration und logische Denkfähigkeit!	☒ Ca. 8 Minuten

Sie haben von der Zentrale Ihrer Firma aus Ihre 6 Filialen (A, B, C, D, E, F) über ein aktuelles Sonderangebot zu informieren. Leider sind Ihr Telefon-, Handy- und Faxanschluss kaputt. Einige der Filialen sind telefonisch nicht erreichbar, andere haben ein Telefon (alle mit T gekennzeichneten Filialbetriebe). Sie müssen nun mit einem Auto die Filialen ohne Telefon abfahren. Die Wegezeiten stehen fest (siehe Zeichnung; Telegramm oder Handyeinsatz nicht möglich!). Die Zeiten für das Überbringen der Nachricht – ob persönlich oder am Telefon – ebenso (jeweils 3 Minuten).

In welcher Reihenfolge gehen Sie vor, und wie viel Zeit brauchen Sie, bis Sie wieder in Ihr Büro zurückgekehrt sind?

Bearbeitungszeit für diese Aufgabe: 8 Minuten.

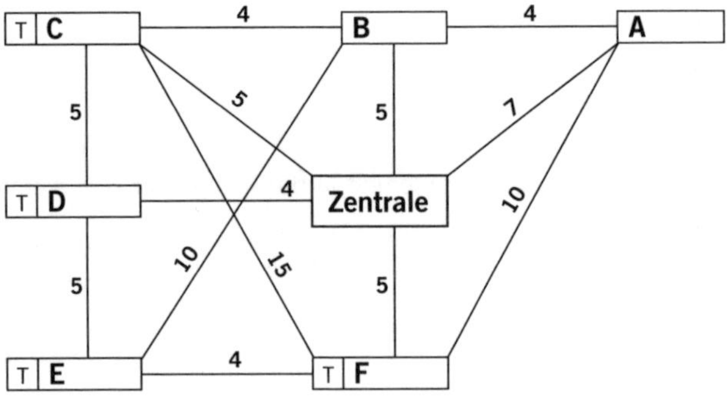

Lösungen auf Seite 254.

Einfallsgeschwindigkeit/Kreativität

Das nun folgende Kapitel beschäftigt sich mit den Bereichen Einfallsgeschwindigkeit und Kreativität. So ungewohnt es vielleicht auch klingen mag, aber auch diese Bereiche lassen sich trainieren, und unsere Bearbeitungstipps können Ihnen helfen, Ihren Eignungs- und Einstellungstest erfolgreich zu bestehen:

- **Erfassen Sie zunächst die genaue Aufgabenstellung**. Gibt es bestimmte Regeln oder Einschränkungen, die Sie beachten müssen? Verdeutlichen Sie sich diese und verlieren Sie sie nicht aus dem Blick, da Sie sonst unter Umständen vermeidbare Fehler begehen.

- **Nutzen Sie, wann immer es geht, Abwandlungen.** Sollen Sie z. B. einfach vierstellige Telefonnummern erstellen, so beginnen Sie mit 1234 und lassen danach 2345, 3456, 4567 usw. folgen. Auf diese Weise lassen sich schnell immer neue Reihen erstellen. Das Schema können Sie natürlich auch beliebig fortsetzen, indem Sie z. B. immer die Vorzahl +2 nehmen (also 2468 oder 3579) usw.

- **Geht es um Wörter, so nehmen Sie Wortabwandlungen, um schnell viele richtige Lösungen zu produzieren.** Hauptwörter mit »W« als Anfangsbuchstabe können dann z. B. sein Wand, Wandfarbe, Wandtafel, Wandbild, usw. Auch der Plural ist, so nicht anders erwähnt, erlaubt. In diesem Fall also Wandfarben, Wandbilder etc.

- **Üben Sie solche Aufgaben bereits im Vorfeld intensiv zu Hause,** insbesondere, wenn sie Ihnen schwerfallen. Haben Sie bereits Lösungsstrategien im Hinterkopf, werden Sie auch im Test schnell erfolgreich sein.

Telefonnummern erstellen

Dieser Test wird besonders häufig verwendet für	**Testziel**	**Testdauer**
☒ Kaufmännische Berufe in den Bereichen 3 und 4	☒ Überprüfung Ihrer Kreativität und Ihres Einfallsreichtums	☒ Ca. 2 Minuten

Zurück in die Zahlenwelt. Bei diesem Test ist Ihre Kreativität gefragt. Ihre Aufgabe wird es nun sein, sich Telefonnummern in unterschiedlicher Länge auszudenken, die man sich besonders leicht merken kann. Dabei geht es nicht nur um die Vielzahl der Nummern, diese müssen auch nach bestimmten Regeln aufgebaut sein, die möglichst unterschiedlich sein sollen.

Ein Beispiel für vierstellige Telefonnummern:

1. 1234 (Vorzahl +1)
2. 2468 (Vorzahl +2)
3. 1221 (+1 +0 –1)
4. 0369 (Vorzahl +3)

Bitte denken Sie sich nun möglichst verschiedene fünfstellige Telefonnummern aus, die durch eine bestimmte Regel besonders leicht zu merken sein sollen. Variieren Sie diesen Test, indem Sie sich danach z. B. vierstellige, sechsstellige, siebenstellige usw. Nummern ausdenken. Sie haben insgesamt pro Aufgabe 2 Minuten Zeit. Je mehr unterschiedliche Nummern Sie erstellen, desto besser!

• ______________	• ______________	• ______________
• ______________	• ______________	• ______________
• ______________	• ______________	• ______________
• ______________	• ______________	• ______________
• ______________	• ______________	• ______________

Leider können wir Ihnen an dieser Stelle keine Lösungen anbieten. Es gilt jedoch: Je mehr und je kreativer Ihre Lösungen, desto besser werden Sie bewertet. Ab zehn Vorschlägen sind Sie schon gut! (Siehe auch S. 96.)

Eigenschaften benennen

Dieser Test wird besonders häufig verwendet für	Testziel	Testdauer
☒ Kaufmännische Berufe in den Bereichen 2 und 3	☒ Überprüfung Ihrer Kreativität und Ihres Einfallsreichtums	☒ Ca. 1 Minute

Jetzt geht es um kreative Einfälle wie beispielsweise möglichst viele verschiedene Eigenschaften aufzuzählen, die ein guter Autoverkäufer haben sollte. Diese könnten z. B. sein:

- ehrlich
- zuverlässig
- konkret
- ehrgeizig
- usw.

Sie haben pro Fragestellung 30 Sekunden Zeit.

Zählen Sie möglichst viele Eigenschaften auf, die ein guter Polizist haben sollte.

____

____

____

Notieren Sie nun bitte möglichst viele Eigenschaften, die ein guter Politiker *nicht* haben sollte.

____

____

____

Eine Musterlösung können wir Ihnen an dieser Stelle leider nicht anbieten. Hier gilt: Je mehr kreative Antworten Sie finden konnten, umso besser. Ab acht Eigenschaften sind Sie schon sehr gut! (Siehe auch S. 96.)

Sätze bilden

Dieser Test wird besonders häufig verwendet für	Testziel	Testdauer
☒ Kaufmännische Berufe in den Bereichen 3 und 4	☒ Überprüfung Ihrer Kreativität und Ihres Einfallsreichtums	☒ Ca. 10 Minuten

Bilden Sie mit den vorgegebenen Wörtern so viele neue Sätze wie möglich. Wichtig: Alle vorgegebenen Wörter müssen unverändert im Satz vorkommen. Also Anzahl und Fall müssen so wie vorgegeben bleiben. Die Reihenfolge spielt dabei keine Rolle.

Beispiel
Die vorgegebenen Wörter sind **Sonnenschein – Eis – heiß**
Mögliche Sätze daraus gebildet sind beispielsweise:

- Selbst bei Sonnenschein wird dem Eis nicht heiß.
- Ist der Sonnenschein heiß genug, schmilzt auch das dickste Eis.
- Ohne Eis wird es bei Sonnenschein sehr heiß.

Jetzt sind Sie dran, mit diesen Wortvorgaben:

- **Maus – Hund – Katze – Haus**
- **Dach – Haus – Kamin – Holz**
- **Zug – Bahnhof – Reise – spät**
- **Winter – Ski – Berg – Lift**
- **Polizei – Autobahn – Unfall – Nebel**

Bilden Sie so viele Sätze wie möglich. Sie haben pro Aufgabe 2 Minuten Zeit.

Auch hier können wir Ihnen leider keine Musterlösungen anbieten. Wieder gilt: Je mehr, desto besser. Bitte prüfen Sie auch noch mal, ob Sie die Regeln eingehalten haben. Ab 10 Sätzen ist Ihre Leistung schon sehr gut. (Siehe auch S. 96.)

Wörter finden – Teil I

Dieser Test wird besonders häufig verwendet für	Testziel	Testdauer
☒ Kaufmännische Berufe in den Bereichen 3 und 4	☒ Überprüfung Ihrer Kreativität und Ihres Einfallsreichtums	☒ Ca. 6 Minuten

Bei diesem Test soll Ihre Sprachschöpfungsfähigkeit ausgelotet werden. Sie bekommen einen Buchstaben genannt und sollen innerhalb von 30 Sekunden alle Hauptwörter (Substantive) aufschreiben, die Ihnen spontan mit diesem Anfangsbuchstaben einfallen.

Beispiel
Es wird Ihnen der Buchstabe »G« genannt. Nun haben Sie 30 Sekunden Zeit, alle mit »G« beginnenden Hauptwörter aufzuschreiben, die Ihnen einfallen. Dies könnten z. B. sein:

- Gans
- Gänserich
- Gruppe
- Geld

Bitte üben Sie diesen Test mit der Unterstützung eines Helfers, der sich für Sie die Buchstaben ausdenkt und die Zeit misst. Für diesen Test finden Sie keine Lösung, da Sie leicht nach Testende Ihre Ergebnisse selbst überprüfen können. Es gilt: Je mehr Wörter (richtig geschrieben!) Sie vorweisen können, desto besser.

Tipp: Versuchen Sie, möglichst kurze Wörter aufzuschreiben. Das spart Zeit und erhöht Ihr Ergebnis!

Bei den folgenden Aufgaben haben Sie pro Buchstabe 30 Sekunden Zeit.

1. Hauptwörter (Substantive) mit den Anfangsbuchstaben

A ______________________________

B ______________________________

G ______________________________

K ______________________________

T ______________________________

F ______________________________

2. Eine kleine Abwandlung: Nun sollen nur Verben gefunden werden! Wieder haben Sie pro Buchstaben 30 Sekunden Zeit!

G ______________________________

L ______________________________

R ______________________________

B ______________________________

F ______________________________

W ______________________________

Hier können wir Ihnen keine Lösung anbieten. (Siehe dazu auch S. 96.)

Wörter finden – Teil II

Dieser Test wird besonders häufig verwendet für	Testziel	Testdauer
☒ Kaufmännische Berufe in den Bereichen 2, 3 und 4	☒ Überprüfung Ihrer Kreativität und Ihres Einfallsreichtums	☒ Ca. 10 Minuten

Eine weitere Variante ist es, Ihnen nicht nur den Anfangs-, sondern auch den Endbuchstaben vorzugeben. Denken Sie sich z. B. Wörter mit dem Anfangsbuchstaben S und dem Endbuchstaben N aus (z. B. sagen, Süden, Südwesten). Alle Wortklassen (Haupt-, Eigenschaftswörter etc.) und ihre Abwandlungen sind erlaubt. Auch Eigen- und Städtenamen gelten. Wörter, wie sie in Zeitungen und Büchern Verwendung finden, gelten ebenso als richtige Lösung. Nicht zugelassen sind Fremdsprachen, Wortneubildungen und Dialekte.

Für jede Aufgabe haben Sie nun 1 Minute Zeit.

1. Anfangsbuchstabe B Endbuchstabe E (z. B. Blase)
2. Anfangsbuchstabe M Endbuchstabe N
3. Anfangsbuchstabe A Endbuchstabe N
4. Anfangsbuchstabe S Endbuchstabe T
5. Anfangsbuchstabe E Endbuchstabe L
6. Anfangsbuchstabe K Endbuchstabe R
7. Anfangsbuchstabe G Endbuchstabe N
8. Anfangsbuchstabe M Endbuchstabe E
9. Anfangsbuchstabe S Endbuchstabe D
10. Anfangsbuchstabe T Endbuchstabe E

Auch hier können wir Ihnen keine Lösungen anbieten. Überprüfen Sie nach dem Test selbst, ob Sie alle Regeln erfüllt haben und die Rechtschreibung korrekt ist. Je mehr Wörter Sie gefunden haben, desto besser. (Siehe auch S. 96.)

Wörter finden – Teil III

Dieser Test wird besonders häufig verwendet für	Testziel	Testdauer
☒ Kaufmännische Berufe in den Bereichen 2, 3 und 4	☒ Überprüfung Ihrer Kreativität und Ihres Einfallsreichtums	☒ Ca. 3 Minuten

Noch eine weitere Aufgabe, mit der Ihre Sprachkenntnisse und Ihr Assoziationsvermögen getestet werden, ist die Variante, Ihnen nur Wortanfänge zu präsentieren, die Sie möglichst vielfältig ergänzen sollen.

Beispiel

Der vorgegebene Wortanfang lautet »Teil...«
Mögliche Lösungen wären nun

- Teil*ung*
- Teil*haber*
- Teil*weise*

Analog zu unserem Beispiel sollen Sie nun die folgenden Wortanfänge sinnvoll ergänzen. Dabei ist es egal, um welche Wortart es sich handelt (Substantive, Verben ...). Pro Wortanfang haben Sie 30 Sekunden Zeit!

1. Auto ____________ Auto ____________ Auto ____________

   Auto ____________ Auto ____________ Auto ____________

   Auto ____________ Auto ____________ Auto ____________

2. Wasch ____________ Wasch ____________ Wasch ____________

   Wasch ____________ Wasch ____________ Wasch ____________

   Wasch ____________ Wasch ____________ Wasch ____________

3. Nach ______________ Nach ______________ Nach ______________

Nach ______________ Nach ______________ Nach ______________

Nach ______________ Nach ______________ Nach ______________

4. Schm ______________ Schm ______________ Schm ______________

Schm ______________ Schm ______________ Schm ______________

Schm ______________ Schm ______________ Schm ______________

5. Gesch ______________ Gesch ______________ Gesch ______________

Gesch ______________ Gesch ______________ Gesch ______________

Gesch ______________ Gesch ______________ Gesch ______________

6. Ab ______________ Ab ______________ Ab ______________

Ab ______________ Ab ______________ Ab ______________

Ab ______________ Ab ______________ Ab ______________

Auch hier können wir Ihnen keine Lösungen anbieten. Überprüfen Sie nach dem Test selbst, ob Sie alle Regeln erfüllt haben und die Rechtschreibung korrekt ist. Je mehr Wörter Sie gefunden haben, desto besser. (Siehe auch S. 96.)

Zahlenmuster aufstellen

Dieser Test wird besonders häufig verwendet für	Testziel	Testdauer
☒ Kaufmännische Berufe in den Bereichen 3 und 4	☒ Überprüfung Ihrer Kreativität und Ihres Einfallsreichtums	☒ Ca. 3 Minuten

Dieser Test ist weniger ein Rechentest, als dass Ihr logisches Denkvermögen gefordert wird. Sie sollen nun möglichst verschiedene Zahlenmuster erstellen, die nach möglichst unterschiedlichen Rechenregeln aufgebaut sind.

Hierzu ein Beispiel

2	4	6	8
4			6
6			4
8	6	4	2

4	5	6	7
5			6
6			5
7	6	5	4

Bei diesem Test ist es wichtig, dass Sie möglichst viele unterschiedliche Zahlenfolgen erstellen. Diese sollten, um Zeit zu sparen, möglichst einfach aufgebaut sein. Nehmen Sie z. B. immer erst alle geraden, dann alle ungeraden Zahlen (wie im obigen Beispiel), bevor Sie sich kompliziertere Reihen ausdenken. Da wir Ihnen bei diesem Test keine Lösung anbieten können, sollten Sie ausreichend üben, um bei Ihrem Einstellungstest schon »ein paar Reihen« im Kopf griffbereit zu haben. Auch hier gilt wieder: Je mehr, desto besser!

Bitte erstellen Sie nun möglichst viele verschiedene Zahlenreihen für die folgenden Kästchen.

Für 9 Aufgaben haben Sie 3 Minuten Zeit.

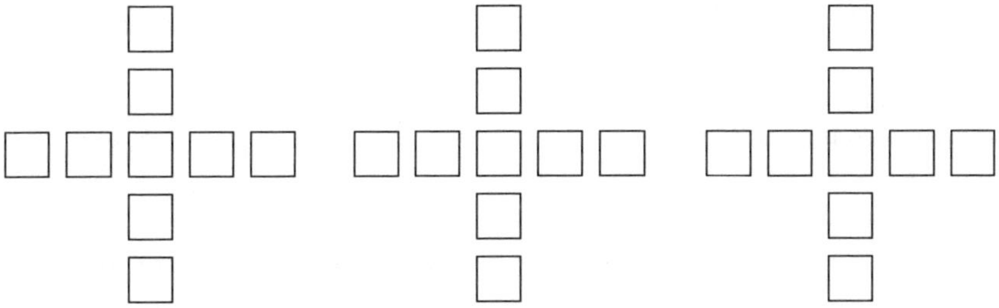

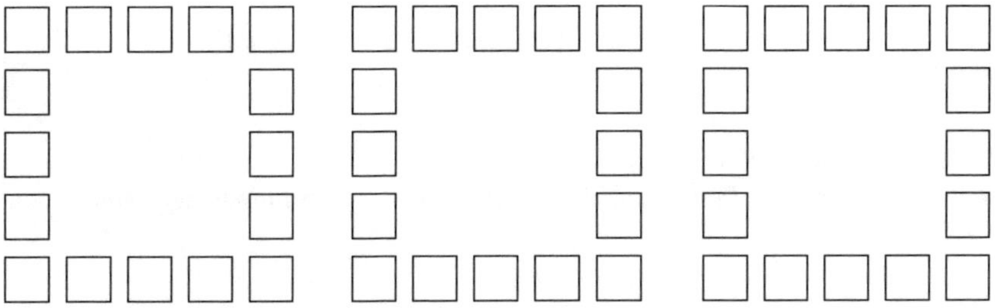

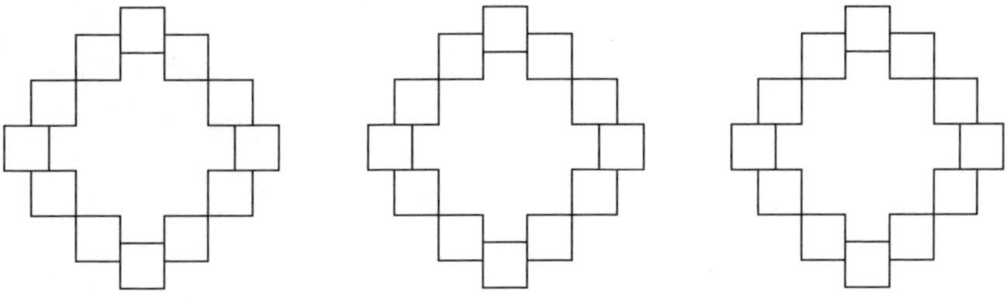

Anmerkungen zu Ihren Ergebnissen

Telefonnummern erstellen: Pro Telefonnummer 1 Punkt.
Wertung: 6-8 Punkte *Durchschnitt,* ab 10 Punkte *gut,* ab 12 Punkte *sehr gut.*

Eigenschaften benennen: Pro Eigenschaft 1 Punkt.
Wertung: 3-4 Punkte *Durchschnitt,* ab 6 Punkte *gut,* ab 8 Punkte *sehr gut.*

Sätze bilden: Pro Satz 1 Punkt.
Wertung: 4-5 Punkte *Durchschnitt,* ab 7 Punkte *gut,* ab 10 Punkte *sehr gut.*

Wörter finden – Teil I: Pro Wort 0,5 Punkte.
Wertung: 5-6 Punkte *Durchschnitt,* ab 8 Punkte *gut,* ab 10 Punkte *sehr gut.*

Wörter finden – Teil II: Pro Wort 1 Punkt.
Wertung pro Aufgabe: 3-4 Punkte *Durchschnitt,* ab 5 Punkte *gut,* ab 7 Punkte *sehr gut.*

Wörter finden – Teil III: Pro Wort 1 Punkt.
Wertung pro Aufgabe: 3-4 Punkte *Durchschnitt,* ab 6 Punkte *gut,* ab 8 Punkte *sehr gut.*

Zahlenmuster aufstellen: Pro Muster 1 Punkt.
Wertung: 3-4 Punkte *Durchschnitt,* ab 6 Punkte *gut,* ab 8 Punkte *sehr gut.*

SPRACHVERSTÄNDNIS

Sprache ist für kaufmännische Berufe das A und O. Testen Sie nun Sprachverständnis, Sprachbeherrschung und Ausdrucksfähigkeit.

Zu einer weiteren Sprache, der Körpersprache, finden Sie Hinweise im Kapitel »Persönlichkeit« ab Seite 143 ff.

Gleiche Wortbedeutungen

Dieser Test wird besonders häufig verwendet für	**Testziel**	**Testdauer**
☒ Alle kaufmännischen Berufe	☒ Überprüfung Ihres Sprachverständnisses. Zeigen Sie Sprachbeherrschung und Ausdrucksfähigkeit!	☒ Ca. 3 Minuten

Zu dem vorgegebenen Wort ist ein zweites zu finden, das die gleiche oder eine sehr ähnliche Bedeutung hat.

1. Beispiel

Kopf
a) Körper
b) Kugel
c) Haupt
d) Haar
e) Mensch
f) rund

Lösung: c

2. Beispiel

Psyche
a) Saal
b) Gedächtnis
c) Gewissen
d) Seele
e) Antlitz
f) Kopf

Lösung: d

Für die folgenden 14 Aufgaben haben Sie 3 Minuten Zeit.

1. kräftigen
   a) füttern
   b) mästen
   c) fördern
   d) stärken
   e) steigern
   f) sorgen

2. mindern
   a) verengen
   b) einengen
   c) verringern
   d) einschätzen
   e) vertiefen
   f) abziehen

3. Argwohn
   a) Ahnung
   b) Misstrauen
   c) Hinterlist
   d) Neid
   e) Falschheit
   f) Charakterschwäche

4. echt
   a) aufrichtig
   b) unverfälscht
   c) ehrlich
   d) anständig
   e) wirklich
   f) kostbar

5. unversehens
   a) zufällig
   b) achtlos
   c) plötzlich
   d) schnell
   e) blindlings
   f) konsequent

6. hämisch
   a) verschlagen
   b) verstohlen
   c) neidisch
   d) bitter
   e) schadenfroh
   f) spöttisch

7. willfährig
   a) gefällig
   b) nachgiebig
   c) gefügig
   d) bereitwillig
   e) gutwillig
   f) schwach

8. Quote
   a) Gewinn
   b) Zuweisung
   c) Zahlung
   d) Beitrag
   e) Leistung
   f) Anteil

9. schmähen
   a) demütigen
   b) verurteilen
   c) verachten
   d) bemäkeln
   e) beschimpfen
   f) beschuldigen

10. unterwürfig
   a) schmeichlerisch
   b) unwürdig
   c) bescheiden
   d) kriecherisch
   e) willenlos
   f) gefühllos

11. Publikation
   a) Publikumsveranstaltung
   b) Kneipe
   c) Buchhandlung
   d) Veröffentlichung
   e) Entwicklungsalter
   f) Pubertät

12. absurd
   a) theatralisch
   b) ungeschickt
   c) absolut
   d) abstrakt
   e) unverständlich
   f) widersinnig

13. verunstalten
   a) verletzen
   b) misshandeln
   c) beschädigen
   d) beschmutzen
   e) entstellen
   f) kaputtmachen

14. perfekt
   a) gescheit
   b) vollkommen
   c) begrenzt
   d) regelmäßig
   e) richtig
   f) treulos

Lösungen auf Seite 254 f.

Gemeinsamkeiten

Dieser Test wird besonders häufig verwendet für	Testziel	Testdauer
☒ Alle kaufmännischen Berufe	☒ Überprüfung Ihres sprachlichen Denkvermögens. Beweisen Sie, dass Sie »um die Ecke denken« können und sprachliche Sicherheit besitzen!	☒ Ca. 10 Minuten

Sieben Wörter sind vorgegeben. Finden Sie die beiden Wörter heraus, die einen gemeinsamen Oberbegriff haben. Sollten mehrere Lösungsmöglichkeiten sinnvoll erscheinen, wählen Sie bitte die Lösung, die am genauesten einen Oberbegriff oder eine Gemeinsamkeit definiert.

1. Beispiel

a) Butter
b) Brot
c) Zeitung
d) Messer
e) Zigarette
f) Uhr
g) Baum

Lösung: Butter und Brot haben den Oberbegriff Nahrungsmittel.

2. Beispiel

a) Walkman
b) Zeitung
c) Bibliothek
d) Brettspiel
e) CD-Spieler
f) Spielfilm
g) Telefon

Lösung: a) und e) mit dem Oberbegriff Unterhaltungselektronik.

Für die folgenden 10 Aufgaben haben Sie 10 Minuten Zeit.

1. Aufgabe
   a) Sparbuch
   b) Briefmarke
   c) Zahlkarte
   d) Quittung
   e) Aktie
   f) Pfandbrief
   g) Wechsel

2. Aufgabe
   a) Epoche
   b) Warnung
   c) Burg
   d) Frieden
   e) Zeitung
   f) Schule
   g) Termin

3. Aufgabe
   a) Mütze
   b) Eis
   c) Kälte
   d) Auto
   e) Taschenuhr
   f) Strumpf
   g) Winter

4. Aufgabe
   a) Kleiderschrank
   b) Reißverschluss
   c) Bank
   d) Türriegel
   e) Kleidungsstück
   f) Fensterscheibe
   g) Schlüsselbund

5. Aufgabe
   a) Dose
   b) Rad
   c) Kreis
   d) Knopfloch
   e) Knoten
   f) Stöpsel
   g) Deckel

6. Aufgabe
   a) Kunstwerk
   b) Zelt
   c) Lied
   d) Ruine
   e) Stein
   f) Rüstung
   g) Torso

7. Aufgabe
   a) Kinderlähmung
   b) Diabetes
   c) Skorbut
   d) Tod
   e) Fieber
   f) Krebs
   g) Rachitis

8. Aufgabe
   a) Schiff
   b) Rad
   c) Silo
   d) Bank
   e) Haus
   f) Tresor
   g) Werkstatt

9. Aufgabe
   a) Loch
   b) Stein
   c) Höhle
   d) Bau
   e) Allee
   f) Café
   g) Garten

10. Aufgabe
   a) Wurzel
   b) Strauch
   c) Buche
   d) Beere
   e) Blatt
   f) Himmel
   g) Birke

Lösungen auf Seite 255 f.

Sprachanalogien

Dieser Test wird besonders häufig verwendet für	Testziel	Testdauer
☒ Alle kaufmännischen Berufe	☒ Überprüfung Ihres sprachlichen Denkvermögens. Beweisen Sie, dass Sie »um die Ecke denken« können und Sprachsicherheit besitzen!	☒ Ca. 20 Minuten

Aufgabe ist es, aus vorgegebenen Lösungsvorschlägen das Wort auszuwählen, das ein fehlendes Element in einer Wortgleichung sinnvoll ergänzt. Oder anders ausgedrückt: Drei Worte sind vorgegeben, bei denen zwischen dem ersten und zweiten eine gewisse Beziehung besteht. Aufgabe ist es, zwischen dem dritten und einem allein passenden Wahl- und Lösungswort eine Beziehung herzustellen.

1. Beispiel:

Dach verhält sich zu Keller wie Decke zu ... ?

a) Teppich
b) Leuchter
c) Wand
d) Boden

Lösung: d

2. Beispiel:

Gerade / Viereck = Kurve / ???

a) Fläche
b) Kugel
c) Quadrat
d) Kreis
e) Laufbahn
f) Kegel

Lösung: d

Für die folgenden 35 Aufgaben haben Sie 15 Minuten Zeit.

1. Auto / Räder = Flugzeug / ???
   a) Motor
   b) fliegen
   c) Tragflächen
   d) Pilot
   e) Düsen
   f) Kerosin

2. Muster / Entwurf = Maschine / ???
   a) Antrieb
   b) kaputt
   c) Räder
   d) Arbeit
   e) Konstruktion
   f) Kraft

3. manchmal / oft = etwas / ???
   a) mehr
   b) viel
   c) immer
   d) meistens
   e) wenig
   f) alles

4. Leder / Eisen = zäh / ???
   a) flexibel
   b) schwer
   c) hart
   d) haltbar
   e) biegsam
   f) fest

5. Telegramm / Brief = Stichwort / ???
   a) Nachricht
   b) Erzählung
   c) Zeile
   d) Information
   e) Satz
   f) Telefonat

6. Reportage / Dichtung = Foto / ???
   a) Kunst
   b) Zeichnung
   c) Lyrik
   d) Gedicht
   e) Aquarell
   f) Gemälde

7. gestehen / verhören = diagnostizieren / ???
   a) heilen
   b) Krankheit
   c) untersuchen
   d) Befund
   e) Behandlung
   f) vernehmen

8. Haus / Stein = Pflanze / ???
   a) Zweig
   b) Blatt
   c) Samen
   d) Baum
   e) Zelle
   f) Wurzel

9. werben / verkaufen = Sport treiben / ???
   a) trainieren
   b) jung bleiben
   c) Ehrgeiz
   d) gesund bleiben
   e) turnen
   f) siegen

10. Kanal / Fluss = Park / ???
    a) Anlage
    b) Bäume
    c) Sträucher
    d) Landschaft
    e) Rasen
    f) Garten

11. gehen / schlendern = sprechen / ???
    a) lallen
    b) plaudern
    c) schwafeln
    d) stottern
    e) springen
    f) weinen

12. Stoffwechsel / Natur = Verbrennung / ???
    a) Maschine
    b) Kraft
    c) Motor
    d) Antrieb
    e) Kohle
    f) Leben

13. Wind / Sturm = rinnen / ???
a) strömen
b) tröpfeln
c) einsickern
d) brausen
e) duschen
f) fließen

14. Ton / Melodie = Farbe / ???
a) Brillanz
b) Kunstobjekt
c) Gemälde
d) Farbkasten
e) Palette
f) Foto

15. Molekül / Atom = Pfund / ???
a) Menge
b) Last
c) Zentner
d) Gramm
e) Gewicht
f) Last

16. Gramm / Gewicht = Stunde / ???
a) Minuten
b) Zeit
c) Uhr
d) Tag
e) Jahr
f) Monat

17. Wasser / Erosion = Alter / ???
a) Jugend
b) Kindheit
c) Falten
d) Lebenszeit
e) Pubertät
f) Rente

18. chronisch / akut = dauerhaft / ???
a) ständig
b) öfter
c) zeitweilig
d) langwierig
e) schnell
f) langsam

19. Flut / Damm = Regen / ???
a) Tropfen
b) Schirm
c) Wasser
d) feucht
e) kühl
f) nass

20. liberal / radikal = gemäßigt / ???
a) gleichgültig
b) verständnisvoll
c) extrem
d) engagiert
e) plus
f) fix

21. Seite / Buch = Satz / ???
a) Wörter
b) Buchstaben
c) Kapitel
d) Inhalt
e) Zeitung
f) TV

22. Zunge / sauer = Nase / ???
a) salzig
b) brenzlig
c) kosten
d) schmecken
e) Ohr
f) Auge

23. Haus / Treppe = Fluss / ???
a) Schiff
b) Wasser
c) Ufer
d) Schleuse
e) Hof
f) Floß

24. schneiden / kleben
= Trennung / ???
a) Spaltung
b) Verbindung
c) Teilung
d) Lösung
e) Ring
f) Kirche

25. verlangen / Gier = wachsen / ???
a) sprießen
b) Entwicklung
c) Wucherung
d) Vergrößerung
e) schnell
f) kurz

26. Töne / Musik = Wörter / ???
a) Stimmen
b) Sprache
c) Klänge
d) Ausdruck
e) Tenor
f) Tod

27. Freude / Erfolg = Müdigkeit / ???
a) Arbeit
b) Pause
c) Reise
d) Traum
e) wach
f) Gier

28. Diät / Gewicht = Medikament / ???
a) Arzt
b) Rezept
c) Gesundung
d) Schmerz
e) Geduld
f) Blut

29. Zorn / Affekt = Trauer / ???
a) Begeisterung
b) Verärgerung
c) Stimmung
d) Verzweiflung
e) Wut
f) Mut

30. Porträt / Karikatur
= schildern / ???
a) deuten
b) Kritik
c) beleidigen
d) übertreiben
e) groß
f) klein

Bei den folgenden Wortgleichungen fehlt das Anfangs- und Endwort. Die Sätze sind aus den vorhandenen Lösungsmöglichkeiten so zu ergänzen, dass sie einen Sinn erhalten.

Beispiel:

...?... verhält sich zu Blindheit wie Ohr zu ...?...

a	Auge	1	hören
b	Sehfähigkeit	2	Gehör
c	Brille	3	Taubheit
d	Blindenhund	4	Schwerhörigkeit

Lösung: a3 (Auge verhält sich zu Blindheit wie Ohr zu Taubheit)

31. ...?... verhält sich zu Länge wie Gramm zu ...?...

a	Entfernung	1	Waage
b	Geschwindigkeit	2	Gewicht
c	Zentimeter	3	abwiegen
d	Abstand	4	Kilo

32. ...?... verhält sich zu niemand wie alles zu ...?...

a	manche	1	mehr
b	jeder	2	immer
c	viele	3	nichts
d	einige	4	nie

33. ...?... verhält sich zu Kreis wie Würfel zu ...?...

a	Kegel	1	Quadrat
b	rund	2	sechs
c	Kugel	3	Rechteck
d	Kuppel	4	Rhombus

34. ...?... verhält sich zu Herz wie Takt zu ...?...

a	Pumpe	1	Dirigent
b	Pulsschlag	2	Komposition
c	Gesundheit	3	Musik
d	Leben	4	Musiker

35. ...?... verhält sich zu Krankheit wie Schweiß zu ...?...

a Arzt	1 Erfolg
b Tablette	2 Anstrengung
c Fieber	3 Lob
d Thermometer	4 Chef

Lösungen auf Seite 256.

LOGISCHES DENKEN

Logiktests gehören neben Mathematik und Technik zu den Testaufgaben, die vielen Menschen schwerfallen. Zahlreiche Anfragen an uns belegen dies. Um Ihnen den (Wieder-)Einstieg in diesen Bereich jedoch zu erleichtern, haben wir Ihnen, wo immer es sinnvoll und möglich war, die Lösungswege hinten im Buch bereitgestellt. Verdeutlichen Sie sich an diesen immer das Prinzip der Aufgaben und versuchen Sie nicht, einfach nur Lösungen auswendig zu lernen. Sollten Sie weitere Bearbeitungstipps und Hilfen zu diesem Kapitel benötigen, so empfehlen wir Ihnen einen Blick in unser Buch *Der Testknacker*, das sich ausschließlich mit Lösungswegen, Bearbeitungstipps und Hilfen verschiedener Eignungs- und Einstellungstests beschäftigt.

Und nochmals der Hinweis zu den Zeitvorgaben: Sie werden feststellen, die Ihnen vorgegebene Bearbeitungszeit reicht in der Regel nicht aus. In der realen Testsituation ist das auch so. Dadurch soll auch untersucht werden, ob und wie Sie mit Frust klarkommen. Nehmen Sie sich im Anschluss an die erste Bearbeitung so viel Zeit wie nötig und arbeiten Sie alle Aufgaben für sich durch!

Absurde Schlussfolgerungen

Dieser Test wird besonders häufig verwendet für	Testziel	Testdauer
☒ Kaufmännische Berufe der Gruppen 3 und 4	☒ Überprüfung Ihres logischen Denkvermögens. Zeigen Sie Kreativität und beweisen Sie, dass Sie »um die Ecke denken« können!	☒ Ca. 15 Minuten

Jetzt geht es darum, zu überprüfen, ob Schlussfolgerungen, die aufgrund bestimmter Behauptungen gezogen werden, formal richtig oder falsch sind. Die »reale Wirklichkeit« spielt dabei überhaupt keine Rolle, was die Sache erheblich erschwert und – wie so oft in Tests – Verwirrung stiftet.

1. Beispiel

Alle Schnecken haben Häuser. Alle Häuser haben Schornsteine. Schlussfolgerung: Deshalb haben alle Schnecken Schornsteine.

a) stimmt
b) stimmt nicht

Lösung: a

2. Beispiel

Alle Schnecken sind Rennfahrer. Alle Rennfahrer können fliegen, weil sie Fische sind. Fische haben zwei Beine. Schlussfolgerung: Schnecken haben zwei Beine.

a) stimmt
b) stimmt nicht

Lösung: a

3. Beispiel

Alle Mäuse essen Fisch. Fisch kann miauen. Schlussfolgerung: Alle Mäuse können miauen.

a) stimmt
b) stimmt nicht

Lösung: b (Essen und können ist nicht das Gleiche. Es gibt Menschen, die zwar Fisch essen, aber deshalb noch lange nicht wie ein Fisch schwimmen können!)

Die Übungsaufgaben zu diesem Test finden Sie auf der beigelegten CD-ROM.

Sinnvoll ergänzen

Dieser Test wird besonders häufig verwendet für	Testziel	Testdauer
☒ Kaufmännische Berufe der Gruppen 3 und 4	☒ Überprüfung Ihres logischen Denkvermögens. Zeigen Sie Kreativität und beweisen Sie, dass Sie »um die Ecke denken« können!	☒ Ca. 10 Minuten

Bei diesem Aufgabentyp werden Ihnen Reihen von Grafiken präsentiert. Ihre Aufgabe ist es, aus den unter den Reihen vorgeschlagenen Grafiken die Grafik auszuwählen, die die jeweilige Reihe logisch richtig fortsetzt.

1. Beispiel

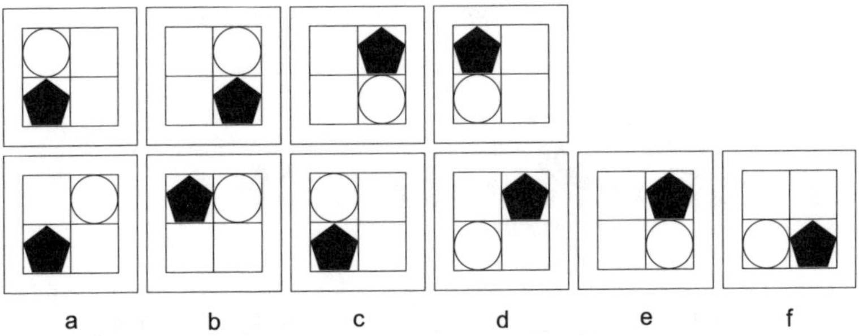

Lösung: Hier werden der weiße Kreis im Uhrzeigersinn und das schwarze Fünfeck gegen den Uhrzeigersinn verschoben. Damit muss der Kreis im fünften Bild links oben und das Fünfeck links unten stehen. Die richtige Lösung lautet daher c.

2. Beispiel

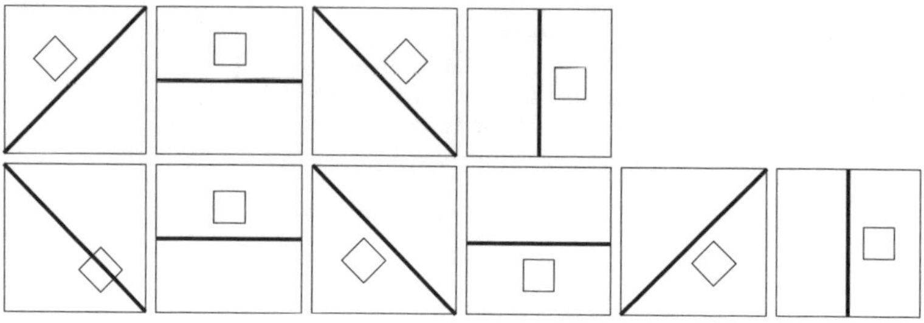

a b c d e f

Lösung: Wenn man Quadrat und Strich als eine Figur betrachtet, so wird diese bei jedem Schritt um 45°im Uhrzeigersinn gedreht. Die richtige Antwort lautet also e.

Für die nun folgenden 12 Aufgaben haben Sie 10 Minuten Zeit.

1.

a b c d e f

2.

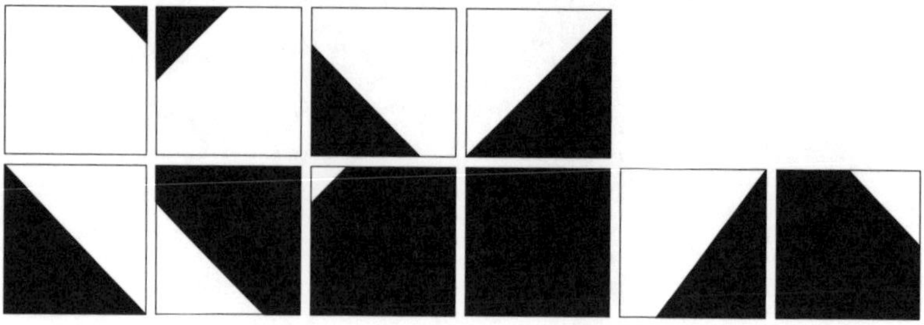

a b c d e f

3.

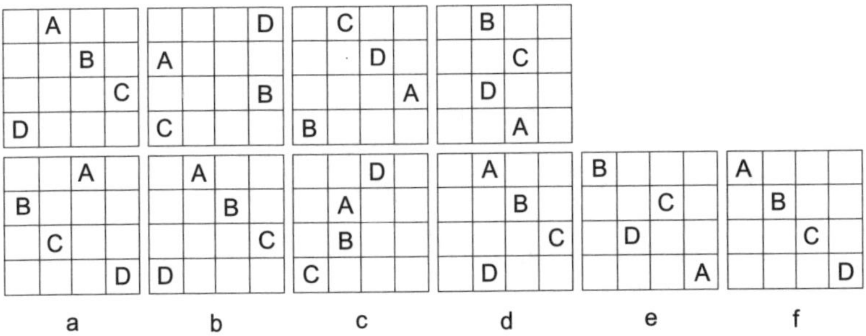
A B C D
D A B C
C D A B
B C D A
A B C D
A B C D
D A B C
A B C D
B C D A
A B C D
a
b
c
d
e
f

4.

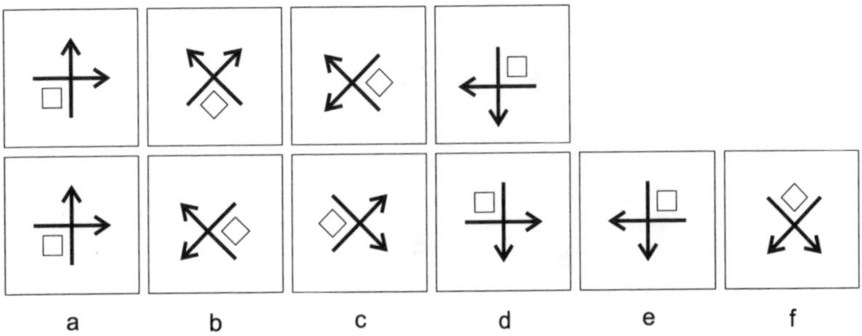
a
b
c
d
e
f

5.

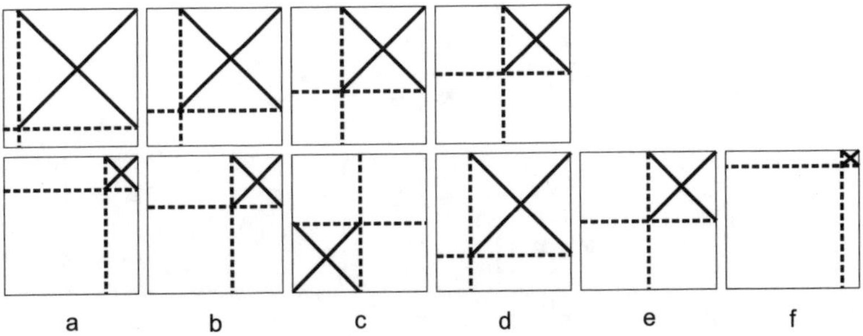
a
b
c
d
e
f

6.

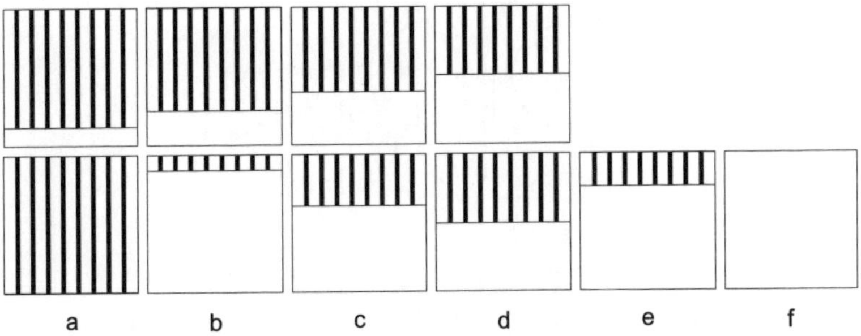
a
b
c
d
e
f

7.

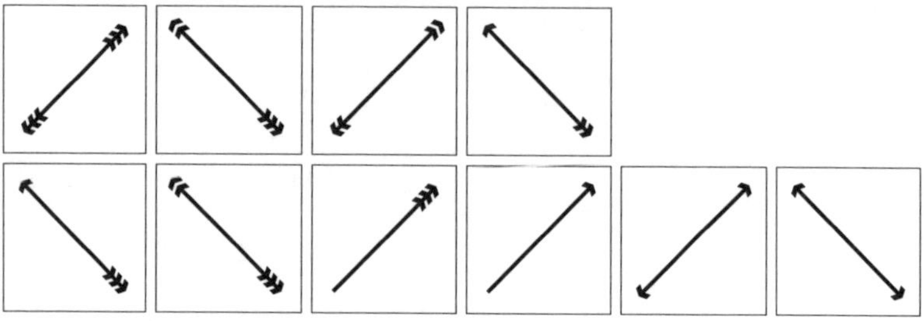

a b c d e f

8.

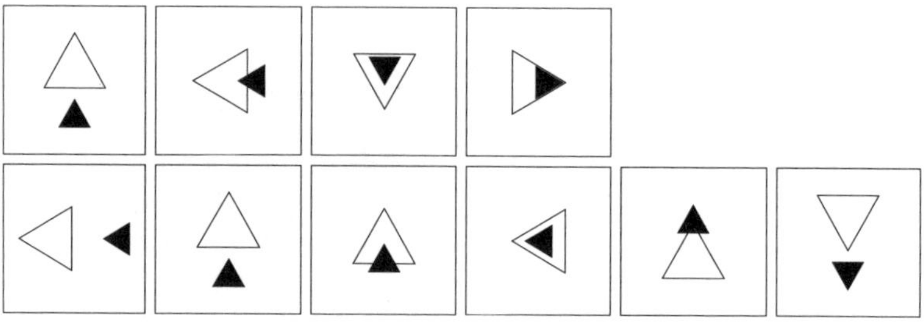

a b c d e f

9.

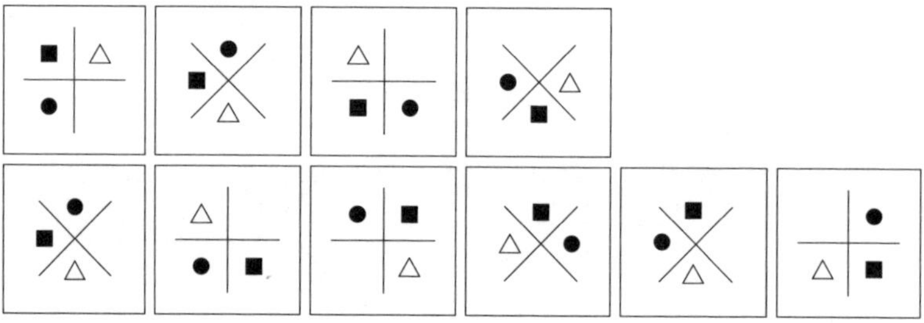

a b c d e f

10.

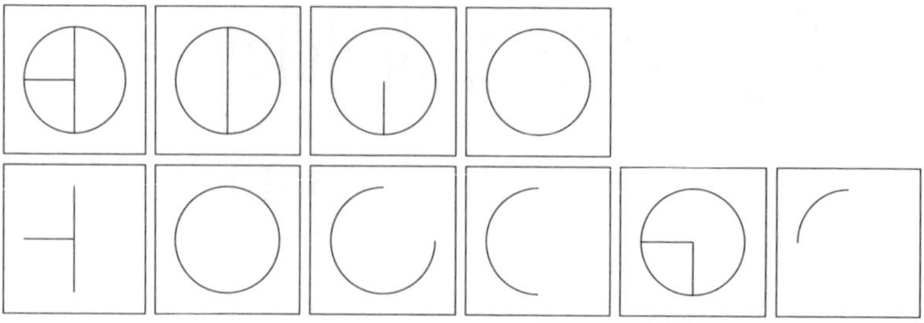

a b c d e f

11.

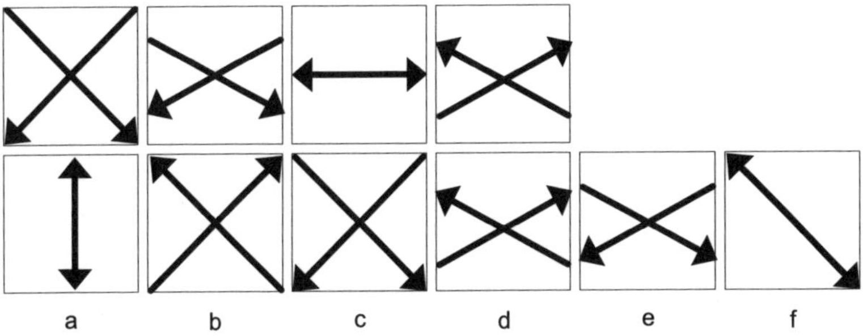

12.

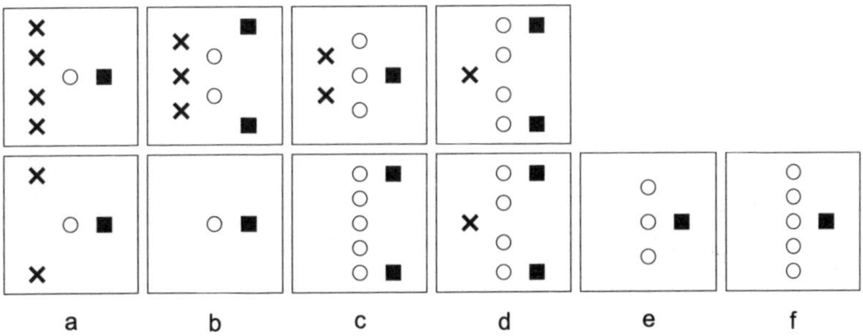

Lösungen auf Seite 256 f.

MATHEMATIK

Mathematik ist bei vielen kaufmännischen Berufen essenziell und uns deshalb auch ein Schwerpunktkapitel wert.

Neben einer Vielzahl an unterschiedlichen Aufgaben wollen wir Ihnen mithilfe von Rechentipps und Lösungswegen helfen, sich in der für Ihren Wunschberuf wichtigen Basis zurechtzufinden. Hierzu haben wir Ihnen zunächst bestimmte Aufgabentypen erläutert und später dazu passende Übungsaufgaben bereitgestellt. Fühlen Sie sich ausreichend vorbereitet, sollten Sie einmal den Trainingsparcours zu den Textaufgaben angehen. Dieser gibt Ihnen einen guten Eindruck, was Sie später in der Test-Realität erwarten kann. Bitte vergessen Sie nicht, auch das Kopfrechnen ausreichend zu üben. Als ideal hat es sich erwiesen, das große 1 × 1 bis 25 × 25 sicher zu beherrschen.

Kaufmännisches Rechnen

Dieser Test wird besonders häufig verwendet für	**Testziel**	**Testdauer**
☒ Alle kaufmännischen Berufe	☒ Überprüfen, erweitern und trainieren Sie Ihre mathematischen Fähigkeiten!	☒ Pro Test zwischen 15 und 80 Minuten

Kaufmännisches Rechnen ist eine, wenn nicht die Grundlage Ihres zukünftigen Berufsfeldes. Um Ihnen einen guten Überblick zu geben, haben wir die einzelnen Bereiche in Schwerpunkte gegliedert, zu denen wir Ihnen nach einer kurzen Erläuterung realitätsnahe Übungsaufgaben präsentieren. Diese sind:

- Dreisatz
- Prozentrechnung
- Zinsrechnung
- Währungsrechnung
- Durchschnittsrechnung
- Mischungsrechnung
- Verteilungsrechnung

Bitte lösen Sie nun die Aufgaben auf den folgenden Seiten! Schriftliche Nebenrechnungen sind dabei erlaubt, die Verwendung eines Taschenrechners jedoch nicht.

Dreisatz

Es gibt Dreisatzaufgaben mit direkter und indirekter Proportionalität. Beide Aufgabensorten werden unterschiedlich berechnet.

Direkte Proportionalität

Hier geht es darum, aus dem Text zu erkennen, welche Größen einander entsprechen. Man weiß, dass sich von drei gegebenen Größen zwei entsprechen müssen und eine noch gefunden werden muss. Hat man also diese Feststellung aus dem Text herausgezogen, muss man nur noch eine Gleichung aufstellen, die man dann nach der gesuchten Größe auflöst.

$$\frac{X_1}{Y_1} = \frac{X_2}{Y_2}$$

Beispiel

Wie viel bezahlt man für 800 Gramm Kaffee, wenn 300 Gramm 6 Euro kosten?

$$\frac{6}{300\,g} = \frac{X}{800\,g}$$

$$X = \frac{6}{300\,g} \times 800\,g = 16\ €$$

Indirekte Proportionalität

Bei diesem Aufgabentyp verhalten sich die Größen indirekt proportional zueinander.

Das heißt, es gilt nicht mehr $\frac{X_1}{Y_1} = \frac{X_2}{Y_2}$ sondern $X_1 \times Y_1 = X_2 \times Y_2$

Beispiel

5 Pferde kommen mit einem Wasservorrat 16 Tage aus. Wie viele Tage reicht das Wasser für 8 Pferde?

$$5 \text{ Pferde} \times 16 \text{ Tage} = 8 \text{ Pferde} \times X$$

$$X = \frac{5 \times 16}{8} = 10 \text{ Tage}$$

Für die folgenden Übungsaufgaben haben Sie 60 Minuten Zeit.

1. Schüler wollen bei einem Sportfest Softeis verkaufen. Aus einem Softeisbehälter lassen sich 170 normale Portionen abfüllen. Wie viele Behälter müssen angeschafft werden, wenn man mindestens 4.000 Portionen Softeis verkaufen will?

2. Wie viele Flaschen mit einem Fassungsvermögen von 3/4 Litern benötigt man, um 28 Liter einer Flüssigkeit abzufüllen?

3. Ein Motorrad verbraucht 6 Liter Benzin auf 100 Kilometer. Wie viel verbraucht es auf 250 Kilometer, und wie viele Kilometer kann es mit einem 24 Liter fassenden Benzintank fahren?

4. Ein Malergeselle renoviert ein Zimmer von 18 Quadratmetern an einem Arbeitstag. Der Azubi schafft in der gleichen Zeit nur 1/3 dieser Arbeitsleistung. Der Meister arbeitet noch schneller als der Geselle und liegt damit um 25 % höher in der Arbeitsleistung. Wie hoch ist die Differenz der geleisteten Arbeit (renovierter Raum in Quadratmetern) zwischen bestem und schlechtestem Ergebnis nach 1,5 Arbeitstagen?

5. Während sich ein großes Zahnrad 36-mal dreht, muss sich ein kleineres 108-mal drehen. Wenn sich das kleinere 423-mal gedreht hat, wie viele Male hat sich dann das größere Zahnrad gedreht?

6. Ein Auto verbraucht auf 100 Kilometer 9 Liter Benzin. Wie viel verbraucht dieses Auto auf 200 Kilometer? Wie viele Kilometer kann dieses Auto mit 27 Litern Benzin fahren?

7. Ein großes Zahnrad dreht sich 29-mal und bewegt dabei ein kleines Zahnrad 84-mal. Wenn sich das kleine Zahnrad nun 420-mal dreht, wie oft muss sich das große gedreht haben?

8. Eine Baustelle wird von 6 Warnlampen gesichert, die in 7 Nächten 4,2 Liter Petroleum verbrauchen. Wie lange reicht die gleiche Menge Petroleum für 8 Warnlampen?

9. Für ihren 6-Personen-Haushalt kauft Frau Schubert immer 450 Gramm Hackfleisch. Während der Ferien sind aber 10 Personen zum Essen da. Wie viel Hackfleisch muss sie jetzt kaufen?

10. Für einen 3-Pfund-Christstollen werden 225 Gramm Rosinen benötigt. Wie viel Rosinen braucht man für einen 5-Pfund-Stollen?

11. 3,5 Kilometer S-Bahn-Fahrt kosten 0,25 €. Wie teuer wird eine Reise von 175 Kilometern?

12. 1 Kilogramm Orangen kostet 0,98 €. Was kosten 10 Kilogramm?

13. 6 Pferde fressen 30 Kilogramm Hafer. Wie viel fressen 10 Pferde?

14. Für 6 Warnlampen werden auf einer Baustelle wöchentlich (7 Nächte) 5,25 Liter Petroleum verbraucht. Wie lange reicht die gleiche Menge für 4 Lampen?

15. Zum Beladen eines Bananenschiffs werden 300 Träger gebraucht. Diese können die Arbeit in 16 Stunden bewältigen. Wie viele Träger braucht man, wenn man zum Beladen dieses Schiffes 48 Stunden Zeit zur Verfügung hat?

16. Ein Trinkvorrat reicht für 16 Personen 24 Tage aus. Wie viele Tage würde der Vorrat für 8 Personen ausreichen?

17. Ein Nahrungsmittelvorrat reicht für 12 Personen 16 Tage aus. Wie viele Tage könnten 6 Personen davon essen?

18. 2 Schüler benötigen 4 Stunden Zeit, um ein Referat vorzubereiten. Wie viel Zeit würde ein Schüler allein für die gleiche Arbeit benötigen?

19. Eine Fabrik verpackt elektrische Glühlampen immer zu 12 Stück pro Karton. Wie viele Kartons werden täglich benötigt, wenn die Tagesproduktion 14.400 Stück beträgt?

20. Ein Frischei der Klasse Null kostet 21,5 Cent. Wie teuer ist ein Dutzend Eier?

21. Wie viel muss zu 12 hinzugezählt werden, damit die Summe im gleichen Verhältnis zu 15 steht wie 30 : 25?

22. Wie viel muss man zu der Zahl 19 hinzuzählen, damit die Summe im gleichen Verhältnis zu 32 steht wie 51 : 68?

23. Kristin möchte einen Kuchen backen. Das Mischungsverhältnis von Butter und Mehl wird im Kochbuch mit 2 : 5 angegeben. Wie viel Butter muss sie verwenden, wenn sich bereits 700 Gramm Mehl in der Schüssel befinden?

24. Die Differenz aus 18 und einer Zahl verhält sich zu 30 wie die Summe aus 6 und dieser Zahl zu 12. Wie heißt die Zahl?

25. Die Dichten zweier Körper mit gleichem Volumen verhalten sich wie 6 : 7. Der leichtere Körper ist 1.300 Gramm schwer. Wie schwer ist der andere Körper?

26. Vor zwei Jahren hat Klaus für 30 € noch 40 Liter Benzin tanken können. Wie viel kostet dieselbe Tankfüllung heute, wenn 35 Liter Benzin 42 € kosten?

27. Eine 0,75-Liter-Flasche Wein kostet 3 €. Was würde eine 4-Liter-Flasche Wein kosten?

28. Der Schulausflug ins Museum belastet die Klassenkasse mit 75 €, wenn alle 25 Schüler mitkommen. Was würde der Ausflug kosten, wenn die Parallelklasse (27 Schüler) auch mitkommen würde?

29. Eine Baufirma kauft 100 Dämmplatten zum Preis von 500 € ein. Welchen Preis muss die Baufirma für 350 Dämmplatten zahlen?

30. Wenn 140 Gramm Schinken 2,80 € kosten, wie viel kosten dann 250 Gramm?

31. Familie Erler kauft ein 350 Quadratmeter großes Grundstück zum Preis von 10.500 €. Wie teuer wäre ein Grundstück mit 2.300 Quadratmetern?

32. Für die Ernte auf einer Apfelbaumplantage brauchen 24 Arbeiter 18 Tage. Wie lange braucht man für die Ernte, wenn nur 16 Arbeiter zur Verfügung stehen?

33. In einem Swimmingpool mit einer Grundfläche von 12 Quadratmetern steht das Wasser 94 Zentimeter hoch. Wie hoch würde die gleiche Wassermenge in einem Swimmingpool mit einer Grundfläche von 18 Quadratmetern stehen?

34. Um eine Silbermine vollständig zu räumen, brauchen 6 Schürfmaschinen 15 Jahre. In welcher Zeit wäre die Mine erschöpft, wenn 10 solcher Maschinen zum Einsatz kommen würden?

35. Der Bau einer Brücke dauert mit 12 Arbeitern 18 Monate. Nach 3 Monaten stellt die Baufirma 6 weitere Arbeiter zum Brückenbau ab, nach weiteren 5 Monaten fallen jedoch 3 Arbeiter durch Krankheit aus. Nach wie vielen Monaten ist die Brücke fertiggestellt?

36. Ein Bürokomplex kann durch 24 Maler in 36 Tagen renoviert werden. Nach 14 Tagen müssen jedoch 2 Maler von ihrer Arbeit abgezogen werden. Nach wie vielen Tagen ist der Komplex renoviert?

37. Zum Abfüllen von Limonade in Flaschen benötigen 9 Abfüllanlagen 12 Stunden. Nach 2 Stunden können 6 weitere Flaschenabfüllanlagen eingesetzt werden. Nach wie vielen Stunden ist die Limonade in den Flaschen?

38. Zum Fliesen eines Bades müssen 210 Fliesen der Größe 45 × 20 Zentimeter gekauft werden. Wie viele Fliesen müssen besorgt werden, wenn eine Fliese stattdessen 54 Zentimeter lang und 35 Zentimeter breit ist?

39. Die 112 Büroangestellten der Versicherungsgesellschaft XY verdienen in 32 Tagen 215.040 €. Wie viele Angestellte verdienen in 38 Tagen 218.880 €?

40. Für die Endmontage von 560 Computern brauchen 25 PC-Techniker 40 Tage. Wie viele Techniker könnten 2.688 Computer in 48 Tagen zusammensetzen?

Lösungen auf S. 257.

Durchschnittsrechnung

Durchschnitte werden ermittelt, indem man alle gegebenen Werte addiert und anschließend durch die Anzahl der Werte dividiert.

$$\frac{X1 + X2 + X3 + \ldots}{n} = \text{Durchschnitt}$$

Beispiel

Ermitteln Sie den Durchschnitt der Zahlen 8, 16 und 3.

$$\frac{8 + 16 + 3}{3} = 9$$

Sie haben 15 Minuten Zeit.

1. Herr Huber mag keinen Zucker in seinem Kaffee, Herr Mayer dagegen mag seinen Kaffee sehr süß, er nimmt 4 Stücke. Frau Lohse und Herr Müller begnügen sich jeweils mit 1 Stück Zucker. Wie viel Zucker wird durchschnittlich in den Kaffee gegeben?

2. Kristin ist 19 Jahre, ihre Freundin 18 Jahre alt. Klaus und Peter sind beide 20. Der kleine Bruder von Klaus ist erst 13 Jahre alt. Wie hoch ist das Durchschnittsalter dieser Gruppe?

3. Herr Vetter vergleicht den Preis für ein Glas Gurken in 4 verschiedenen Geschäften: Konsum A bietet die Gurken für 1 € an, Kaufhalle B für 1,50 €, der kleine Tante-Emma-Laden C um die Ecke verlangt gar 2,50 € für ein Glas. Am billigsten ist das Glas Gurken im Großmarkt D: 0,50 €. Wie teuer ist ein Glas Gurken durchschnittlich?

4. Folgende Grundstückspreise wurden in Freiberg und Umgebung festgestellt: Im Stadtzentrum kostet ein 300 Quadratmeter großes Grundstück 15.000 €. Im Speckgürtel ist ein Grundstück gleicher Größe 6.000 € billiger. In der weiteren Umgebung zahlt man 10.000 € für ein 1.000-Quadratmeter-Grundstück. Wie teuer ist durchschnittlich der Quadratmeter in Freiberg und Umgebung?

5. Frau Meier kauft 3 Paar Socken für je 2,50 € und 9 Paar Socken einer anderen Sorte. Durchschnittlich hat Sie 1,75 € für ein Sockenpaar bezahlt. Wie teuer sind die Socken der zweiten Sorte?

6. Herr Meisner kauft 3 verschiedene Sorten Wein ein. Durchschnittlich bezahlt er 3 € für eine Flasche. Von der Sorte A kauft er 6 Flaschen zum Preis von je 2,00 €, von der Sorte B 5 Flaschen zu je 3,40 € und des Weiteren 2 Flaschen der Sorte C. Wie teuer ist eine Flasche der Sorte C?

7. Zwei Obstkisten enthalten im Durchschnitt 8 % verfaulte Orangen. In der Kiste A befinden sich insgesamt 50 Orangen, wobei 5 bereits faulen. In der Kiste B sind 100 Orangen. Wie viele Orangen aus Kiste B sind schlecht?

8. Eine Töpferei verkauft 30 Keramikvasen für je 12 € und ein paar leicht beschädigte Stücke für je 6 €. Der Durchschnittsverkaufspreis einer Vase liegt bei 11 €. Wie viele beschädigte Keramikvasen wurden verkauft?

9. Julia kauft 2 Konservendosen Erbsen für 0,70 € und mehrere Konservendosen mit Möhren für 1,00 €. Durchschnittlich hat eine Konservendose 0,88 € gekostet. Wie viele Dosen Möhren hat sie gekauft?

10. Im Dörfchen XY gibt es 3 Einkaufsgelegenheiten für Letscho im Glas: eine Kaufhalle, einen Gemüsehändler und den Wochenmarkt. In der Kaufhalle kostet ein Glas Letscho 0,40 €, beim Gemüsehändler 0,80 €. Durchschnittlich liegt der Preis für ein Glas Letscho im Örtchen XY bei 0,50 €. Wie teuer ist ein Glas Letscho auf dem Wochenmarkt?

Lösungen auf Seite 258.

Mischungsrechnung

Beim Mischungsrechnen gibt es zwei grundlegende Aufgabenkategorien. Bei der leichteren werden mehrere Sorten vermischt und der Preis der Mischung soll ermittelt werden. Dieser Aufgabentyp dürfte keine Schwierigkeiten bereiten.

Komplizierter wird es, wenn das Mischungsverhältnis von zwei Sorten bei vorgegebenen Preisen ermittelt werden soll. Dazu verwendet man die Mischungskreuzregel: Die zu mischenden Sorten sind im umgekehrten Verhältnis ihrer Preisdifferenzen zur Mischungssorte zu mischen.

Beispiel
In welchem Verhältnis sind zwei qualitativ unterschiedliche Sorten Salzsäure zu 16 €/l bzw. 22 €/l zu mischen, damit die Mischungssorte 18 €/l kostet?

1. Sorte: 16 € ↘ 22 € – 18 € = 4 € ▸ 4 Teile

18 €

2. Sorte: 22 € ↗ 18 € – 16 € = 2 € ▸ 2 Teile

Das Mischungsverhältnis muss also 2 : 1 sein.

Sie haben 30 Minuten Zeit.

1. Das Kaffeehaus Mayer stellt seine eigene Kaffeemarke aus 3 verschiedenen Kaffeesorten her. Dazu kauft es wöchentlich 25 Kilogramm brasilianischen Kaffee für 8 €/kg, 5 Kilogramm kamerunischen Kaffee für 12 €/kg und 10 Kilogramm australischen Kaffee für 5 €/kg. Wenn diese Mengen miteinander vermischt werden, wie teuer ist dann ein Kilogramm Kaffee der Marke Mayer?

2. Zum Mixen eines Tequila Sunrise benötigt man 6 cl Tequila, 2 cl Grenadine und 12 cl Orangensaft. Folgende Einkaufspreise pro Liter seien gegeben:
   - Tequila 25 €/l
   - Grenadine 20 €/l
   - Orangensaft 5 €/l

   Wie viel kostet ein Glas Tequila Sunrise, wenn die verkaufende Cocktailbar noch einen Gewinn von 40 % erzielen will? (Ein Tipp für Cocktailfreunde: noch 3–4 Eiswürfel hinzufügen und mit einer Orangenscheibe verfeinern.)

3. Obsthändler Hoppe verkauft 1 Kilogramm Äpfel für 2 €, 1 Kilogramm Orangen für 4 € und 1 Kilogramm Bananen für 1 €. Im Zuge einer Sonderaktion möchte er einen 5-Kilogramm-Obstkorb zusammenstellen, in welchem er die Äpfel, Orangen und Bananen im Verhältnis 5 : 3 : 2 mischen möchte. Der Verkaufspreis des Korbes soll 10 % unter dem Einzelverkaufspreis der 3 Obstsorten liegen. Wie teuer ist ein Korb?

4. Ein 6-Kilogramm-Sack Kartoffeln soll sehr gute und etwas schlechtere Kartoffeln enthalten. Ein Kilogramm gute Kartoffeln kostet 90 Cent, ein Kilogramm schlechtere Kartoffeln nur 60 Cent. In welchem Verhältnis müssen die Kartoffeln vermischt werden, wenn der 6-Kilo-Sack Kartoffeln 4,60 € kosten soll?

5. Zur Herstellung eines Pfeifentabaks wird argentinischer Tabak für 58 €/kg und amerikanischer Tabak für 46 €/kg vermischt. 100 Gramm des Pfeifentabaks sollen 5 € kosten. In welchem Verhältnis sind die beiden Tabaksorten zu mengen?

6. In der städtischen Parkanlage soll ein Blumenbeet neu bepflanzt werden. Eine Bepflanzung nur mit Veilchen kostet 150 €, eine Bepflanzung nur mit Stiefmütterchen 200 €. Die Stadt stellt ein Budget von 190 € zur Verfügung. In welchem Verhältnis müssen Stiefmütterchen und Veilchen angepflanzt werden, damit das Budget nicht überschritten wird?

7. Welche Konzentration hat ein Gemisch aus 200 ml 20%iger und 800 ml 30%iger Salzsäure?

8. Mit wie vielen Millilitern 2%igem Alkohol müssten 100 Milliliter 40%iger Alkohol vermischt werden, damit das Gemisch eine Konzentration von 10 % hat?

9. Wie viele Liter 5%iger Schwefelsäure sind nötig, um 10 Liter einer 30%igen Schwefelsäure auf eine Konzentration von 15 % zu verdünnen?

10. Frau Schmal möchte ihre zwei Bankkredite in Höhe von 150.000 € (Zinssatz: 12 %) und 120.000 € (Zinssatz: 15 %) zu einem Kredit zusammenlegen lassen. Wie hoch ist der Zinssatz des neuen Kredites?

Lösungen auf S. 258.

Prozentrechnung

Textaufgaben zur Prozentrechnung sind meist so beschrieben, dass man die eigentliche Rechnung sofort erkennt, d. h., die Texte sind relativ einfach zu verstehen.

Es gibt zwei Arten von Textaufgaben zur Prozentrechnung:

1. Berechnen Sie den Grundwert/Prozentwert/Prozentsatz. So lauten die häufigsten Aufgaben in der Prozentrechnung. Diese lassen sich einfach durch die *Grundgleichung der Prozentrechnung* lösen:

   $$\frac{W}{P} = \frac{G}{100}$$

   (W = Prozentwert, G = Grundwert, P = Prozentsatz)

   Beispiel 1: Berechnen Sie 8 % von 20.
   Gegeben: G = 20, P = 8
   Gesucht: W
   Lösung: $W = \frac{G}{100} \times P$ ▸ $W = \frac{20}{100} \times 8 = 1{,}6$

   Beispiel 2: Wie viel Prozent sind 8 von 20?
   Gegeben: G = 20, W= 8
   Gesucht: P
   Lösung: $P = \frac{100}{G} \times W$ ▸ $P = \frac{100}{20} \times 8 = 40$

2. Berechnen Sie den vermehrten/verminderten Grundwert (g). Bei diesen Aufgaben soll auf den Grundwert ein bestimmter Prozentsatz des Grundwertes aufgeschlagen beziehungsweise von ihm abgezogen werden. Zur Berechnung dient folgende Gleichung:

   $$g = G \times \left(\frac{100 \pm P}{100}\right)$$

   Beispiel 3: Herr Meiers Gehalt von 2.000 € wird um 5 % erhöht. Wie viel Geld bekommt er nach der Erhöhung?

   $$g = 2.000\,€ \times \left(\frac{100 + P}{100}\right) = 2.000\,€ \times 1{,}05 = 2.100\,€$$

Für die folgenden Aufgaben haben Sie 60 Minuten Zeit.

1. Man kann 3% Butter aus Milch gewinnen. Wie viel Kilogramm Milch werden benötigt, um 1,5 Kilogramm Butter zu gewinnen?

2. In einer Verkaufsorganisation erreichen 10% der männlichen und 15% der weiblichen Vertreter gute Verkaufsergebnisse. Welchen Prozentanteil machen die Männer mit guten Verkaufsergebnissen in der Gesamtheit der Vertreter aus, wenn in der Gruppe 60% männliche Vertreter sind?

3. Von 30 Testaufgaben haben Sie 18 richtig gelöst. Wie viel Prozent sind das?

4. Wenn von 100 geborenen Kindern 63 Jungen sind, wie viel Prozent Mädchen wurden geboren?

5. Die Wurzel einer Heilpflanze enthält 5% Wirkstoff. Wie viel Kilogramm Wurzel benötigt ein Medikamentenhersteller, um 2,5 Kilogramm Wirkstoff zu extrahieren?

6. Ein Schreibwarenhändler verkauft Schreibhefte. Für 2 verlangt er so viel, wie ihn 3 gekostet haben. Wie hoch ist der Gewinn in Prozent?

7. Üblicherweise benötigt ein Briefträger 40 Minuten, um die Post in einer Straße zu verteilen. Da er sich heute aber den Fuß vertreten hat, benötigt er 1 Stunde und 20 Minuten. Berechnen Sie den Zeitmehraufwand in Prozent.

8. Florian hat in seiner Mathematikarbeit von 30 Rechenaufgaben 12 richtig. Wie viel Prozent sind das?

9. Jan sagt nach seinem Eignungstest, dass 1/3 der Aufgaben schwierig waren, dafür aber 1/6 sehr einfach. Wie viele Aufgaben in Prozent lagen also zwischen schwierig und einfach?

10. Die Firma Schneider & Sohn verkauft Tische zum Preis von 300 €. Wenn ein Kunde sofort in bar bezahlt, wird ihm ein Rabatt von 2% eingeräumt. Allerdings besteht auch die Möglichkeit der Ratenzahlung. Hierfür wird jedoch ein Aufschlag von 12% fällig. Nennen Sie den Differenzbetrag zwischen beiden Kaufpreisen.

11. Gärtner Huber hat ein 250 Quadratmeter großes Grundstück wie folgt bepflanzt: 10 % der Fläche mit Heckenpflanzen, 3 % mit Obstbäumen, 36 % mit allerlei Gemüse. Weitere 22 % Grundstücksfläche sind Blumenbeete sowie 29 % Rasenfläche. Drücken Sie die einzelnen Flächenanteile in absoluten Zahlen (Quadratmetern) aus.

12. Kristin hat 5.500 € in einer Tombola gewonnen. Ihren Eltern schenkt sie 14,5 % des Gewinnes, sie selbst verbraucht 23 %. Den Rest möchte sie bei der Bank gewinnbringend anlegen. Wie viel Geld wird Kristin anlegen?

13. Die Bäckerei Müller produziert täglich 1.000 Brötchen, 350 Brote und 200 Baguettes. 4 % der Tagesproduktion an Brötchen, 6 % der Brote und 7 % der Baguettes konnten im Laufe des Tages jedoch nicht verkauft werden. Wie viele Brötchen, Brote und Baguettes wurden an einem Tag verkauft?

14. Ein Auto kostet 15.000 €. Bei Rechnungsausgleich innerhalb von 30 Tagen wird dem Käufer ein Nachlass von 15 % eingeräumt. Auf diesen verbilligten Preis wird die Umsatzsteuer (19 %) aufgeschlagen. Wie hoch ist letztendlich der Kaufpreis?

15. Von den 850 Schülern einer Oberschule sind 70 % Jungen. 20 % der Jungen machen ihre Hausaufgaben unregelmäßig. Wie viele Jungen machen ihre Hausaufgaben unregelmäßig?

16. Der Bekleidungshändler Frings konnte seinen Umsatz von 2.000.000 € aus dem Vorjahr um 6 % steigern. Wie hoch war der Umsatz in diesem Jahr?

17. Eine Spedition hat 75 Angestellte. Wie viele der Beschäftigten sind Fahrer, wenn lediglich 8 % im Büro arbeiten?

18. Ein Computer kostet inklusive Mehrwertsteuer (19 %) 1.785 €. Wie hoch ist der Nettoverkaufspreis (ohne Mehrwertsteuer)?

19. Eine Schachtel Zigaretten kostet einschließlich einer 10%igen Tabaksteuer 3 €. Wie teuer ist eine Schachtel Zigaretten nach einer Erhöhung der Tabaksteuer auf 12 %?

20. Herr Ludwig bestellt sich im Internet eine neue Stereoanlage zum Preis von 550 €. Da er mit Kreditkarte zahlt, wird ihm ein Nachlass von 10 % gewährt. Hinzu kommen jedoch noch Verpackungs- und Versandkosten (3 % des Grundpreises). Welchen Betrag hat Herr Ludwig zu bezahlen?

21. Inklusive Umsatzsteuer (19%) kostet ein Lkw 41.650 €. Wie teuer ist der LKw ohne Umsatzsteuer?

22. Bei Möbel Hoppe ist Räumungsverkauf. Der Preis für eine antike Schrankwand wurde um 20% auf 5.300 € reduziert. Was kostete das gute Stück vor der Preissenkung?

23. Familie Meier wohnt seit 3 Jahren in einer 4-Raum-Mietwohnung in unmittelbarer Nähe zum Stadtzentrum. Zurzeit zahlt die Familie eine stolze Miete von 2.080,80 €. In den letzten Jahren ist die Miete jährlich um 2% angestiegen. Wie hoch war der Mietpreis der Wohnung beim Einzug der Meiers?

24. Herrn Lehmanns ursprüngliches Gehalt von 1.500 € wurde in den letzen 4 Jahren jährlich um 5% erhöht. Wie viel Geld bekommt Herr Lehmann jetzt?

25. Deutschland exportierte im Jahr 2008 10 Millionen Hektoliter, 2009 8 Millionen Hektoliter und 2010 12 Millionen Hektoliter Bier. Im Jahr 2008 waren das 9% der gesamtdeutschen Jahresproduktion, 2009 nur 7%, 2010 gar 11%. Wie viel Bier wurde von 2008 bis 2010 insgesamt in Deutschland hergestellt?

26. Das Hotel »Zur Sonne« erzielte im Monat Juli einen Umsatz von 75.000 €, das waren 15% des Jahresumsatzes. Wie hoch ist der Jahresumsatz?

27. Das Dorf Klein-Rüsselsheim hat seine Hauptstraße ausbessern lassen. Die Bauarbeiten kosteten 450.000 €. Dieser Betrag stellte 45% des Jahresbauetats dar. Wie viel Geld verbleibt dem Dorf für weitere Bauarbeiten?

28. Die Firma Hermann verkauft einen nicht mehr benötigten Bagger für 21.000 €. Im Preis sind 5% Vermittlungsgebühren für eine mit dem Verkauf beauftragte Agentur enthalten. Wie hoch ist die Vermittlungsgebühr?

29. Der Preis einer Waschmaschine wird im Sonderverkauf um 12% gesenkt und kostet nun nur noch 176 €. Wie viel Geld spart ein Käufer, wenn er diese Maschine im Sonderverkauf erwirbt?

30. Das Gehalt des Angestellten Huber stieg von 1.900 € auf 2.052 €. Um wie viel Prozent wurde das Gehalt erhöht?

31. Der Preis für 1 Liter Benzin lag im Juni 2008 bei 0,90 €. Im Juni 2009 kostete der Liter bereits 0,99 €. Um wie viel Prozent ist der Benzinpreis gestiegen?

32. Das Gehalt von Frau Stein beträgt 2.037,50 € brutto. Davon muss sie 300 € Lohnsteuer und 107,50 € für die Sozialversicherung bezahlen. Wie viel Prozent ihres Gehalts verbleiben ihr noch?

33. Im Winterschlussverkauf kostet eine Pudelmütze statt 20 € nur noch 12 €. Um wie viel Prozent wurde der Preis der Mütze reduziert?

34. Bei den Wahlen zum Deutschen Bundestag konnte die SPD 251 Sitze für sich gewinnen. Wie viel Prozent der insgesamt 603 Sitze sind das?

35. Herr Friedrich hat vergangenes Jahr 25 Aktien der Firma XY zum Preis von 25,00 € erworben. Zurzeit liegt der Kurs bei 16,50 €. Um wie viel Prozent ist der Wert der Aktie gesunken? Welchen Verlust würde Herr Friedrich machen, wenn er die Aktien jetzt verkaufen würde?

36. Schüler haben für eine Wohltätigkeitsveranstaltung in der Schule insgesamt 20 Kuchen gebacken. Jeder Kuchen lässt sich in 16 Stücke teilen. Am Ende der Veranstaltung waren 32 Stücke nicht verkauft. Wie viel Prozent aller Kuchenstücke konnten verkauft werden?

37. Klaus, Norbert und Kristin bilden eine Lottogemeinschaft. Soeben haben sie 25.000 € gewonnen. Der Gewinn wird wie folgt aufgeteilt: Kristin erhält 15.000 €, Norbert 7.500 € und Klaus 2.500 €. Stellen Sie diesen Sachverhalt als Sektoren (in Winkelmaß) in einem Kreis dar.

38. Ein Auto soll 25.000 € zuzüglich 19 % Mehrwertsteuer kosten. Der Autohändler räumt einen Rabatt von 3,66 % ein. Ist es für den Kunden günstiger, zuerst vom Nettopreis den Rabatt abzuziehen und dann die Mehrwertsteuer aufzuschlagen oder umgekehrt?

39. Eine Bildergalerie kauft für 13.000 € das Gemälde eines jungen, talentierten Künstlers. Das Gemälde soll mit einem Gewinn von 20 % weiterverkauft werden. Es werden 15 % Geschäftsunkosten kalkuliert. Bestimmen Sie den Verkaufspreis.

40. Die Tankanzeige eines Autos zeigt an, dass der Tank zu 40 % gefüllt ist. Wenn der Wagen jetzt voll getankt wird, passen noch 30 Liter hinein. Welches Fassungsvermögen hat der Tank?

41. Auf dem Wochenmarkt konnte Frau Friedel einen Teil ihrer frischen Eier mit 20 % Gewinn für 75 € verkaufen. Den Rest ihrer Ware verkaufte sie für 30 €, wobei sie einen Verlust von 10 % hinnehmen musste. Welchen Gewinn erzielte Frau Friedel insgesamt mit ihren Eiern?

42. Ein Obsthändler erhöht aufgrund von Lieferschwierigkeiten den Preis von Orangen um 15 %. Nach Überwindung des Engpasses senkt er den Preis der Orangen um 15 %. Kosten jetzt die Orangen wieder genauso viel wie vor der Preiserhöhung?

43. Die Miete für ein Lagerhaus steigt im ersten Jahr um 5 %, im zweiten um 10 %, im dritten wird sie wieder um 15 % gesenkt. Um wie viel Prozent hat sich die Lagerhausmiete gegenüber der ursprünglichen Miete verändert?

44. Ein Makler verkauft ein Grundstück für 115.000 € mit einem Gewinn von 15 %. Wie viel hatte der Makler für das Grundstück bezahlt?

45. Auf einer Schule mit 700 Schülern tragen 40 % eine Brille. 70 % der Schüler sind Jungen. Wie viele Jungen sind auf jeden Fall Brillenträger?

Lösungen S. 258 f.

Verteilungsrechnung

Beim Verteilungsrechnen geht es darum, die Verhältnisse oder den Maßstab verschiedenartiger Dinge oder Personen zueinander zu bestimmen. Man kann diese Aufgaben auf verschiedene Art und Weise lösen, beispielsweise mithilfe der Bruchrechnung oder Prozentrechnung. Oft kann man auch den Dreisatz anwenden. Das Wichtigste bei diesen Aufgaben ist die Erkenntnis, in wie viele Teile das Ganze aufgeteilt werden soll.

Beispiel

100 Goldtaler sollen im Verhältnis 2:3 aufgeteilt werden. Wie groß ist der kleinere Teil? Das heißt, die Taler werden zuerst in 5 Teile aufgeteilt:

$$\frac{100}{2+3} = 20$$

Der kleinere Anteil soll nun 2 Teile ausmachen, daraus folgt:

$$20 \times 2 = 40.$$

»40 Taler« ist unsere gesuchte Lösung. Folglich umfasst der größere Teil 60 Taler.

Sie haben 15 Minuten Zeit.

1. Eine Beute von 576 Talern soll im Verhältnis 4:5 auf 2 Raubritter verteilt werden. Wie viele Taler bekommt der Ritter, der die kleinere Beute erhält?

2. Ein Lottogewinn von 756.000 € soll im Verhältnis von 4:5 aufgeteilt werden. Wie groß ist der kleinere Gewinn?

3. Zwei Boten sind mit schweren Lasten unterwegs. Die Last des ersten Boten ist 24 Kilogramm und die Last des zweiten Boten 30 Kilogramm schwer. Unterwegs kommt ihnen ein Mann entgegen, der seine Hilfe anbietet. Die Lasten werden nun so verteilt, dass jeder der 3 Männer gleich viel zu tragen hat. Am Ziel angekommen, verlangt der Helfer für seinen Dienst 18 Taler. Welchen Betrag muss jeder der beiden Boten zahlen?

4. Eine Erbschaft von 52.000 € soll unter zwei Erben so verteilt werden, dass der jüngere Erbe einen dreimal so großen Erbteil bekommt wie der ältere Erbe. Wie groß ist der kleinere Erbteil in Euro?

5. In der kleinen Republik Phantasia haben Parlamentswahlen stattgefunden. Die Demokraten konnten 18.000 Einwohner für sich gewinnen, 10.000 Wähler entschieden sich für die Sozialisten. Die Liberalen erhielten 2.000 Stimmen. Verteilen Sie nun die 300 Sitze des Parlaments entsprechend den Stimmenverhältnissen auf die drei Parteien.

6. Drei Gesellschafter sind an einem Unternehmen beteiligt. Gesellschafter A hat ein Eigenkapital von 60.000 €, Gesellschafter B von 30.000 € und Gesellschafter C von 70.000 € eingebracht. Am Ende des Geschäftsjahres wurde ein Gewinn von 200.000 € verbucht, welcher im Verhältnis der Beteiligungen aufgeteilt werden soll.

7. Eine durch vier Gemeinden führende Landstraße soll ausgebessert werden. Die Kosten in Höhe von 500.000 € sollen im Verhältnis der Einwohnerzahlen der Gemeinden aufgeteilt werden: an Gemeinde A mit 10.000 Einwohnern, Gemeinde B mit 2.000 Einwohnern, Gemeinde C mit 5.000 Einwohnern und Gemeinde D mit 3.000 Einwohnern. Wie viel muss jede Gemeinde bezahlen?

8. Ein Vater legte in seinem Testament fest, dass sein Erbe von 50.000 € wie folgt aufgeteilt werden soll: Sohn Achim soll dreimal so viel erhalten wie Tochter Barbara, aber nur halb so viel wie Felix. Wie viel Geld bekommt jedes Kind?

9. Bei der Bundestagswahl 2002 konnte die SPD 251, die Grünen 55, die CDU/CSU 248 und die FDP 46 Sitze im Deutschen Bundestag für sich gewinnen. Wenn man von 60.000.000 Wählern ausgeht, wie viele Menschen haben dann welche Partei gewählt?

10. Eine Lottogemeinschaft aus 3 Personen hat 25.000 € gewonnen. Person A beteiligte sich mit 2,00 €, Person B mit 1,00 € und Person C mit 5,00 € am Lottoschein. Der Gewinn soll im Verhältnis der Beteiligungen aufgeteilt werden.

Lösungen auf S. 259.

Währungsrechnung

Beim Umrechnen von Währungen ist vorzugehen wie bei Dreisatzaufgaben mit direkter Proportionalität. Es gilt stets:

$$\frac{\text{Zielwährung}}{\text{Ausgangswährung}} = \text{Kursverhältnis}$$

Beispiel
Wie viel Yen erhält man für 100 € (Kurs: 1,30 Yen = 1 Euro)?

$$\frac{\text{X Yen}}{100\,€} = \frac{1{,}30\ \text{Yen}}{1\,€}$$

$$\text{X Yen} = \frac{1{,}30\ \text{Yen}}{1\,€} \times 100\,€ = 130\ \text{Yen}$$

Sie haben 25 Minuten Zeit.

1. Wie viele japanische Yen erhält man für 145 Euro (Kurs: 136,99 Yen = 1 Euro)?

2. Wie viele Euro erhält man für 40 US-Dollar (Kurs: 0,86 Euro = 1 US-Dollar)?

3. Wie viele Schweizer Franken erhält man für 300 polnische Zloty (Kurs: 1 polnischer Zloty = 0,35 Schweizer Franken)?

4. Das Ehepaar Hummel plant für seinen Dänemarkurlaub ein Taschengeld von 1.000 Euro ein. Wie viele dänische Kronen erhält Herr Hummel auf seiner Bank, wenn er den halben Betrag bereits im Voraus umtauscht (Kurs: 1 Euro = 7,45 dänische Kronen)?

5. Frau Meier bringt von ihrer Weltreise Geld aus verschiedenen Ländern mit: 10 US-Dollar, 5 englische Pfund, 15 neuseeländische Dollar und 27.000 indonesische Rupiah. Bei ihrer Bank möchte sie dieses Geld nun umtauschen. Folgende Kurstabelle hängt bei der Bank aus:
   - 0,80 US-Dollar = 1,00 Euro
   - 0,75 englische Pfund = 1,00 Euro
   - 2,00 neuseeländische Dollar = 1,00 Euro
   - 10.000,00 indonesische Rupiah = 1,00 Euro

   Wie viele Euro erhält Frau Meier für ihr Restgeld?

6. Herr Fischer tauscht für seinen Chinaurlaub 750 Euro in chinesische Renminbi um. Die Bank verlangt 100 Euro für 970 Renminbi. Unverhofft wird Herr Fischer kurz vor seinem Reiseantritt krank und kann seinen Urlaub nicht antreten. Die Bank kauft sein bereits umgetauschtes Geld wieder zurück. Für 100 Renminbi zahlt sie ihm jedoch nur noch 9,50 Euro. Welchen Verlust hat Herr Fischer dadurch gemacht?

7. Die Firma Röhre tauscht für eine Geschäftsreise nach Jamaika 12.000 Euro in jamaikanische Dollar um. Die Bank verlangt 100 Euro für 6.900 Dollar. Unverhofft bricht jedoch der Geschäftskontakt nach Jamaika ab und die Reise wird hinfällig. Die Bank kauft das bereits umgetauschte Geld wieder zurück. Für 100 jamaikanische Dollar zahlt sie jedoch nur noch 1,40 Euro. Welchen Verlust hat die Firma dadurch gemacht?

8. Ein Bagger kostet 250.000 Euro. Hinzu kommen noch 5.000 US-Dollar für die Verschiffung der Baumaschine. Der Kunde zahlt in US-Dollar. Welchen Preis muss er bezahlen, wenn 150 Euro gleich 175,50 US-Dollar sind?

9. Ein Krankenhaus kauft weltweit neues Inventar ein: 10 Krankenbetten zum Preis von 12.000 US-Dollar, ein Röntgenapparat für 725.000 russische Rubel und zwei Operationstische für 7.560 Schweizer Franken. Mit wie vielen Euro wird das Krankenhausbudget belastet, wenn folgende Kurse gelten?
   - 10 US-Dollar = 8,50 Euro
   - 1.000 russische Rubel = 27,60 Euro
   - 500 Schweizer Franken = 330,50 Euro

10. Herr Klaus möchte 100 Euro zunächst in tschechische Kronen umtauschen. Mit diesem Geld kauft er polnische Zloty, welche Herr Klaus anschließend in ägyptische Pfund umtauscht. Zu guter Letzt wechselt er das Geld bei seiner Bank wieder in Euro.
    - 50 Euro = 1.580 tschechische Kronen
    - 1.000 tschechische Kronen = 135 polnische Zloty
    - 10 polnische Zloty = 15 ägyptische Pfund
    - 25 ägyptische Pfund = 3,50 Euro

    Wie viel Geld hat er dadurch gewonnen bzw. verloren?

11. Ordnen Sie die folgenden Geldbeträge ihrem Wert nach. In Klammern ist der Umtauschkurs zum Euro vermerkt.
    - US-Dollar (0,80 US-Dollar = 1 Euro)
    - 25.000 indische Rupien (2.000,00 indische Rupien = 1 Euro)
    - 250 Singapore-Dollar (0,50 Singapore-Dollar = 1 Euro)
    - 10.000 dominikanische Peso (400 Peso = 1 Euro)
    - 15 Schweizer Franken (0,75 Schweizer Franken = 1 Euro)

12. Der Waschmaschinenhersteller CLEAN verkauft 500 Waschmaschinen im Wert von 150.000 Schweizer Franken an eine große Schweizer Geschäftskette. Weitere 150 Waschmaschinen werden für 20.000 englische Pfund nach Großbritannien verschifft. Wenn 10 Schweizer Franken 6,50 Euro sind und 10 englische Pfund 14 Euro, wie viel Geld hat die Firma dann eingenommen?

13. Ein Flug von Berlin nach New York kostet 350 US-Dollar. Wie teuer ist der Flug in Schweizer Franken, wenn man für 15 US-Dollar 20 Schweizer Franken kaufen kann?

14. Herr Anton hat die Wahl, sich seine neue Stereoanlage in Deutschland für 1.200 Euro oder in Tschechien für 25.200 tschechische Kronen zu kaufen. Wo ist die Stereoanlage preiswerter, wenn 500 tschechische Kronen 16 Euro sind?

15. Im Dänemarkurlaub kauft sich Frau Sommer einen neuen Sonnenhut für 150 dänische Kronen. Sie zahlt mit Kreditkarte. Mit welchem Betrag in Euro wird ihr Konto belastet, wenn 5 dänische Kronen 70 Eurocent sind?

Lösungen auf S. 259.

Zinsrechnung

Zum Lösen von Textaufgaben zur Zinsrechnung benötigt man einige Formeln, die fest vorgeschrieben sind und wahrscheinlich schon irgendwann einmal in der Schule durchgesprochen wurden. Zur »Auffrischung « einige Grundbegriffe:

Z – Zinsen K – Kapital p – Zinssatz t – Zeit in Tagen m – Zeit in Monaten

Jahreszinsen $Z = \frac{K \times p}{100}$

Monatszinsen $Z = \frac{K \times p \times m}{100 \times 12}$

Tageszinsen $Z = \frac{K \times p \times t}{100 \times 360}$

Beachte: Im deutschen Bankwesen gilt
1 Jahr = 360 Tage
1 Monat = 30 Tage

Wenn nicht die Zinsen gesucht sind, sondern beispielsweise das Kapital bzw. der Zinssatz, müssen die Lösungsformeln einfach nach der gesuchten Größe umgestellt werden.

Beispiel
Die Bank XY verzinst 2.000 € mit einem Jahreszinssatz von 5 Prozent. Welcher Zinsertrag hat sich nach 5 Monaten angehäuft?

$$Zm = \frac{2000\,€ \times 5 \times 5}{100 \times 12} = 41{,}67\,€$$

Sie haben nun 80 Minuten Zeit. Los geht's!

1. Wie groß ist die monatliche Rate für die Bank bei einer jährlichen Zinsbelastung von 9,5 % für eine Kreditsumme von 150.000 €?

2. Wie groß ist die jährliche Zinslast für einen Kredit über die Summe von 22.000 €, bei dem Sie 11,5 % Zinsen zahlen müssen?

3. Wie viele Zinsen erbringen 5.000 € bei einer Verzinsung von 3,75 % in 6,5 Monaten?

4. Tina zahlt am 15.03.2010 790 € auf ihr Sparbuch ein. Am 20.02.2011 kann sie 820 € abheben. Wie hoch wurde ihr Guthaben verzinst?

5. Nach welcher Zeit sind 1.000 € auf 1.100 € bei einfacher Verzinsung zu 4,33 % angewachsen?

6. Daniel möchte einen Lottogewinn so anlegen, dass er dafür monatlich 2.000 € an Zinsen erhält. Wie hoch ist der Lottogewinn, wenn die Verzinsung 6,33 % beträgt?

7. Wie müssen 4.580 € bei 13 Monaten Laufzeit verzinst werden, damit 500 € Zinsen anfallen?

8. Welches Kapital erbringt in 400 Tagen 580 € Zinsen bei einem Zinsfluss von 4,75 %?

9. Wie hoch ist die jährliche Zinslast für eine Hypothek von 50.000 € bei 4,5 % Zins?

10. Wie hoch ist die jährliche Zinslast für eine Grundschuld von 40.000 € bei 5,25 % Zins?

11. Kristin hat 3.500 € auf ihrem Sparbuch. Wie viel Zinsen erhält sie nach einem Jahr, wenn das Sparbuch mit 3 % verzinst wird?

12. Das Kontoguthaben von Herrn Meier in Höhe von 5.000 € wird mit 4 % verzinst. Auf welchen Betrag wächst sein Guthaben nach einem Jahr an?

13. Sabine zahlt 1.500 € auf ihr Sparbuch ein. Der Jahreszinssatz liegt bei 2 %. Nach 7 Monaten hebt Sabine das Geld wieder ab. Wie viel Zinsen erhält Sabine dafür?

14. Herr Lustig will sich ein neues Auto kaufen und nimmt dafür einen Kredit in Höhe von 10.000 € auf. Dieser Kredit wird jährlich mit 12 % verzinst. Nach 5 Monaten zahlt er den Kredit zurück. Wie viel Zinsen hat Herr Lustig zu zahlen?

15. Joachim leiht sich 1.000 € von seiner Bank, um sich ein neues Fahrrad leisten zu können. Der Jahreszinssatz für diesen Kredit liegt bei 16 %. Nach 85 Tagen zahlt er den Kredit zurück. Wie viel Zinsen erhält die Bank von ihm?

16. Das Ehepaar Kleinert will für den Neubau einer Garage einen Kredit in Höhe von 20.000 € über 3 Jahre aufnehmen. Hierzu holen sie sich von verschiedenen Banken Kreditangebote ein. Folgende Angebote sind übrig geblieben:
   - Angebot A: Im 1. Jahr 10%, im 2. Jahr 11% und im 3. Jahr 12% Zinsen.
   - Angebot B: Im 1. Jahr 8%, im 2. Jahr 10% und im 3. Jahr 15% Zinsen.

   Welches Angebot können Sie der Familie Kleinert empfehlen?

17. Familie Schuster will einen Teil ihres Hausbaus mit Hilfe eines Kredites über 240.000 € finanzieren. Die Familie hat zwei Darlehensangebote zur Auswahl:
   - Angebot A: 140.000 € zum Jahreszinssatz von 13%, weitere 100.000 € zum Jahreszinssatz von 11%.
   - Angebot B: 160.000 € zum Jahreszinssatz von 8%, weitere 80.000 € zum Jahreszinssatz von 16%.

   Welches Angebot sollte Familie Schuster annehmen? Wie viel mehr kostet das teurere Angebot an Zinsen jährlich als das günstigere?

18. Herr Hummel kauft sich einen Gebrauchtwagen zum Preis von 10.000 €. Der Verkäufer gewährt einen Rabatt von 5% bei sofortiger Barzahlung. Da Herr Hummel so viel Bargeld im Augenblick nicht hat, müsste er für 30 Tage einen Kredit in Höhe von 6.500 € aufnehmen (Jahreszinssatz: 10%). Sollte Herr Hummel sofort in bar bezahlen?

19. Frau Müller hat drei Konten bei verschiedenen Kreditinstituten. Für Konto A (Jahreszinssatz 2%) erhält sie nach 1 Jahr 400 € Zinsen, für Konto B (Jahreszinssatz 2%) nach 4 Monaten 20 € und für Konto C (Jahreszinssatz 3%) nach 100 Tagen 80 € Zinsen. Welches Gesamtkapital hatte Frau Müller angelegt?

20. Franks Sparbuch werden 25 € Zinsen für die Zeit vom 20.01.2010 bis zum 20.01.2011 gutgeschrieben. Das Kontoguthaben wurde mit 3% jährlich verzinst. Wie hoch war das Guthaben am 20.01.2010?

21. Claudia zahlt nach 7 Monaten einen Kredit zurück. Die Zinskosten belaufen sich auf 100 €, wobei der Zinssatz bei 10% pro Jahr lag. Welchen Betrag hatte sich Claudia von der Bank geliehen?

22. Herr Claaßen hat eine neue Stereoanlage gekauft. 150 € zahlt er im Laden sofort in bar, für den Restbetrag wird ihm ein Zahlungsziel von 50 Tagen eingeräumt. Für diesen Service entstehen zusätzliche Kosten für Zinsen in Höhe von 30 €, wobei der Zinssatz bei 15% pro Jahr liegt. Wie teuer ist die Stereoanlage?

23. Frau Fischer erhält für ihr Kontoguthaben bei der Bank XY bei einem Zinssatz von 3 % jährlich 300 € Zinsen. Wie hoch ist das Guthaben von Frau Fischer?

24. Klaus träumt vom großen Lottogewinn. Er rechnet: Mit monatlich 3.000 € lässt es sich prima leben. Er möchte eine so große Summe gewinnen, dass dieser »monatliche Unterhalt« allein durch die Zinsen seines Gewinns abgedeckt wird. Der Jahreszinssatz seiner Bank liegt bei 3 %. Wie viel Geld müsste Klaus gewinnen?

25. Welches Kapital bringt bei einer Verzinsung von 2 % täglich 5 € Zinsen?

26. Wenn ein Kredit mit einer Laufzeit von 200 Tagen bei einem Jahreszinssatz von 13 % 200 € Zinsen kostet, wie hoch ist dann der geliehene Betrag?

27. Die Tischlerei Kleinschmidt hat einen Kredit in Höhe von 25.000 € für eine neue Sägemaschine aufgenommen. Für diesen Kredit müssen 2.250 € Jahreszinsen gezahlt werden. Zu welchem Zinssatz wurde der Kredit aufgenommen?

28. Die Bäckerei Knusper hat einen Kredit in Höhe von 30.000 € für eine neue Ofenanlage aufgenommen. Für diesen Kredit müssen 250 € Monatszinsen gezahlt werden. Zu welchem Zinssatz wurde der Kredit aufgenommen?

29. Der Bar-Besitzer Kalle hat für den Kauf einer neuen Theke einen Kredit in Höhe von 15.000 € aufnehmen müssen. Für diesen Kredit zahlt er 5 € Tageszinsen. Zu welchem Zinssatz wurde der Kredit aufgenommen?

30. Berechnen Sie den Jahreszinssatz zum folgenden Kreditvertrag.
    - Höhe des Kredits: 500.000 €
    - Zinsen: 3.500 € für 3 Monate Laufzeit.

31. Familie Wolf hat für den Bau ihres Hauses zwei Kredite aufgenommen: der erste Kredit in Höhe von 100.000 €, der zweite in Höhe von 150.000 €. Für beide Kredite zahlt die Familie monatlich 2.750 € Zinsen. Zu welchem Zinssatz läuft der erste Kredit, wenn der zweite Kredit zu einem Zinssatz von 12 % aufgenommen wurde?

32. Für die Sanierung der firmeneigenen Werkshalle benötigt ein Unternehmen 1.000.000 €. Drei verschiedene Banken bieten der Firma Darlehen an. Bank A verlangt dritteljährlich 40.000 € Zinsen, Bank B verlangt vierteljährlich

45.000 € und Bank C halbjährlich 70.000 € Zinsen. Zu welchen Zinssätzen bieten die drei Banken ihre Darlehen an?

33. Herr Walter hat bei der Bank XY einerseits eine Darlehensschuld in Höhe von 25.000 € und andererseits ein Sparkontoguthaben von 60.000 €. Am Jahresende ergab sich insgesamt ein Gesamtertrag von 600 €, wobei sein Sparkonto mit 6 % verzinst wird. Wie hoch ist der Zinssatz für die Darlehensschuld?

34. Firma Meyer hat einen Kredit in Höhe von 40.000 € zum Zinssatz von 15 % aufgenommen und muss am Ende 3.000 € Zinsen zahlen. Für welche Zeit hat die Firma den Kredit aufgenommen?

35. Eine deutsche Bank hat einen Kredit zu folgenden Konditionen vergeben:
    - Kreditsumme: 96.000 €
    - Zinsen: 1.600 €
    - Zinssatz: 4 %

    Wie viele Monate Laufzeit hat dieser Kredit?

36. Eine deutsche Bank hat einen Kredit zu folgenden Konditionen vergeben:
    - Kreditsumme: 2.100.000 €
    - Zinsen: 34.300 €
    - Zinssatz: 12 %

    Wie viele Tage Laufzeit hat dieser Kredit?

37. In wie vielen Tagen bringt ein Guthaben von 4.800.000 € bei einer Verzinsung von 4 % einen Ertrag von 20.800 €?

38. Nach welcher Zeit hat man für einen Kredit in Höhe von 1.000.000 € bei einem Zinssatz von 5 % 45.833 € Zinsen zu zahlen?

39. Kristin zahlt am 12.05.2010 1.000 € auf ihr Sparkonto (Zinssatz 5 %) ein. Wann hat sie Anspruch auf 5 € Zinsen?

40. Ein Kredit in Höhe von 600.000 € wird mit 4,8 % verzinst. Nach wie vielen Tagen sind 560 € Zinsen zu zahlen?

Lösungen auf S. 260.

Kopfrechnen

Dieser Test besteht in der Regel aus etwa 20 Aufgaben, wobei die Lösungszeit je nach Schwierigkeitsgrad variiert. Im Vorfeld sollten Sie intensiv das große Einmaleins wiederholen. Dies spart Zeit und beruhigt die Nerven. Sollten Sie eine Aufgabe nicht lösen können, lassen Sie diese am besten aus. Falsche Lösungen bringen unter Umständen Minuspunkte ein. *Die mathematische Regel »Punkt vor Strich« ist beim Kopfrechentest außer Kraft gesetzt.*

Zum Üben haben wir Ihnen hier 50 Aufgaben von unterschiedlichem Schwierigkeitsgrad zusammengestellt. Lassen Sie sich diese bitte von einem Helfer vorlesen. Dieser soll je nach Aufgabenschwierigkeit die Zeit zum Lösen etwas ausdehnen oder verkürzen. Im Mittel hat man pro Aufgabe ungefähr 15 Sekunden Zeit. Nach circa 10 Sekunden sollten Sie einen Hinweis auf das Ende der Aufgabenbearbeitungszeit bekommen, nach 15 Sekunden eine neue Aufgabe. Da Sie die Aufgaben nur vorgelesen bekommen, sollten Sie sie nicht der Einfachheit halber alleine üben. Vorgelesen müssen Sie sich die Aufgaben merken (trainiert auch das Gedächtnis), sehen Sie sie, so können Sie eventuell einmal errechnete Ergebnisse korrigieren. Diese Möglichkeit gibt es in der Bewerbungssituation nicht.

Bitte lösen Sie nun die folgenden 50 Aufgaben!

1.	2×34	=		10.	$467 - 178$	=	
2.	$2 + 4 - 123$	=		11.	$\sqrt{9}$	=	
3.	19×3	=		12.	19×13	=	
4.	$45 + 12 - 6$	=		13.	$\frac{1}{5} \times 5$	=	
5.	$40 \div 2 \times 7$	=		14.	1.023×3	=	
6.	4^3	=		15.	$45 \div 3 + 16$	=	
7.	$29 \div 2 \times 3$	=		16.	$67.067 - 1.283$	=	
8.	3. Wurzel 64	=		17.	$5^3 + 12 + 43$	=	
9.	$\frac{3}{4} \times 12$	=		18.	$90 \times 7 \div 2$	=	

19. $65 \times 3 \times 2 =$

20. $44 + 9 \div 3 =$

21. $99 \times \frac{1}{3} =$

22. $45 \times 7 =$

23. $2 + 3 \times 5 =$

24. $17 \times 13 - 12 \times \frac{1}{2} =$

25. $27 \times 3 - 29 =$

26. $19 \times 14 + 4 =$

27. $\frac{1}{6} \times 18 - 9 =$

28. $15 \times 17 =$

29. $\sqrt{16} =$

30. $\sqrt{225} =$

31. $\sqrt{324} =$

32. $56 \times 3 - 43 =$

33. $21 \times 23 \times 2 =$

34. $12^2 + 13 =$

35. $\frac{3}{4} \div 4 =$

36. $41^2 =$

37. $19 \times 13 \times 11 =$

38. $17 \times 14 - 5 + 101 =$

39. $234 + 235 =$

40. $128 \times 6 - 87 =$

41. $11 \times 112 =$

42. $19 \times 9 \times 3 =$

43. $68 + 23 - 78 =$

44. $37 + 87 \div 2 =$

45. $13 \times 13 \times 7 =$

46. $2 \times 5 \times 48 \div 3 =$

47. $34 \times 7 =$

48. $6^3 =$

49. $4^3 \times 7 + 6 =$

50. $\frac{2}{5} \times 15 + 3 =$

Lösungen auf Seite 260.

Trainingsparcours Textaufgaben

Nachdem Sie auf den vorangegangenen Seiten eine Wiederholung und Auffrischung Ihrer mathematischen Fähigkeiten erhalten haben, lösen Sie bitte den folgenden Trainingsparcours mit Textaufgaben aus verschiedenen Bereichen.

Versuchen Sie sich anschließend insbesondere die Lösungswege einzuprägen, sodass Sie im realen Testgeschehen nur noch den Aufgabentyp identifizieren müssen und gleich das passende Lösungsschema dazu im Kopf haben.

Bitte machen Sie sich nun an die Bearbeitung der kommenden Aufgaben. Sie haben hierzu 25 Minuten Zeit!

1. Ein Motorroller verbraucht 6 Liter Benzin auf 100 km. Wie viel verbraucht er auf 250 km und wie viele km kann er mit einem 24 Liter fassenden Tank fahren?

2. Ein Malergeselle renoviert ein Zimmer von 18 qm an einem Arbeitstag in 8 Stunden. Der Azubi schafft in der gleichen Zeit nur 1/3 dieser Arbeitsleistung. Der Meister arbeitet noch schneller als der Geselle und liegt damit 25 % höher in der Arbeitsleistung. Wie hoch ist die Differenz der geleisteten Arbeit (renovierter Raum in qm) zwischen bestem und schlechtestem Ergebnis nach eineinhalb Arbeitstagen?

3. Ein Händler kauft für 10.500 € Gewürzpartien. An jeder verkauften Gewürzpartie verdient er 100 €. Nach Verkauf seines Gesamtbestandes hat er 14.000 € eingenommen. Wie viele Gewürzpartien hatte er?

4. Wie groß ist die monatliche Rate für die Bank bei einer jährlichen Zinslastbelastung von 9,5 % für eine Kreditsumme von 150.000 €?

5. Die Reaktionszeit eines Gefahrgutlastwagenfahrers beträgt eine Sekunde. Wie viele Meter fährt der Fahrer, wenn er mit einer Geschwindigkeit von 96 km/h fährt und plötzlich ein Stauende sieht, bevor er anfängt zu bremsen?

6. Wie viele Kilometer fährt ein Radrennfahrer in 7 Stunden, wenn er es schafft, konstant 40 km/h zu fahren?

7. 15 Kisten Bananen wiegen 250 kg. Jede leere Kiste wiegt 3 kg. Wie viel wiegen die Bananen?

8. Zwei Brüder sind zusammen 40 Jahre alt. Wie alt ist der jüngere Bruder, wenn der andere 6 Jahre älter ist?

9. Ein Mann macht mit seiner Frau eine Fahrradtour. Er fährt ab einer bestimmten Stelle, an der beide auf gleicher Höhe sind, 25 km/h. Seine Frau fährt weiterhin konstant mit 15 km/h. Nach 1,2 km hält er an und wartet auf seine Frau. Wie lange muss er warten?

10. Wenn eine Flasche Champagner zu 7/8 gefüllt ist und 84 € kostet, wie viel kostet sie dann, wenn sie nur noch halb gefüllt ist?

11. Ein Marktplatz der Größe 100 Meter mal 144 Meter soll mit gleich großen quadratischen Platten ausgelegt werden. Nennen Sie die größtmögliche Abmessung der Platten, sodass keine Platte zurechtgeschnitten werden muss.

12. Ein Paar erhält zur Hochzeit von seinen Eltern einen Geldbetrag in Höhe von 8.500 € für ein neues Auto geschenkt. Das eine Elternpaar gibt 1/3, das andere 3/8 des Autopreises. Was kostet das neue Auto?

13. Wenn ein Bürovorsteher dreimal so alt ist wie die jüngste Auszubildende und doppelt so alt ist wie die dienstälteste Sekretärin und alle drei Personen auf ein Gesamtlebensalter von 88 Jahren zurückblicken können, wie alt ist dann jeder Einzelne?

14. Die Radrennfahrer Peter und Victor fahren 10 Kilometer um die Wette. Peter kommt mit 100 Metern Vorsprung vor Victor ins Ziel. Bei der Revanche startet Peter 100 Meter hinter Victor, sodass er nun 10.100 Meter zu fahren hat. Wer gewinnt nun, wenn man davon ausgeht, dass beide genauso schnell fahren wie vorher?

Lösungen auf Seite 261–265.

PERSÖNLICHKEIT

Ihr möglicher neuer Ausbildungsplatzanbieter bzw. Arbeitgeber will Sie kennenlernen. Verständlich! Dies gilt sicherlich auch in umgekehrter Richtung. Nur die Methoden, die Mittel, die dem Arbeitgeber und Ihnen als Bewerber zur Verfügung stehen, sind recht ungleich verteilt. Dabei erfreuen sich die sogenannten Persönlichkeitstestverfahren auf Arbeitgeberseite immer größerer Beliebtheit und werden als Selektionsinstrument bewusst und zielgerichtet eingesetzt.

Bereits die Art, wie Sie die Tür öffnen, um in das Sekretariat, ins Vorzimmer zu kommen, kann schon Bestandteil des Testverfahrens sein. Wie Sie Platz nehmen, ob Sie rauchen, ob Sie Kaffee trinken, wie Sie sprechen, wie Sie sitzen, alles fließt in das Persönlichkeitstestverfahren ein. Es soll Firmen geben, die ganz gezielt eine Anzahl von Bewerbern in einem Warteraum bis zu einer Stunde und länger warten lassen, um diese über Videokameras oder auch durch als Bewerber getarnte Mitarbeiter zu beobachten.

Persönlichkeitstestverfahren fangen also bereits in einem ganz frühen Stadium und scheinbar harm- und bedeutungslos an. Dass sie dies nicht sind und dass es wichtig ist, sich mit ihnen eingehend auseinanderzusetzen, werden wir Ihnen im Folgenden beweisen.

Während die Interpretation Ihres Händedrucks, die Einschätzung Ihres Auftretens, der Versuch der Analyse Ihrer Körperhaltung etc. viel mit Intuition und subjektiven Sympathie- oder Antipathieempfindungen zu tun haben, sind einige der hier gleich vorgestellten Tests aus dem klinischen Bereich. Sie finden beispielweise Anwendung im Krankenhaus und lassen sehr wohl eine Aussage über die Getesteten, in der Regel Patienten, zu. Werden sie jedoch von Personalchefs bei der Bewerberauswahl eingesetzt, so ist dies juristisch unzulässig. Nur: Wo kein Kläger, ist bekanntlich auch kein Beklagter. Deshalb gilt es das psychische Verletzungsrisiko zu erkennen und sich frühzeitig das Rüstzeug zum Entschärfen dieser Tests anzueignen. Denn wer weiß, was der Hintergrund der Psychofragen ist und wie diese einzuschätzen sind, ist ihnen nicht mehr ganz so hilflos ausgeliefert. Eine bis ins letzte Detail ausgeklügelte Ankreuzempfehlung kann es dabei hier leider nicht geben. Die Persönlichkeitsmerkmale, die ein Arbeitgeber beispielsweise von einer Zoo-Fachverkäuferin erwartet, sind naturgemäß andere als die eines Verkäufers, der Ingenieur für Atomkraftanlagen ist und diese verkaufen soll. Die besondere Zwangslage, in der sich jedoch ein Bewerber um einen Arbeitsplatz befindet, lässt eine Testverweigerung nicht wirklich zu. Deshalb ist es gut, zu wissen: Zu den Rechten des Bewerbers gehört, dass er auf unzulässige Fragen eine unzutreffende Antwort geben darf. Das Bundesarbeitsgericht hat in Anerkennung der Notwehrsituation dem Bewerber ein Recht auf Lüge zuerkannt. Wenn also der Bewerber zur Wahrung seiner Chancen unzulässige Fragen falsch beantwortet, darf er deswegen nicht zur Rechenschaft gezogen werden.

Berufsbezogene Persönlichkeitsmerkmale

Während noch vor etwa zwei Jahrzehnten fachliche Qualifikationen besonders in Großunternehmen das Erfolgskriterium für Aufstieg und Karriere waren, spielen heute soziale Skills eine immer größere Rolle. Ein Arbeitnehmer muss heutzutage zwar nicht seine Persönlichkeit verkaufen, aber er muss sie nutzen, einsetzen und weiterentwickeln, so der neuere Tenor aus der Wirtschaftspsychologie-Forschung. Und genau dafür gibt es den folgenden Test. Dabei erhebt dieser nicht den Anspruch einer »Durchleuchtung« der Testperson, sondern bietet sich als selbstbildkompatible Beschreibung an, die Grundlage für ein weiter und tiefer gehendes Gespräch sein kann. Vier große Untersuchungsthemen sollen die persönliche Eignungsvoraussetzung beleuchten.

1. Die berufliche Orientierung (Macht- und Leistungsanspruch)
(oder: Welche beruflichen Ziele haben Sie? In welcher »Liga«, auf welcher Hierarchieebene wollen Sie spielen?) unterteilt nach:
- Führungsmotivation
- Gestaltungsmotivation
- Leistungsmotivation
- Durchsetzungsfähigkeit

2. Das Arbeitsverhalten (Arbeitsweise)
(oder: Wie ist Ihr Arbeitsstil? Wie gehen Sie an Aufgaben heran?) unterteilt nach:
- Handlungsorientierung
- Flexibilität
- Gewissenhaftigkeit
- Einfallsreichtum

3. Die sozialen Komponenten (Sozialverhalten)
(oder: Wie gehen Sie mit anderen um? Wie kommen Sie mit andern klar?) unterteilt nach:
- Teamorientierung
- Kontaktfähigkeit
- Verträglichkeit
- Einfühlungsvermögen

4. Die psychische Konstitution (Seelenzustand)
(oder: Wie normal, wie stabil, wie gesund sind Sie?) unterteilt nach:
- Selbstbewusstsein
- emotionale Stabilität
- Belastbarkeit
- Sympathiemobilisierungspotenzial

1. Einschätzungsfragen zu Ihrer beruflichen (Ziel-)Orientierung

Führungsmotivation (FM)

Wären Sie gerne der Chef? Welchen Anspruch auf die Führung einer Gruppe, eines Teams von Mitarbeitern haben Sie? Würden Sie gerne »anderen sagen, wo es langgeht«? Hier soll die Bereitschaft zur Übernahme einer Leitungsfunktion mit Personalverantwortung abgefragt werden. Sind Sie bereit, in den »Handlungsspielraum« anderer aktiv einzugreifen? Haben Sie Lust auf Macht über andere, oder möchten Sie damit besser nichts am Hut haben? Ein niedriger Wert bedeutet wenig Interesse, andere anzuleiten, führen zu wollen, Anordnungen, »Befehle« zu erteilen. Ein hoher Wert wird als Bereitschaft interpretiert, Führungsaufgaben zu übernehmen, für andere liebend gerne den Leithammel, den Chef zu spielen. Extrem hohe (Punkt-)Werte sind aber ebenso ein Problem wie auffällig niedrige. Einerseits könnte der Eindruck entstehen, Sie akzeptierten nur etwas, wenn es »nach Ihrer Nase« geht, wenn Sie über andere bestimmen können. Ein extrem niedriger Wert deutet andererseits darauf hin, dass Sie weniger Wert auf soziale Einflussnahme als auf fachlich anspruchsvolle Aufgaben legen. Es geht um die Einschätzung folgender Aussagen:

- *Kollegen zu sagen, was getan werden muss, kann ich mir für mich gut vorstellen.* (Zustimmung = Machtanspruch)
- *Es gefällt mir, wenn ich andere beeinflussen kann.* (Machtanspruch)
- *In einer Führungsposition zu sein reizt mich nicht besonders.* (Ablehnung = Machtanspruch)
- *Andere zu kritisieren fällt mir nicht schwer.* (Machtanspruch)

Gestaltungsmotivation (GM)

Wie stark ist Ihr Wunsch nach aktiver Einflussnahme und Gestaltung? Spüren Sie den starken inneren Antrieb, sich Ihre berufliche Umgebung selbst zu gestalten? Damit ist weniger das Tapetenmuster gemeint als die beruflichen und sozialen Rahmenbedingungen. Ein hoher Punktwert würde hier beispielsweise signalisieren, dass Sie sich gerne aktiv und engagiert an der Veränderung Ihrer Umgebung beteiligen. Ein niedriger bedeutet, dass Sie eher auf die Kontinuität und Bewahrung des Bestehenden setzen, sich lieber einordnen, als alles grundsätzlich infrage zu stellen. Die eigenen Vorstellungen durchzusetzen, erkannt geglaubte Missstände zu beseitigen, etwas Neues zu gestalten sind Präferenzen, die mit einem hohen Punktwert einhergehen und ebenso gut mit hohen Werten aus den Bereichen Führungs- und Leistungsmotivation zusammenpassen. Es geht um die Einschätzung folgender Aussagen:

- *Ich mag es, Dinge oder Prozesse so zu beeinflussen, wie ich es als richtig empfinde.*

- *Ich habe schon eine ganze Menge bewegt in meinem Leben.*
- *Bisweilen muss ich schon mal in meinem Tatendrang gebremst werden.*
- *Ich bin sicher für einige so etwas wie ein unbequemer Querdenker.*

Leistungsmotivation (LM)

Wie hoch ist Ihre Leistungsmotivation? Wer hier auf einen hohen Punktwert kommt, signalisiert, dass er sich selbst stets etwas auferlegt, sich immer wieder etwas abfordern muss, sich permanent Höchstleistungen abringt. Mit anderen Worten: »Immer höher, schneller, weiter« scheint das rastlose Motto, wenn Sie den entsprechenden Aussagen deutlich zustimmen, im Extremfall jedoch häufige Unzufriedenheit und Ruhelosigkeit. Vielleicht fehlt es Ihnen aber auch am nötigen Drive oder Schwung, und Sie sind schnell mit dem Vorhandenen, einmal Erreichten zufriedenzustellen und machen daher bei diesen Aussagen nicht allzu viele Punkte. Im Extrem, bei sehr wenigen Punkten, laufen Sie Gefahr, für antriebsschwach bis faul gehalten zu werden. Es geht um die Einschätzung folgender Aussagen:

- *Für mich kommt an erster Stelle meine Arbeit.*
- *Ich bin nicht besonders ehrgeizig.* (Ablehnung = Leistungsmotivation)
- *Wegen der vielen Arbeit vernachlässige ich schon mal mein Privatleben.*
- *Es reizt mich, besonders schwierige Probleme zu lösen.*

Durchsetzungsfähigkeit (DU)

Knicken Sie sehr schnell ein, oder sind Sie eher etwas zu halsstarrig? Kämpfen Sie schon mal für die Durchsetzung Ihrer Auffassung? Oder sind Sie eher schnell kompromissbereit und anpassungswillig? Über dominantes Verhalten oder Nachgiebigkeit bis hin zur Unterwürfigkeit sollen Sie hier Auskunft geben. Mit anderen Worten: Muss einfach alles nach Ihrem Willen geschehen, oder lassen Sie sich eher leicht den Wind aus den Segeln nehmen und die Butter vom Brot? Gar nicht so einfach zu beantworten, denn es kommt ja immer darauf an ... Ein höherer Punktwert bedeutet: Sie wissen sich durchzusetzen, können sich Gehör verschaffen und geben nicht so schnell klein bei. Sie haben und zeigen Rückgrat. Bei einem sehr hohen Punktwert erlebt man Sie aber auch als autoritär und kompromisslos. Sehr niedrige Werte zeigen an: Sie geben eventuell zu schnell auf, wenn Sie Ihre Ideen durchsetzen sollten. Sie sind leicht zu beeinflussen und von Ihrem Anliegen abzubringen. Es geht um die Einschätzung folgender Aussagen:

- *Ich weiß, wie ich mich durchsetzen kann.*
- *Es fällt mir auf der Arbeit leicht, andere Kollegen für meine Ideen einzunehmen.*
- *Anderen gegenüber bin ich meist etwas zu nachgiebig.*
  (Ablehnung = Durchsetzungsfähigkeit)
- *Bei einem Streit haben es andere mit mir schwer.*

2. Einschätzungsfragen zu Ihrem Arbeitsverhalten

Handlungsorientierung (HO)

Überlegen Sie zu viel und handeln Sie zu wenig oder umgekehrt? Zögern und zaudern Sie, bevor Sie endlich – aber noch immer sehr bedachtsam – mit der Bearbeitung eines Problems, einer Aufgabe beginnen? Oder gehen Sie mutig entschlossen, rasch, ziel- und ergebnisorientiert vor? Wissen Sie, worauf es bei einem Job vor allem ankommt, und wählen Sie die Prioritäten richtig? Oder verzetteln Sie sich leicht, verlieren schnell den Überblick und damit auch das Ziel aus den Augen? Bei niedrigen Werten werden Sie kaum zu Schnellschüssen neigen. Arbeiten, die ein beherztes, entschlossenes Handeln verlangen, sind Ihnen eher ein Graus. Hohe Punktzahlen signalisieren, dass Sie ein souveräner Macher sind, vielleicht ein handfester Praktiker, ein Mensch, der auch wirklich etwas tut und sich nicht nur in Ankündigungen ergeht. Zu hohe Werte verweisen auf die Gefahr, dass Sie etwas auch unter allen Umständen durchboxen ... Es geht um die Einschätzung folgender Aussagen:

- *Während andere noch nachdenken und reden, handle ich bereits.*
- *Oftmals komme ich mir bei der Bearbeitung eines Problems wie vor einem Berg vor.* (Ablehnung = Handlungsorientierung)
- *Wenn ich mir etwas tagsüber vornehme, habe ich es am Abend meistens auch erledigt.*
- *Habe ich ein klares Ziel vor Augen, verzettle ich mich auch nicht.*

Flexibilität (FL)

Wie schwer tun Sie sich mit notwendig werdender Anpassung? Wie leicht können Sie sich neuen Gegebenheiten anpassen? Wie umständlich stellen Sie sich an, wenn unvorhergesehene Ereignisse Ihnen völlig andere Rahmen- und Arbeitsbedingungen aufgeben und ein ganz neues Verhalten erforderlich ist? Brauchen Sie ein sehr stabiles, klar geordnetes Umfeld, um sich bei der Arbeit wohlzufühlen? Oder ist genau das eher langweilig und Sie bevorzugen die Überraschung, das ständig Neue oder wenigstens den gelegentlichen Wechsel? Ein hoher Punktwert signalisiert Ihre Vorliebe für immer neue Herausforderungen, den beständigen Wandel. Ein zu hoher Wert würde aber auch bedeuten: Sie ertragen kaum die Kontinuität, die tägliche Routine ist Ihnen verhasst, Sie sind unbedingt auf permanente Abwechslung aus, langweilen sich ansonsten zu Tode. Ein niedriger Wert bedeutet etwa: Sie sind berechenbar und stabil, bevorzugen dementsprechend ein klar geordnetes Arbeitsumfeld mit Aufgaben, die, auch wenn sie zur Routine werden, Sie nicht so schnell langweilen. Es geht um die Einschätzung folgender Aussagen:

- *Ich kann mich veränderten Gegebenheiten schnell und gut anpassen.*
- *Mir sind Aufgaben lieber, bei denen ich weiß, was auf mich zukommen kann.* (Ablehnung = Flexibilität)
- *Aufgaben, die ein sofortiges Handeln bedingen, sind für mich eine positive Herausforderung.*
- *Wenn alles seinen gewohnten Gang geht, langweile ich mich schon mal.*

Gewissenhaftigkeit (GE)

Sehen Sie sich eher als fixen Überflieger oder beinahe schon als Erbsenzähler? Arbeiten Sie lieber schnell und dafür zwangsläufig etwas oberflächlicher? Oder haben Sie die sprichwörtliche Liebe zum Detail und sind sehr präzise, dadurch bedingt aber auch ein bisschen langsamer? Sehr pointiert: Überflieger oder Erbsenzähler, besser: Pragmatiker oder Perfektionist? Das sind in etwa die Pole, um die es hier geht. Natürlich spielen auf der einen Seite die Aspekte von Sorgfalt, Genauigkeit und Zuverlässigkeit wie z. B. Termintreue eine wichtige Rolle, auf der anderen Seite Spontaneität, der »Mut zur Lücke«, das Vorantreiben und der Abschluss eines Vorhabens. Niedrige Punktwerte sprechen eher für den weniger geduldigen, weniger am Detail orientierten, hohe Werte eher für einen besonders gründlichen, sehr verantwortungsbewussten Menschen. Zu hohe Werte könnten als Indiz für einen zwanghaften, zu niedrige für einen etwas sehr sorglosen, leichtfertigen Vertreter (»Bruder Leichtfuß«) gewertet werden. Es geht um die Einschätzung folgender Aussagen:

- *Ich bin für sehr hohe Sorgfalt und Präzision bei der Erledigung meiner Arbeitsaufgaben bekannt.*
- *Für mich gilt: erst die Arbeit, dann das Vergnügen.*
- *Arbeiten, die ein hohes Maß an Sorgfalt und Ausdauer benötigen, liegen mir.*
- *Ich bin ziemlich perfektionistisch veranlagt.*

Einfallsreichtum (EF)

Finden Sie auf die Schnelle immer eine Lösung? Haben Sie den rettenden Einfall quasi in letzter Minute und wissen, was zu tun ist? Gelingt Ihnen der richtige Dreh – wenn es darauf ankommt, wenn es schnell gehen muss, wenn dringend eine gute, neue, aber vor allem hilfreiche Idee und Problemlösung gebraucht wird? Oder sind Sie in solchen Situationen eher blockiert, kommen nicht auf das eventuell Naheliegende, das Hilfreiche, die Lösung des Problems, können nicht schnell und kreativ neue Handlungsvorschläge entwickeln und anderen unterbreiten oder für sich selber nützen? Wie schnell können Sie sich ziel- und ergebnisorientiert etwas ausdenken? Ja, Fantasie ist hilfreich, aber es geht nicht ums Träumen ... Wir unterscheiden uns in solchen Momenten; während die einen unter Druck eher langsam und ganz steif werden, drehen die anderen plötzlich richtig auf und sprühen nur so ... Das kann toll sein, aber zu viel davon ist auch nicht gut. Da läuft man fast schon Gefahr, ins Manische zu gleiten, überbordend zu werden, vor lauter Ideen nicht zum Handeln zu kommen.

- *Die besten Einfälle kommen mir häufig dann, wenn die andernen aufgegeben haben oder schon schlafen gegangen sind.*
- *Wenn den anderen die Ideen oder Vorschläge ausgehen, habe ich immer noch etwas auf Lager.*
- *Egal, was das Problem ist, mir fällt schon etwas Brauchbares dazu ein.*
- *Bei einem Problem fällt mir auf Knopfdruck meist nichts Gescheites ein.* (Ablehnung = Einfallsreichtum)

3. Einschätzungsfragen zu Ihrer sozialen Kompetenz

Teamorientierung (TO)

Was bedeutet Ihnen Autonomie, was Kooperation? Sehen Sie sich eher als starker Einzelkämpfer, oder sind Sie erfolgreicher, wenn Sie in einem Team arbeiten? Brauchen Sie andere, um etwas zu erreichen, oder kommen Sie am besten allein zum Ziel? Wie weit ist Ihre Kompromiss- und Kooperationsfähigkeit ausgebildet? Wie sehr sind Sie bereit, auf andere Rücksicht zu nehmen, sich ein- und gelegentlich unterzuordnen? Wie wichtig sind Ihnen andere bei der Lösung von Problemen? Treffen Sie Entscheidungen lieber allein, oder stimmen Sie sich zu Ihrer eigenen Sicherheit lieber mit anderen ab (und gehen so ein kleineres Risiko ein, denn: auch andere haben über die Entscheidung mit nachgedacht ...)? Ein niedriger Wert spricht eher für eine ausgeprägte Selbstständigkeit und Unabhängigkeit, ein hoher für die Fähigkeit zu teilen, Kooperationsbereitschaft und den Wunsch, im Team gemeinsam etwas zu bewirken. Es geht um die Einschätzung folgender Aussagen:

- *Davon bin ich überzeugt: Gemeinsam geht es meist besser, erreicht man häufig mehr.*
- *Am besten arbeite ich allein.* (Ablehnung = Teamorientierung)
- *Ich mag es nicht, ständig alles mit andern diskutieren zu müssen.* (dto.)
- *Am liebsten arbeite ich mit anderen gemeinsam an einer Aufgabe.*

Kontaktfähigkeit (KO)

Wie leicht fällt es Ihnen, auf andere zuzugehen? Fühlen Sie so etwas wie Unsicherheit und Befangenheit in (beruflichen) Situationen, in denen Sie auf neue, Ihnen unbekannte Personen stoßen? Oder bereitet es Ihnen eher Spaß, neue Leute in und aus Ihrem Arbeitsumfeld kennenzulernen? Haben Sie ein großes Netz aus wichtigen und hilfreichen Kontakten? Oder reicht Ihnen eher ein ganz kleiner Kreis von ausgewählten Unterstützern? Neigen Sie zu einem umfangreichen Erfahrungsaustausch, oder tun Sie sich eher schwer mit dem aktiven Aufbau von persönlichen Beziehungen? Sicherlich alles auch eine Frage Ihres Temperamentes, ob Sie offen sind für Small Talk oder doch eher etwas zurückhaltend mit Personen, die Sie noch nicht lange genug kennen. Ein hoher Wert spricht für eine deutliche Außenorientierung, Offenheit im Umgang mit anderen, eine spielerische Leichtigkeit in der Kontaktaufnahme und -pflege, ein niedriger Wert für das Gegenteil. Vereinfacht ausgedrückt: Zu hohe Werte würden Sie nicht für den Job des Leuchtturmwärters empfehlen, zu niedrige sicherlich nicht als Mitarbeiter an einer Hotelrezeption. Es geht um die Einschätzung folgender Aussagen:

- *Schnell mit anderen ins Gespräch zu kommen ist für mich kein Problem.*
- *Es fällt mir schwer, mich mit fremden Personen über etwas zu unterhalten.* (Ablehnung = Kontaktfähigkeit)
- *Wegen meiner guten Kontaktfähigkeit werde ich von anderen beneidet.*
- *Es fällt mir leicht, auf andere Menschen zuzugehen.*

Verträglichkeit (VE)

Wie freundlich wirken Sie auf andere? Sind Sie aufgrund Ihrer liebenswürdigen Art überall beliebt und gern gesehen? Oder schätzt man Sie bestenfalls für Ihre ehrliche, unverblümte Art, anderen offen Ihre Meinung zu sagen? Kommt es Ihnen vor allem auf Harmonie und gutes Einvernehmen mit anderen an? Oder scheuen Sie sich vor keiner Auseinandersetzung und sagen auch jedem ziemlich unverblümt, direkt und schonungslos, was Sie von ihm denken? Mit einem hohen Punktwert erscheinen Sie als jemand, der stets freundlich und sympathisch wirkt (bzw. wirken möchte), mit einem etwas zu hohen Wert aber auch als jemand, dem es schwer fällt, unangenehme Dinge beim Namen zu nennen, und der eher einen faulen Kompromiss eingeht, als ein klares Nein oder Stopp zu riskieren. Ein niedriger Wert spricht eher für das Gegenteil. Es gibt nicht wenige berufliche Situationen, die eine etwas geringere Sozialibilität von Vorteil erscheinen lassen. Es geht um die Einschätzung folgender Aussagen:

- *Die meisten Menschen, die ich kenne, mag ich eigentlich auch gut leiden.*
- *Wer sich mit mir anlegt, wird es schnell bereuen.* (Ablehnung = Verträglichkeit)
- *Wenn ich jemanden nicht mag, mache ich auch keinen Hehl daraus.* (dto.)
- *Ich komme nicht mit jedem gleich gut aus.*

Einfühlungsvermögen (EI)

Überschätzen Sie (nicht) Ihr Einfühlungsvermögen? Fällt es Ihnen leicht, zu erspüren, was andere denken und – noch wichtiger – was andere fühlen? Sind Sie dabei eher unbeholfen und bisweilen sogar hilflos? Verfügen Sie über ein Gespür für Stimmungen und können Sie leicht mitschwingen? Oder sind Sie weniger darauf ausgerichtet, die Befindlichkeit Ihres Gegenübers wahrzunehmen, und kommen auch so prima mit allem klar? Mit einem sehr niedrigen Punktwert erleben Sie Situationen häufig als völlig unproblematisch, die es gar nicht sind, und staunen dann nicht schlecht, wenn plötzlich die Stimmungslage umschlägt, vielleicht sogar explodiert, und man Ihnen Vorwürfe des Nichtverstehens macht. Ein hoher Wert dagegen könnte bedeuten, dass Sie mit den unterschiedlichsten und auch schwierigen Menschen selbst in heiklen Situationen sehr gut klarkommen. Aber Vorsicht: In keinem anderen Beurteilungsbereich sind die Abweichungen zwischen Selbsteinschätzung und Fremdwahrnehmung so groß wie in diesem. Es geht um die Einschätzung folgender Aussagen:

- *Ich kann mich gut in andere Menschen hineinversetzen.*
- *In heiklen Situationen treffe ich fast immer den richtigen Ton.*
- *Wenn sich jemand in meiner Gegenwart nicht wohlfühlt, bemerke ich das ziemlich schnell.*
- *Ich bin mir oft nicht sicher, was andere von mir erwarten.* (Ablehnung = Einfühlung)

4. Einschätzungsfragen zu Ihrer seelischen Verfassung

Selbstbewusstsein (SB)

Sind Sie wirklich so, wie Sie sich geben? Und finden Sie das auch gut so? Machen Sie sich häufig Gedanken darüber, wie und was andere über Sie denken, wie man Sie einschätzt und was man von Ihnen hält? Sind Sie öfters in Sorge, weil Sie befürchten, andere würden Sie ablehnen, Sie nicht besonders mögen? Sie selbst wüssten auch nicht, warum man Sie gut leiden sollte, sind kein bisschen stolz auf sich und das, was Sie tun? Verbale Schlagfertigkeit ist nicht Ihre Stärke – und wenn es zu einer Meinungsverschiedenheit kommt, legen Sie so gut wie keinen Wert darauf, sich zu behaupten, geben eher um des lieben Friedens willen schnell nach? Vor versammelter Mannschaft etwas zu sagen, erklären oder vorzustellen, ist Ihnen verhasst? Sie mögen es nicht, wenn alle Augen auf Sie gerichtet sind? Sie würden bei der Bejahung dieser Fragen einen nur geringen Punktwert erzielen und damit ein deutlich unterentwickeltes Selbstbewusstsein vermitteln. Andernfalls gilt für Sie eher: Sie glauben, alles gut im Griff zu haben, sind spontan und schlagfertig, wenn es notwendig ist und kennen keine Hemmungen, sich mit Ihrer Meinung ordentlich Gehör zu verschaffen. Sie sind stolz auf Ihre Erfolge und können diese auch gut anderen vermitteln. Ein hohe Punktzahl dokumentiert dies, doch bei einem Extremwert folgert man, Sie seien eingebildet oder gar arrogant. Dahinter stecken aber eigentlich wieder nur Ängste … Es geht um die (Selbst-)Einschätzung folgender Aussagen:

- *Ich gebe mich meistens so, wie ich auch wirklich bin.*
- *Ich stehe eigentlich sehr ungern im Mittelpunkt.* (Ablehnung = Selbstbewusstsein)
- *Wenn andere mich nicht mögen, macht mich das ziemlich unsicher.* (dto.)
- *Es ist mir ziemlich egal, was die Leute hinter meinem Rücken reden.*

Emotionale Stabilität (ES)

Wie schnell wirft Sie etwas aus der Bahn? Ein niedriger Wert würde hier für häufige Stimmungsschwankungen, insbesondere Einbrüche in deutlich negativ gefärbte Stimmungslagen stehen. Mit Herausforderungen tun Sie sich schwer, Sie fühlen sich schnell überfordert oder gestresst. Wenn Dinge nicht so laufen wie geplant, verkraften Sie Misserfolge und Niederlagen nur sehr langsam. Sie sind leicht irritierbar (bei sehr niedrigem Punktwert: sehr leicht). Aber auch bei kleineren Anlässen reagieren Sie häufig nervös, stellen sich selbst sowie »alles und jedes« infrage und neigen zu Grübeleien, die Sie dann beinahe lähmen können. Ein höherer Punktwert lässt Sie als stabile Persönlichkeit dastehen, die gut mit Rückschlägen und Niederlagen klarkommt, persönliche Probleme kaum kennt und sich stets durch ein hohes Maß an Gelassenheit auszeichnet. Sie sehen optimistisch und positiv gestimmt in die Zukunft und kommen auch mit großen Herausforderungen gut klar. Es geht um die Einschätzung folgender Aussagen:

- *Ich habe ziemlich gute Nerven.*
- *Ich grüble relativ häufig über persönliche Probleme.* (Ablehnung = Stabilität)
- *Ich kann zu Recht behaupten, dass ich ein ziemlich dickes Fell habe.*
- *Wenn mich Probleme richtig belasten, bin ich für andere ziemlich ungenießbar.* (Ablehnung = Stabilität)

Belastbarkeit (BL)

Wie viel Stress, wie viel Arbeitsdruck können Sie vertragen? Kennen Sie die Grenzen Ihrer Leistungsfähigkeit? Reagieren Sie schnell mit Kopf-, Bauch- (Magen-) oder Rückenschmerzen – oder entwickeln Sie andere klassische (sogenannte psychosomatische) Symptome, wenn die Arbeitsbelastung, der Leistungsdruck zunimmt? Fühlen Sie sich schnell überfordert, erschöpft und ausgelaugt (ein niedriger Punktwert), oder beschreiben Sie sich als bemerkenswert gesund und leistungsstark (ein hoher Punktwert)? Verfügen Sie über enorme Energiereserven, aus denen Sie auch bei lang andauernden, starken Arbeitsanforderungen Ihre Kraft schöpfen? Oder geht Ihnen relativ schnell die Puste aus? Mit Ihrer Selbsteinschätzung bzw. -beschreibung geben Sie zu diesem Thema, das wohl auch sehr dicht bei der emotionalen Stabilität liegt, Auskunft. Es geht um die Einschätzung folgender Aussagen:

- *Mich haut so schnell nichts um.*
- *Auch wenn alles gleichzeitig auf mich einströmt, bleibe ich relativ ruhig.*
- *Auf längere Sicht würde mir eine hohe Arbeitsbelastung ziemlich zu schaffen machen.* (Ablehnung = Belastbarkeit)
- *Ich bleibe auch gelassen, wenn ich sehr hart arbeiten muss.*

Sympathiemobilisierungspotenzial (SM)
Wissen Sie, wie man positive Aufmerksamkeit gewinnt? Oder wie man andere dazu bekommt, dass sie das tun, was man sich von ihnen wünscht, und dann auch noch, ohne groß bitten oder gar betteln zu müssen? Verfügen Sie über Charme und können Sie Menschen und deren Vertrauen leicht für sich gewinnen? Wer weiß, wie er positiv auf Menschen (ein)wirkt, wie er/sie andere Personen für sich einnehmen kann, ist klar im Vorteil. Im Privaten wie im Beruflichen. Menschen anleiten, motivieren oder gar einschwören zu können ist nicht einfach und den meisten nicht gegeben; einigen jedoch schon. Gehören Sie dazu? Dabei bildet aber genau diese Fähigkeit die Grundlage für alle Führungsaufgaben und jede größere Form der Verantwortungsübernahme. Wie stellt man es an, von vielen gemocht zu werden, ohne dabei sich selbst zu verleugnen, ohne sich selbst und seine eigenen Wertvorstellungen und Wünsche aufgeben zu müssen? Wer möchte nicht sympathisch wirken und von anderen wohlgelitten sein? Und dann noch das erreichen, was er/sie sich vorgenommen hat. Manche machen es zu ihrem Beruf und werden Schauspieler und später sogar noch Politiker. Gut, wenn man *zaubern* kann, wenn man weiß, wie man mit anderen umgehen muss, um das von ihnen zu bekommen, was man will. Sicher, lächeln können gehört ebenso dazu wie diplomatisches Geschick, Komplimente machen, Zuhören und sich einfühlen können. Gut im Small Talk sein und das richtige Maß an Humor ist bestimmt auch von Nutzen. Allerdings kann zu starke Konzentration auf die Sympathiebekundungen der anderen schnell peinlich werden, in Schleimerei abgleiten.

- *Menschen fassen schnell Vertrauen zu mir.*
- *Ich habe einen gut entwickelten Humor, der mich allseits beliebt macht*
- *Streit gehe ich nur selten aus dem Weg.* (Ablehnung = Sympathiemobilisierung)
- *Ich mag die meisten Menschen und die meisten mögen auch mich.*

Test zu den vier Untersuchungsthemen

Testen Sie nun, ob Sie das System der kommenden Fragen verstehen. Tragen Sie den Wert ein, der Ihnen am ehesten entspricht. Von null (totale Ablehnung, falsch, überhaupt gar nicht), bin zu fünf (völlige Zustimmung, richtig, sehr, sehr viel). Vereinfacht ausgedrückt zwischen Ablehnung (Minus-) und Zustimmung (Plus-Zeichen), sich überhaupt nicht wiedererkennen – bzw. das Gegenteil davon, nichts empfinden – bis total mitschwingen können. Addieren Sie dann Ihre Punktwerte für jedes Thema.

1. Thema

		(–) Ablehnung		▶		Zustimmung (+)	
BL:	Starke Belastungen verkrafte ich besser als andere.	0	1	2	3	4	5
ES:	Ich erlebe mich eigentlich fast nie mutlos.	0	1	2	3	4	5
SB:	Wenn es Probleme mit Kollegen gibt, kann ich das relativ gut aushalten.	0	1	2	3	4	5
SM:	Ich glaube, Humor ist nicht eine meiner Stärken.	0	1	2	3	4	5
BL:	Auch mal ohne Pause durchzuarbeiten macht mir weniger aus als anderen.	0	1	2	3	4	5
ES:	Wenn mir etwas mal nicht so richtig gelingt, macht mir das noch lange zu schaffen.	5	4	3	2	1	0
SB:	Ich bin ziemlich selbstbewusst.	0	1	2	3	4	5
SM:	Meistens bin ich eher ein fröhlicher und optimistischer Mensch.	0	1	2	3	4	5
BL:	Wenn ich unter Druck gerate, reagiere ich schnell gereizt.	5	4	3	2	1	0
ES:	Ängste kenne ich bei mir eigentlich nicht.	0	1	2	3	4	5
SB:	Wenn ich vor einer größeren Gruppe von Personen reden muss, bin ich sehr nervös.	5	4	3	2	1	0
SM:	Ich bin eher ein sehr ernster und etwas verschlossener Mensch.	5	4	3	2	1	0

2. Thema

		(–) Ablehnung		►			Zustimmung (+)
TO:	Kollegen sagen von mir, ich sei der geborene Einzelkämpfer.	5	4	3	2	1	0
KO:	Wenn ich mit Menschen zusammen bin, die ich nicht kenne, fühle ich mich angespannt.	5	4	3	2	1	0
VE:	Im Umgang mit anderen bin ich eher rücksichtsvoll.	0	1	2	3	4	5
EI:	Auf Veränderungen in der Gesprächsatmosphäre reagiere ich sensibel.	0	1	2	3	4	5
TO:	Ich arbeite lieber Hand in Hand mit anderen als alleine vor mich hin.	0	1	2	3	4	5
KO:	Ich bin ein ziemlich geselliger Mensch.	0	1	2	3	4	5
VE:	Kollegen halten mich häufig für ziemlich kühl und berechnend.	5	4	3	2	1	0
EI:	Auch zu schwierigen Personen finde ich häufig einen guten Draht.	0	1	2	3	4	5
TO:	In der Zusammenarbeit mit anderen kann ich meine Stärken noch besser entfalten.	0	1	2	3	4	5
KO:	Ich verfüge über ein großes Netzwerk von beruflichen Kontakten.	0	1	2	3	4	5
VE:	Wenn mein Verhalten nicht gut ankommt, versuche ich mich besser anzupassen.	0	1	2	3	4	5
EI:	Ich kann mich nicht so gut und schnell auf andere Menschen einstellen.	5	4	3	2	1	0

3. Thema

		(–) Ablehnung		►			Zustimmung (+)
HA:	Ich bin gut im Aufschieben von unangenehmen Dingen, die ich erledigen sollte.	5	4	3	2	1	0
FL:	Wenn ich einmal einen Plan gefasst habe, weiche ich nur sehr ungern davon ab.	5	4	3	2	1	0
GE:	Am liebsten plane ich alles im Voraus.	0	1	2	3	4	5

		(–) Ablehnung		▶		Zustimmung (+)	
EF:	Oft fehlt mir ein bisschen Fantasie.	5	4	3	2	1	0
HA:	Vor lauter Aufgaben weiß ich manchmal gar nicht, wo ich anfangen soll.	5	4	3	2	1	0
FL:	Wenn Arbeiten sich anders entwickeln als erwartet, komme ich nur schlecht damit klar.	5	4	3	2	1	0
GE:	Ich bin alles andere, nur nicht perfektionistisch veranlagt.	5	4	3	2	1	0
EF:	Wenn es darauf ankommt, fällt mir immer etwas zur Problemlösung ein.	0	1	2	3	4	5
HA:	Wenn ich etwas entschieden habe, setze ich es meist auch sofort um.	0	1	2	3	4	5
FL:	Ich kann mich ziemlich schnell auf neue Anforderungen einstellen.	0	1	2	3	4	5
GE:	Meine Unterlagen sind meist nicht so ordentlich abgelegt, dass ich alles sofort finde.	5	4	3	2	1	0
EF:	Ich verfüge über eine gute Portion Vorstellungskraft und Fantasie.	0	1	2	3	4	5

4. Thema

		(–) Ablehnung		▶		Zustimmung (+)	
FM:	Ich übernehme gerne die Verantwortung für wichtige Entscheidungen.	0	1	2	3	4	5
GM:	Für meine Überzeugung kämpfe ich, auch wenn ich Nachteile dafür hinnehmen muss.	0	1	2	3	4	5
LM:	Ich wäre nicht unglücklich, wenn nicht alle meine Potenziale ausgeschöpft würden.	5	4	3	2	1	0
DU:	Ich lasse mir so schnell nichts gefallen.	0	1	2	3	4	5
FM:	Kollegen behaupten, ich strahle Autorität aus.	0	1	2	3	4	5
GM:	Läuft etwas schief, kümmere ich mich darum, auch wenn ich nicht direkt betroffen bin.	0	1	2	3	4	5
LM:	Ich bemühe mich immer, auch meine besten Stärken noch weiter auszubauen.	0	1	2	3	4	5

		(–) Ablehnung		▶		Zustimmung (+)
DU:	Kollegen von mir sagen, ich würde häufig versuchen, meinen Kopf durchzusetzen.	0	1	2	3	4	5
FM:	In einer Spezialistenrolle fühle ich mich wohler als in einer Führungsrolle.	5	4	3	2	1	0
GM:	Wenn etwas Neues initiiert werden muss, bin ich immer als Erster mit dabei.	0	1	2	3	4	5
LM:	Ich wünschte mir, mein Verdienst wäre direkt an meine Leistungen geknüpft.	0	1	2	3	4	5
DU:	Andere von etwas zu überzeugen fällt mir vergleichsweise schwer.	5	4	3	2	1	0

Testauswertung

Haben Sie die vier Hauptthemen richtig wiedererkannt? Die zwei Buchstaben (Abkürzung) vor der einzuschätzenden Aussage geben Ihnen noch einen weiteren Hinweis, worum es eigentlich dabei geht (natürlich gibt es die nur hier bei uns, in der Realität leider nicht!)

1. Thema – Überprüfungsobjekt: seelische Verfassung
Insgesamt: 70 Punkte; ab 45 = alles prima; um 35 = noch okay; unter 29 = gefährdet bis sehr problematisch (unter 19); über 61 = verdächtig, zu extrem über 65

2. Thema – Überprüfungsobjekt: soziale Kompetenz
Insgesamt: 70 Punkte; ab 45 = alles prima; um 35 = noch okay; unter 29 = gefährdet bis sehr problematisch (unter 19); über 61 = verdächtig, zu extrem über 65

3. Thema – Überprüfungsobjekt: Arbeitsverhalten
Insgesamt: 70 Punkte; ab 45 = alles prima; um 35 = noch okay; unter 29 = gefährdet bis sehr problematisch (unter 19); über 61 = verdächtig, zu extrem über 65

4. Thema – Überprüfungsobjekt: berufliche Zielorientierung
Insgesamt: 70 Punkte; ab 45 = alles prima; um 35 = noch okay; unter 29 = gefährdet bis sehr problematisch (unter 19); über 61 = verdächtig, zu extrem über 65

Assessment Center

In diesem Kapitel wollen wir uns mit dem Thema Assessment Center beschäftigen. Ein Auswahlverfahren per Assessment Center (Abkürzung: AC) war bis vor gar nicht langer Zeit Bewerbern um eine Führungsposition vorbehalten. Tagelang prüften Unternehmen Kandidaten auf Herz und Nieren. Man erhoffte sich, von den Ergebnissen Aussagen ableiten zu können, ob die Getesteten den Aufgaben der hoch dotierten Positionen gerecht werden könnten. Die Zeiten, in denen das AC, das als härtestes Personalauswahlverfahren gilt, nur dem auserwählten Kreis hoch bezahlter Manager vorbehalten war, sind jedoch seit geraumer Zeit vorbei. Wenn Sie sich als angehender Azubi schon beworben haben, wissen Sie vielleicht, worauf wir hinauswollen: Selbst im Bewerbungsverfahren um einen Ausbildungsplatz z. B. als Automobilverkäufer, Reiseverkehrskaufmann oder auch Bürokaufmann (diese Aufzählung ließe sich beliebig erweitern) kann dieses Verfahren oder können zumindest Teile davon auf Sie zukommen.

So manchem wird vielleicht ganz flau bei dem Gedanken an Aufgaben wie Intelligenz-, Konzentrations- und Logiktests, Postkorbübung, Gruppendiskussion, Einzelpräsentation, Rollenspiel und Stressinterview. Sicher, diese fragwürdigen Prüfungen haben es in sich und können einem den Angstschweiß auf die Stirn treiben. Trotz allem haben wir eine gute Nachricht für Sie: Es ist zwar richtig, dass Sie kaum noch an diesem Verfahren vorbeikommen, aber andererseits können Sie sich auf die kniffligen Tests und Übungen vorbereiten, ja, sie regelrecht trainieren. Dazu ist es wichtig, die Prinzipien der typischen AC-Aufgaben zu durchschauen. Wie Sie das schaffen, möchten wir Ihnen gerne veranschaulichen.

Vorhang auf – Die Vorstellung beginnt!

Bei Ihrer ersten »Selbst-Vorstellung« kommt es vor allem auf Sprachgestaltung – Form, Ausdruck, Klarheit und Sicherheit –, aber auch Ausstrahlung, Körpersprache und Überzeugungskraft an. Es gibt die Selbstpräsentation, bei der man überraschenderweise nicht sich selbst, sondern seinen Nachbarn dem Gremium von Mitstreitern und AC-Beobachtern vorzustellen hat. Dabei geht es immer darum, wie interessant *Sie* auftreten, sprechen etc., nicht das Inhaltliche zu Ihrem »Vorstellungsobjekt« steht im Mittelpunkt der Beobachtung!. Dieses AC-»Spiel« kann Ihnen ohne oder mit geringer Vorbereitungszeit von null bis zehn Minuten für einen drei- bis zehnminütigen »Vortrag« abverlangt werden.

Die Selbstpräsentation/Vorstellung

Zu Beginn eines AC wollen Assessoren (so nennt man die Beobachter, die Sie beurteilen) und auch Mitbewerber wissen, mit wem sie es zu tun haben. Also werden die Teilnehmerinnen und Teilnehmer aufgefordert, sich vorzustellen. Auch wenn es zwanglos wirken kann, handelt es sich doch um mehr als nur ein lockeres gegenseitiges Bekanntmachen. Dies ist bereits die erste Übung, bei der (sicher nicht nur) die Beobachter registrieren:

- Wie stellen sich die einzelnen Kandidaten dar?
- Worauf legen sie bei ihrer Präsentation Wert?
- Ist der Vortrag gut verständlich und nachvollziehbar?

In vielen ACs wird die Selbstpräsentation auch als AC-Übung offiziell angekündigt, zum Beispiel so: *»Bitte präsentieren Sie sich vor der Gruppe. Berichten Sie über die wichtigsten Stationen Ihres Lebens.«*

Häufig werden die AC-Veranstalter konkreter. Dann heißt es in der Arbeitsanweisung vielleicht: *»Bitte stellen Sie sich der Gruppe vor. Ihre Präsentation sollte auf jeden Fall enthalten:*

1. *Ihren größten beruflichen/schulischen Erfolg*
2. *Ihre Hobbys*
3. *welches berufliche Ziel Sie anstreben*
4. *Ihre Motivation, die angestrebte Ausbildung/Position zu bekommen.«*

Die Partnerpräsentation/-vorstellung

Stellen Sie sich auch darauf ein, nicht (nur) sich, sondern jemand anderen aus dem Kreis der Mitbewerber zu präsentieren. Eine Teilnehmerin erzählte uns:

»Mich selbst zu präsentieren war ich schon gewöhnt, und ich glaube, ich habe mich ganz gut dargestellt. Doch dann kam eine tückische Aufforderung. Wir sollten nach unserer eigenen Präsentation unseren Nachbarn zur Linken vorstellen, und das aufgrund der Infos, die er/sie zuvor von sich gegeben hatte. Die entsetzten Blicke (auch meiner) sprachen Bände, denn so ganz genau hatte keiner von uns bei den anderen zugehört. Zu sehr waren wir alle damit beschäftigt gewesen, unsere eigene Präsentation vorzubereiten, statt uns zu konzentrieren, was der/die Einzelne da von sich gegeben hatte. Letztendlich haben wir alle die Aufgabe mehr oder weniger gut hinter uns gebracht, der Schock allerdings war groß. Derart gewarnt, passten wir von nun an mehr auf.«

AC-Bewerber können auch aufgefordert werden, sich in Zweiergruppen gegenseitig zu interviewen, um dann die Ergebnisse vor dem Plenum zu präsentieren. Die Arbeitsanweisung für eine solche Übung lautet beispielsweise:

»Sie haben gemeinsam 10 Minuten Zeit, Ihren Partner zu interviewen. Versuchen Sie die Besonderheiten Ihres Gegenübers herauszufinden, wie sein/ihr beruflicher Werdegang verlief, warum er/sie sich für diese Ausbildung/diesen Beruf und

unser Unternehmen interessiert. Sie haben dann beide jeweils fünf Minuten Zeit für die Präsentation Ihres Partners.«

Vorstellungen / Präsentationen – das sollten Sie beachten

Verdeutlichen Sie sich nochmals die Anforderungsmerkmale: Wie gehen Sie mit anderen um, wie reagieren diese auf Sie? Im Mittelpunkt steht die Interaktion innerhalb der Gruppe. Wann sprechen Sie, wie reagieren die anderen darauf, welche Qualität hat Ihr Beitrag? Langweilen Sie oder bekommen Sie die ungeteilte Aufmerksamkeit der anderen Gruppenmitglieder? Können Sie einen Sachverhalt oder jetzt die Vorstellung einer Person gut auf den Punkt bringen, sodass bei Ihren Zuhörern das Gefühl von Informationszuwachs entsteht?

Wie Sie am besten rüberkommen

Im Start liegt Ihre große Chance, denn der Beginn Ihres Vortrages ist besonders wichtig. Stellen Sie daher am Anfang sicher, dass Ihnen die ungeteilte Aufmerksamkeit Ihrer Zuhörer gilt. Bleiben Sie für den ersten Moment schweigend stehen und geben sich und auch den Zuhörern die Chance, sich zu sammeln. Etwa zehn Sekunden werden Ihnen helfen, sich auf das zu konzentrieren, was Sie anzubieten haben. Ein effektvoller Beginn, schon im allerersten Moment!

Überlegen Sie sich für den Einstieg Ihres Vortrags ein »Lockmittel«, z. B. eine knallige Headline, eine spannende Einleitung, eine interessante Frage, eine witzige Anekdote, ein geistreiches Wortspiel. Machen Sie Ihre Zuhörer neugierig auf das, was Sie ihnen sagen werden. Das wiederum sollte klar gegliedert sein. Eine eindeutige Struktur – Einleitung, Hauptteil, Schluss – erleichtert es, Ihren Ausführungen zu folgen.

Geben Sie Ihren Zuhörern etwas zu denken, beteiligen Sie sie an Ihrem Thema, beziehen Sie sie mit ein (z. B. durch Fragen). Fassen Sie die wichtigsten Aspekte des Themas kurz und prägnant zusammen. Der Schluss sollte ähnlich gestrickt sein wie der Anfang und primär gut unterhalten.

Wichtig ist, dass es Ihnen gelingt, Ihre Zuhörer zu fesseln. Eine Prise Humor, ein Zitat, eine angemessene Provokation bringt Ihnen Pluspunkte. Wenn Sie langweilen, nuscheln oder mit der einen Hand verlegen vor dem Mund, mit der anderen nervös durchs Haar gehen, sammeln Sie unter Garantie Minuspunkte. Ihr Auftreten, Ihre Körpersprache ist dabei fast wichtiger als der Inhalt der Präsentation.

Zur überzeugenden Körpersprache zählt, dass Sie von Anfang an Blickkontakt halten und diesen möglichst »gerecht« auf alle Zuhörer verteilen, insbesondere die AC-Beobachter. Sprechen Sie eher langsamer und lauter als aufgeregt und hastig – oder zu leise. Setzen Sie gelegentlich Ihre Arme und Hände zur Unterstreichung dessen ein, was Sie vortragen. Beachten Sie, dass Sie insbesondere mit Ihren Händen nicht unkontrolliert Ihr Gesicht oder den Kopf berühren (beispielsweise den Finger an den Mund, ins Ohr, am Ohrläppchen ziehen, durch die Haare, an die

Nase fassen). Nutzen Sie, wann immer möglich, die Kunst der effektvoll inszenierten Pause, um die Aufmerksamkeit Ihrer Zuhörer zu steigern.

Schluss Ihres Kurzvortrags könnte dann ein »Vielen Dank für Ihre Aufmerksamkeit« oder ein simples »Ich danke Ihnen« darstellen, verbunden mit einer kurzen Verbeugung (eher Kopfnicken) und einem Abgang.

Exkurs: AIDA – die Formel für den Erfolg

In der Werbepsychologie gibt es eine Grundformel, die kurz und effektiv beschreibt, wie man Wirkung erzielt, Eindruck macht und Nachhaltigkeit erreicht. Nützen Sie diese Formel als Wegweiser, wenn Sie die Aufmerksamkeit anderer für sich gewinnen wollen.

Bei allen Präsentationsaufgaben und weiteren Herausforderungen (z. B. Vorträge, aber auch wichtige Briefe wie Bewerbungsanschreiben oder Anliegen an andere) hilft Ihnen die AIDA-Formel. Die Initialen »AIDA« stehen in diesem Zusammenhang für:

A = Attention (Aufmerksamkeit erzeugen)
I = Interest (Interesse wecken)
D = Desire (Wunsch auslösen)
A = Action (die Handlungsaktivität provozieren)

A Zuerst kommt es darauf an, dass Sie **A**ufmerksamkeit bei Ihren Zuhörern auf das, was auf sie zukommen wird, erzeugen – eine Art Paukenschlag oder Sirene, die jedem signalisiert: »Achtung, jetzt wird's wichtig.«

I Der nächste Schritt bedeutet: **I**nteresse bei den Empfängern der Botschaft zu wecken. Jeder muss merken: Hier geht es um etwas, das wichtig für mich ist. Dabei sollen sich alle möglichst persönlich angesprochen fühlen.

D Dieser Schritt soll beim Empfänger der Botschaft den Wunsch (**D**esire) auslösen: »Ja, das will ich, das ist das Richtige für mich, dem stimme ich zu.« Stellen Sie alle wichtigen Argumente, die Sie vorzubringen haben, in kurzer, kompakter Form dar. Der Zuhörer oder Leser soll den Wunsch verspüren, genau in dieser Angelegenheit, die Sie präsentieren, etwas unternehmen zu wollen, im Falle einer Vorstellung z. B. Sie näher kennenlernen zu wollen, mehr über Sie zu erfahren

A Im letzten Schritt geht es um die Umsetzung (**A**ction), nach dem Motto: »Der Worte sind genug gewechselt, lasst uns Taten sehen.« Die Zuhörer sollten emotional aufgeladen sein und willens, konkret tätig zu werden.

Besondere Hinweise zur Bewältigung der Selbstpräsentation

Zur Selbstvorstellung und den anderen Präsentationsformen gehört die Begrüßung und Namensnennung. Üblicherweise stellen sich die Kandidaten vor mit *»Guten Tag, ich heiße ...«* oder auch *»Ich freue mich, heute hier an diesem AC teilnehmen zu dürfen ...«* Sie können sich ebenfalls so vorstellen, diese Begrüßung ist nur nicht besonders originell. Vor allem dann nicht, wenn etliche andere vor Ihnen ähnlich begonnen haben. Lassen Sie Ihrer Kreativität freien Raum. Denken Sie daran, sich von der Masse abzuheben.

Sorgen Sie also für einen Überraschungseffekt und starten Sie als Hundehalter vielleicht wie folgt: Gehen Sie nach vorn, malen Sie einen Hund ans Flip Chart (FC) und sagen Sie:

»Ich wünschen Ihnen einen guten Tag. Mein Name ist Michael Müller und das hier ist Franz, unser Mischling. Er ist zwei Jahre alt und ziemlich lebhaft. Das sieht man auch schon auf meiner Zeichnung. Und natürlich muss er regelmäßig raus, Gassi gehen. Was glauben Sie, an wem bleibt die Aufgabe hängen? Richtig, an mir! Das ist nicht immer angenehm, aber ich genieße es auch: raus, an die frische Luft, den Kopf frei bekommen, sich bewegen. Einen klaren Kopf brauche ich auch beruflich. Derzeit arbeite ich als ...«

Ein solcher Einstieg wird Ihnen Sympathien bringen und in Erinnerung bleiben. Wichtig ist, dass Sie nicht am Einstieg hängen bleiben, sondern zügig zum Wesentlichen kommen – also berufliche Situation, Ihre Stärken, die Entscheidung für diese Ausbildung, Umschulung, diesen Beruf und das Unternehmen etc.

Wichtig ist dabei, nicht Daten herunterzurattern, sondern dass Sie berufliche Erfahrungen, vor allem Erfolge, an konkreten Beispielen, kleinen Anekdoten darstellen. Das erhöht die Verständlichkeit und macht das Gesagte viel interessanter, weil lebendiger.

Mit dem Einstieg haben Sie die Zuhörer bereits emotional angesprochen, Aufmerksamkeit geweckt und die Bereitschaft erhöht, sich näher mit Ihnen zu beschäftigen. Zeigen Sie im weiteren Verlauf der Präsentation, dass es sich lohnt, Ihnen bis zum Ende Ihrer Ausführungen zuzuhören.

Besondere Hinweise zur Bewältigung der Partnerpräsentation

Bei der Partnerpräsentation kommt es vor allem darauf an, neben den gewünschten Daten über das Gegenüber auch dessen Persönlichkeit darzustellen. Lernen Sie also Ihren Partner schnell kennen und finden Sie auch Details über Vorlieben und Abneigungen abseits des beruflichen Kontexts heraus. Verzichten Sie auf geschlossene Fragen, auf die Ihr Gegenüber nur mit Ja oder Nein antworten kann. Fragen Sie ihn/sie, was ihn im Leben geprägt hat, welche bewegenden Momente es gab, ob er amüsante Geschichtchen zu berichten hat. Das ist das Salz in der Suppe Ihrer Präsentation. Wenn Sie sich nur auf Fakten beschränken, wie beispielsweise *»das ist Andrea Krause, sie ist 19 Jahre alt, hat nach dem Abitur*

Sozialökonomie und Sprachen studiert ...« wird Ihr Vortrag nicht besonders brillant und Sie hinterlassen keine Erinnerungsspur. Die Persönlichkeit des Portraitierten bleibt im Hintergrund. Können Sie beispielsweise über ein Hobby oder Interessen, die über den Beruf hinausgehen, berichten, wird Ihr Vortrag lebendig. Das kommt Ihrer Bewertung zugute.

Beachten Sie, dass Sie nicht die komplette Zeit für das Gespräch nutzen, sondern sich Raum lassen für die Vorbereitung Ihrer Präsentation. Nachdem Sie die Informationen notiert haben, sollten Sie alle Notizen in Ruhe durchgehen und sich eine Gliederung überlegen. »Womit steige ich ein, was ist der wichtigste Aspekt, was will ich im Hauptteil berichten, finde ich eine knackige Anekdote für den Schluss?«.

Schreiben Sie sich Stichwörter leserlich auf Karteikarten, soweit sie vorhanden sind. Vermeiden Sie ausformulierte Sätze. Sonst besteht die Gefahr, dass Sie an Ihrem Text hängen und kaum die Augen von Ihrem Papier abwenden. Damit kommt der wichtige Blickkontakt zu kurz, was Ihnen in der Bewertung Ihrer Präsentation Minuspunkte einbringen wird.

Halten Sie sich ferner an die Zeitvorgabe. Wenn Sie fünf Minuten für den Vortrag haben, sollten Sie ein Manuskript für etwa drei Minuten entwerfen. Warum so kurz? Ein psychologischer Trick, der Ihnen zu mehr Ruhe verhilft. Sie wissen: Sie haben genügend Zeit, um Ihre Informationen vorzutragen. Selbst eine kurze Unterbrechung gefährdet nicht Ihren Zeitrahmen. Sie sprechen automatisch ruhiger, langsamer und damit verständlicher, weil Sie wissen, dass Sie sich nicht beeilen müssen.

Inhalte eines Assessment Centers

Der englische Ausdruck Assessment Center (engl. to assess = einschätzen, center = Mittelpunkt) täuscht darüber hinweg, dass dieses Prüfungsverfahren eigentlich eine deutsche Erfindung ist. Damals nannte man es Heerespsychotechnik. An der Berliner Universität wurde 1920 ein psychologisches Forschungszentrum im Auftrag des Reichswehrministeriums gegründet. Ab 1927 durfte nur Offizier der Reichswehr werden, wer erfolgreich dieses sogenannte heerespsychotechnische Auswahlverfahren durchlaufen hatte. Die Hauptprüfung bestand aus sogenannten Intelligenz-, Persönlichkeitstests und Interviews. In den Fünfzigerjahren entdeckte die amerikanische Wirtschaft diese Methode, um Bewerber auf ihre Eignung hin zu prüfen. Und seit den Siebzigerjahren wird es in Deutschland mehr und mehr zur Personalauswahl herangezogen, sodass selbst angehende Azubis in kaufmännischen Berufen mit solchen Testaufgaben auf jeden Fall rechnen sollten.

Laut Definition eines der AC-Päpste ist das Assessment Center ein systematisches Verfahren »zur qualifizierten Feststellung von Verhaltensleistungen bzw.

Verhaltensdefiziten, das von mehreren Beobachtern gleichzeitig für mehrere Teilnehmer in Bezug auf vorher definierte Anforderungen angewandt wird« (W. Jeserich: *Mitarbeiter auswählen und fördern*, München/Wien 1981, Seite 33). Wir möchten es lieber etwas salopper formulieren: Für uns ist das Assessment Center eine bunte Mischung aus subtilen Psychotests zur Personalauslese. Typische Tests und Übungen, die wir Ihnen im Einzelnen genauer vorstellen, sind:

- Gruppendiskussion
- Rollenspiel
- Präsentation
- Postkorb-Übung
- Interview
- Papier-und-Bleistift-Tests: Persönlichkeits-, Intelligenz-, Leistungs-, Konzentrationstests
- Überprüfung von Tischmanieren und Benimmregeln

Das AC kann ein paar Stunden, einen halben oder auch mehrere Tage dauern (ziemlich selten geworden!). Über diesen Zeitraum hinweg werden die Bewerber dabei von Beobachtern, den sogenannten Assessoren, meist Führungskräften des Unternehmens, manchmal auch Psychologen, genau unter die Lupe genommen. Diese drei bis sechs Beobachter entscheiden mit »Daumen nach oben oder unten« über Ihre berufliche Zukunft. Bisweilen treten auch sogenannte Moderatoren auf, deren Aufgabe es ist, die einführenden oder überleitenden Worte zu den AC-Aufgaben zu finden, den organisatorischen Ablauf zu gewährleisten und – wenn sie es gut meinen – das eine oder andere Späßchen zu machen, um die angespannte Stimmung ein wenig aufzulockern.

Begriffsvielfalt

Wenn Ihre Bewerbung das Unternehmen überzeugt hat und man Sie zu einem Assessment Center einlädt, muss das nicht immer so deutlich in dem Brief stehen. Manche Einladenden sprechen dann von einem Auswahl- oder Beurteilungsseminar. Etwas deutlicher sind da schon die Begriffe Eignungstest oder Auswahlverfahren. Andere Personalentscheider erfinden fast verschleiernde Begriffe, die einem zumindest auf den ersten Blick gar nicht klar machen, dass hier »ausgewählt«, also getestet wird. Da heißt es dann zum Beispiel: »Wir freuen uns, Sie zu unserem Qualifizierungs-Workshop einladen zu dürfen«. Egal, wie »kreativ« man in dem jeweiligen Unternehmen in Sachen Namensfindung war: Wenn Sie es mit diesen oder ähnlichen Begriffen zu tun bekommen, können Sie davon ausgehen, dass eine Art AC und damit verbunden ganz bestimmte Aufgabentypen auf Sie zukommen.

Worum es geht und worauf es ankommt

Unter der Annahme, dass ein Ausbildungs- bzw. Arbeitsplatz ganz bestimmte Eignungs- und Persönlichkeitsmerkmale von seinem Inhaber abverlangt, versucht der AC-Konstrukteur, ebendiese herauszufiltern und in (angeblich) realitätsgerechten Übungen zu überprüfen. Irgendwie verständlich. Schließlich möchte der Ausbilder ganz sicher sein, wirklich gute Mitarbeiter zu finden, die zu dem Unternehmen passen, die schnell lernen, die möglichst wenig Probleme machen etc. Doch eigentlich sollte jedem einleuchten, dass es kaum möglich ist, Erfolgskriterien für den zukünftigen Beruf ganz eindeutig festzuschreiben, und noch schwieriger, diese in Form von Kandidatenspielen einfach vorführ- und überprüfbar zu machen, geschweige denn, Verhaltensvorhersagen für die zukünftige Entwicklung daraus abzuleiten. Nichtsdestotrotz sind viele Unternehmen davon überzeugt, mit dem Prüfen bestimmter Kriterien ans Ziel zu kommen, also die Besten unter den Bewerbern zu finden. Je genauer Sie wissen, worauf AC-Beobachter und Personalentscheider achten, desto effektiver können Sie Ihre Darstellung, neudeutsch Performance, gestalten. Die Prüfer machen die Eignung der Bewerber vor allem an drei Kriterien fest:

- *Persönlichkeit* (Sind Sie sympathisch, anpassungsfähig? Passen Sie zur Firma?)
- *Leistungsmotivation* (Sind Sie engagiert? Haben Sie Biss? Sind Sie wirklich lern-, einsatz-, arbeitswillig? Können Sie sich mit der Aufgabe/dem Unternehmen identifizieren?)
- *Kompetenz* (Haben Sie bereits berufsrelevante Erfahrungen, Kenntnisse, Eigenschaften und Fähigkeiten, z. B. durch Ferienjob, Praktikum, Hobby? Verfügen Sie über so etwas wie einen »klaren Verstand«?)

Übrigens: Nicht zufällig haben wir Persönlichkeit und damit Sympathie an erster Stelle genannt. Denn wie bereits erwähnt kommt es beim AC wie überhaupt bei Bewerbungen entscheidend darauf an, ob Sie sympathisch wirken. So zählt die Persönlichkeit (neben der Kommunikationsfähigkeit) zu den wichtigen globalen Einstellungs- und später auch Aufstiegskriterien – gerade wenn Sie über keine oder wenig berufliche Erfahrung verfügen.

Es geht zunächst also um den berüchtigten ersten Eindruck, in dem bei den Gesprächspartnern, die sich bisher unbekannt waren, die Weichen in Richtung einer positiven (Sympathie) oder negativen (Antipathie) Stimmung gestellt werden. Das trifft sowohl auf die Beziehung Auswähler/Auszuwählender als auch auf die Gruppensituation unter den Kandidaten zu. Spezielle AC-Aufgaben beziehen sich sogar ganz konkret auf dieses Sympathiethema (»Wem aus der Gruppe würden Sie am ehesten ein gebrauchtes Auto, Moped oder Ähnliches abkaufen?«). Sympathie entsteht einerseits über die Sprache und die Sprechweise. Andererseits sind es Merkmale wie Aussehen, Auftreten, Körpersprache und Kleidung. Manch einer mag glauben, dass Sympathie zwischen zwei Menschen einfach vorhanden ist oder eben auch nicht, und dass sich daran wenig ändern lässt. Dem ist jedoch nicht so. Sympathie für sich können Sie durchaus mobilisieren, und zwar immer dann, wenn Ihr Gegenüber den Eindruck und die Hoffnung gewinnt, dass Sie einen Beitrag zu seiner Bedürfnisbefriedigung (Erfolg, Macht etc.) leisten. Im Folgenden eine Aufstellung der Eigenschaften und Merkmale, durch die Sympathie und Antipathie geweckt werden:

Sympathie mobilisiert eher	**Antipathie mobilisiert eher**
Anpassung	mangelnde Anpassung
Charisma	fehlendes Charisma
Freundlichkeit	Unfreundlichkeit
Höflichkeit	Unhöflichkeit
Gelassenheit	Nervosität
Ruhe	Unruhe
Selbstsicherheit	Selbst-Unsicherheit
Geduld	Ungeduld
Toleranz	Intoleranz
Gleichberechtigung	Dominanz-/Machtstreben
Gewähren lassen (Freiheit)	Beherrschung (Unfreiheit)
Attraktivität	abstoßendes Äußeres
Schönheit	Hässlichsein
Gewandtheit	Unsicherheit
Entspanntheit	Gespanntheit
gleiche/ähnliche Interessen/ Hobbys	stark unterschiedliche Interessen/ Hobbys

Der letzte Punkt der Tabelle sei noch einmal besonders hervorgehoben: Wenn es Parallelen zwischen den Sie Beobachtenden und Ihnen gibt, steigen Ihre Chancen, als besonders sympathisch empfunden zu werden. Denn dann laufen Identifizierungsprozesse ab (»Der/Die ist ja genauso wie ich«). Auch biografische Parallelen (derselbe Geburtsort, Verein, dieselbe Schule) haben diesen Effekt. Wer leistungsmotiviert und kompetent wirkt, macht sich zusätzlich sympathisch. Denn diese zugeschriebenen Eigenschaften tragen zur Realisation des Arbeitgeberbedürfnisses nach erfolgversprechenden Mitarbeitern bei.

Leistungsmotivation und Kompetenz offenbaren sich allerdings nicht so schnell wie das zentrale, auf die Persönlichkeit bezogene und auch durch unbewusste Faktoren mit gesteuerte Sympathiegefühl. Als Bewerber muss es daher Ihr Ziel sein, diese drei Essentials (Persönlichkeit, Leistungsmotivation und Kompetenz) während des gesamten Ausleseverfahrens als Signale so »auszusenden«, dass sie beim AC-Veranstalter (Arbeitgeber) »ankommen«. Auf dem Weg zu diesem Ziel können Ihnen folgende Fragen behilflich sein:

- Was für ein Mensch sind Sie, und wie präsentieren Sie sich?
- Wie bringen Sie Ihre Leistungsmotivation deutlich zum Ausdruck?
- Wie vermitteln Sie überzeugend Ihre Kompetenz? Aufgrund noch mangelnder beruflicher Erfahrungen geht es für Sie hier natürlich weniger um so etwas wie berufliche Erfolge, sondern um Fähigkeiten, die berufliche Erfolge möglich machen können, wie z. B. eine schnelle Auffassungsgabe, Geschicklichkeit etc.

Oft benennen die Firmen im AC auch ganz offen, worauf es ihnen bei der Bewerberauswahl ankommt, wie folgender Kandidat erleben konnte:

Erfahrungsbericht
»Wir waren sechs Teilnehmer (drei männliche, drei weibliche) bei diesem Ein-Tages-AC. Dazu zwei Beobachter, einer davon Mitarbeiter aus der Personalabteilung, der andere Betriebspsychologe. Zu Beginn sagte man uns, dass es vor allem um drei Dinge gehe: 1. Arbeitsleistung, 2. Intellektuelle Fähigkeiten und 3. Soziale Kompetenz bzw. Umgang mit Menschen.

Die beiden AC-Beobachter erklärten uns kurz etwas zu ihrer Firma und verteilten dann umfangreiche Arbeitsmappen, die etwa 12 bis 15 AC-Aufgaben mit jeweils ein bis drei Seiten Beschreibung enthielten. Unsere erste Aufgabe bestand darin, innerhalb der Gruppe einen Konsens herbeizuführen, mit welchen AC-Aufgaben wir uns »freiwillig« auseinanderzusetzen bereit waren. Für diesen Einigungsprozess und für die Durchführung der eigentlichen Aufgabe hatten wir bis zur Mittagspause Zeit. Zur Auswahl standen so unterschiedliche Aufgaben wie Intelligenz-, Leistungs-, Konzentrations- und Persönlichkeitstests (von jedem allein zu bearbeiten), aber auch Gruppendiskussionen mit und ohne Leitung sowie Präsentationsaufgaben und verschiedene Rollenspiele. Natürlich durfte die berühmte Postkorbaufgabe nicht fehlen. Innerhalb meiner Gruppe kam es zu der Einigung, zwei Aufgaben bis zur Mittagspause durchführen zu wollen: eine Gruppendiskussion und eine Präsentationsaufgabe. Meine persönliche Einschätzung zu diesem Assessment Center: Es kam der Firma besonders auf soziales Verhalten an. So habe ich den Eindruck gewonnen, dass z. B. offene Kritik völlig verpönt ist. »Seid nett zueinander, auch in schwierigen Situationen« ist wohl eher die Devise. Ebenso wichtig ist offenbar, sich in Gruppendiskussionen nicht durch zu häufige und zu lange Wortbeiträge in den Vordergrund zu spielen. Mitbewerber anzuspornen, zu bedrängen oder gar zu dominieren, erschien mir ebenfalls völlig inopportun.«

Persönlichkeit, **Leistungsmotivation** und **Kompetenz** sind im AC-Verfahren also von besonderer Bedeutung. Folgende Aufstellung soll Ihnen helfen, sich darauf einzustellen, wie Sie von den Beobachtern auf das Vorhandensein dieser drei wesentlichen Merkmale und Eigenschaften hin »abgeklopft« werden. Das heißt, beim »Observieren« nehmen die Assessoren Folgendes besonders genau unter die Lupe:

a) **Soziale Prozesse** wie
- Kooperationsfähigkeit, z. B. Meinungen, Ideen, Vorschläge anderer aufgreifen und weiterführen, sich nicht auf Kosten anderer durchsetzen, anderen in Schwierigkeiten helfen, Erfolgserlebnisse mit anderen teilen, keine Druck- oder Machtmittel einsetzen
- Kontaktfähigkeit, z. B. von sich aus auf andere zugehen, ansprechen, beginnen Ziele, Absichten, Methoden offen für andere darlegen, Beratung, Unterstützung, Mithilfe anbieten, anderen Vertrauen entgegenbringen
- Konfliktfähigkeit
- Sensibilität
- Integrationsvermögen
- Selbstkontrolle
- Informationsverhalten

b) **Systematisches Denken und Handeln** wie
- abstraktes und analytisches Denken
- kombinatorisches Denken
- Entscheidungsfähigkeit
- Planungs- und Kontrollfähigkeiten
- eine persönliche arbeitsorganisatorische Fähigkeit

c) **Aktivität** wie
- Arbeitsmotivation, Arbeitsantrieb, Initiative
- Führungsmotivation und Führungsantrieb
- Durchsetzungsvermögen
- Selbstständigkeit/Unabhängigkeit
- Selbstvertrauen
- Ausdauer/Belastbarkeit
- Stresstoleranz

d) **Ausdrucksvermögen** wie
- schriftliche und mündliche Kommunikationsfähigkeit
- Flexibilität
- Überzeugungsfähigkeit

Diese Übersicht ist nicht nur generell für ACs hilfreich, sondern auch für die Anforderungen, die in einem Vorstellungsgespräch zum Tragen kommen.

Der erste Eindruck

Wir wissen, dass sich der erste Eindruck, den wir von einem anderen Menschen bekommen, in den ersten Sekunden und Anfangsminuten des Zusammentreffens entwickelt. Es ist sehr schwer, ihn wieder rückgängig zu machen oder in eine andere Richtung zu lenken. Achten Sie deshalb darauf, alles zu tun, um einen positiven ersten Eindruck zu hinterlassen. Dazu gehört natürlich auch Ihre Kleidung. Sie sollte modisch »berufsangemessen« sein. Was das heißt, lässt sich ganz schnell feststellen, wenn Sie sich einmal in dem Unternehmen, bei dem Sie sich bewerben, umschauen. Wie sind dort die Mitarbeiter gekleidet? Geht es formal sehr korrekt zu – die Herren in Schlips und Anzügen, die Damen in Kostümen? In anderen Firmen darf es vielleicht lässiger sein, also durchaus der Pullover oder die Bluse ohne Blazer. Trotz aller Lässigkeit sollten Sie aber grundsätzlich auf gewagte Dekolletés oder bis zum Bauchnabel aufgeknöpfte Hemden, die Ihr Brusthaar in voller Schönheit zeigen, verzichten. Informieren Sie sich, welches Outfit angesagt ist. Natürlich muss Ihre Garderobe auch zu Ihrem Typ und Ihrem Alter passen und vor allem gepflegt sein. Wenn Sie zu einem AC reisen, packen Sie auf jeden Fall noch etwas Ersatzkleidung ein, für den Fall, dass Sie sich beim Essen bekleckern, auf der Hinreise in den Regen geraten etc.

Schweißfluss kontra Parfumwolke

Keine Frage – Prüfungssituationen wie das Assessment Center regen den Schweißfluss an. Peinlich, wenn man dann riecht, sich unwohl fühlt und Angst hat, dass Prüfer und Mitstreiter es auch bemerken könnten. Deshalb sollten Sie zum AC nur wirklich frisch gewaschene oder ausreichend gelüftete Kleidung anziehen. Sonst riecht's nach kurzer Zeit. Verzichten Sie vor der Prüfung auch auf scharfe Gewürze, die bringen die Schweißdrüsen noch mal richtig in Wallung. Außerdem gibt es spezielle Deodorants, Anti-Transpirants, die Schweißblocker mit Aluminiumsalzen enthalten und gegen übermäßiges Schwitzen wirken. Auch Salbeitee leistet gute Dienste. Halbärmelige Unterhemden verhindern, dass Schweißflecken im Hemd oder der Bluse sichtbar werden. Setzen Sie aus Angst vor Schweißgeruch aber auch nicht gleich die große Parfumkeule ein. Ein leichter Hauch ist o.k., aber bitte nicht die halbe Flasche. Sie wollen ja niemanden betäuben. Ganz abgesehen davon wird von vielen Menschen übermäßiges Parfümieren als belästigend empfunden. Denken Sie daran, dass Sie selber Ihren bevorzugten Parfumgeruch nicht mehr so stark wahrnehmen wie Ihre Umgebung. Also: Weniger ist mehr.

Bartträger haben's schwer und Masken runter

Bartträger haben es bei ACs und Vorstellungsgesprächen schwerer als bartlose Kandidaten. Keinen Bart, lautet die ungeschriebene, aber oft konsequent angewandte Prämisse großer Firmen. Der Bart, bzw. dessen Träger, scheint etwas zu verbergen, so die Denkweise, und wer hinauf will in die Höhen der deutschen Wirtschaft, darf (zunächst einmal) keine Anzeichen dieser Art in die Vorstellungsrunde einbringen. Wenn Sie sich trotzdem nicht von Ihrem Bart trennen wollen, sollten Sie darauf achten, dass er gepflegt aussieht und akkurat gestutzt ist. Falls Sie zu starkem Haarwuchs neigen und die Haare sogar aus Nasenlöchern und Ohren sprießen, ist es Zeit, hier Hand anzulegen. Für die Frauen gilt, sehr sorgfältig mit der Verwendung von Make-up umzugehen. Dezent aufgetragen, hilft es, frischer auszusehen und die Spuren eines anstrengenden ACs besser zu überdecken. Aber bitte keine dicken Schichten, die zukleistern, statt das Aussehen zu unterstützen.

Charisma und Selbstdarstellung

Ihr Charisma, also Ihre Ausstrahlung, Ihre Wirkung auf andere – das ist es, was beim Assessment Center eine doch entscheidende Rolle spielt. Es geht also nicht so sehr um Ihre (vielleicht durch ein Praktikum oder einen Ferienjob) bereits vorhandenen fachlichen Fähigkeiten und um Ihr Wissen, sondern vor allem darum, was für ein Typ Sie sind. Sind Sie sympathisch, kann man sich vorstellen, mit Ihnen auf Dauer zusammenzuarbeiten? Sympathie wird unter anderem durch Ihr Charisma mobilisiert. Mehr zum Thema Sympathie im AC lasen Sie ja bereits im vorherigen Abschnitt.

Manch einem wird richtig schwindlig, wenn er darüber nachdenkt, dass er mit mehreren Hundert anderen Bewerbern um einen Ausbildungsplatz kämpfen soll. Besser als die anderen zu sein, das kann einen ganz schön unter Druck setzen. Dabei kommt es nicht immer unbedingt darauf an, wirklich besser zu sein, sondern, wie Sie vielleicht auch aus anderen Situationen im Leben erfahren haben, sich gut verkaufen zu können. Gekonnte Selbstdarstellung bringt Punkte. Das heißt, beim AC sind Ihre schauspielerischen Fähigkeiten gefragt. Und diese Selbstdarstellung ist erlernbar, oder, um es mit dem amerikanischen Soziologen Erving Goffman zu sagen: »Ob ein aufrichtiger Darsteller die Wahrheit oder ein unaufrichtiger Darsteller die Unwahrheit mitteilen will, beide müssen dafür sorgen, ihrer Art, sich darzustellen, den richtigen Ausdruck zu verleihen, aus ihrer Darstellung Ausdrucksweisen auszuschließen, durch die der hervorgerufene Eindruck entwertet werden könnte, und sie müssen darauf Acht geben, dass das Publikum ihren Darstellungen unbeabsichtigte Bedeutung unterlegt« (E. Goffman: *Wir alle spielen Theater. Selbstdarstellung im Alltag*, München 1988, Seite 62).

Natürlich ist zu bedenken, wie weit Sie überhaupt mitspielen *wollen.* Denn eins ist klar: Bei einer Bewerbung handelt es sich immer um eine Anpassungsleistung. Doch das Ziel kann sicher nicht Anpassung um jeden Preis sein. Was nützt es

Ihnen, den Beobachtern etwas vorzuspielen, das aber wenig mit Ihren eigentlichen Charaktereigenschaften gemein hat? Das wäre mit Sicherheit keine gute Voraussetzung für den Beginn am Arbeitsplatz. Und Sie würden sich in der für Sie fremden Rolle sicher nicht lange wohlfühlen. Überlegen Sie sich also genau, wie weit Sie sich anpassen und ab welchem Punkt Sie sich regelrecht »verbiegen« müssten, um ins Konzept zu passen.

Die Gruppendiskussion

Die Gruppendiskussion ist der klassische Standardbaustein eines jeden Assessment Centers. Die Gruppengröße schwankt zwischen vier, sechs und mehr Teilnehmern. Oftmals wird eine größere Bewerbergruppe, wie sie bei Auswahlverfahren um einen Ausbildungsplatz üblich ist, für diese Übung aufgeteilt. Grob zu unterscheiden sind die sogenannte führerlose Gruppendiskussion (alle Diskussionsteilnehmer sind gleichberechtigt) und die Gruppendiskussion mit Moderator bzw. Leiter, der von den Gruppenmitgliedern gewählt oder von den AC-Beobachtern vorab bestimmt wird (nach dem Motto: Jeder ist mal an der Reihe ...). Die meisten Diskussionsrunden dauern 15 bis 45 Minuten. Grundsätzlich gibt es drei verschiedene Typen von Gruppendiskussionen:

- **Diskussion eines (eher allgemeinen) Themas mit und ohne Zielvorgabe.**
  Die Themenpalette reicht von Berufsbezogenem über Inhalte aus den Bereichen Politik, Schule, Umwelt, Wirtschaft, Zeitgeschehen bis hin zum privaten, persönlichen Bereich. Möglich ist auch, dass die Gruppe sich auf eines von fünf oder zehn vorgeschlagenen Themen einigen soll, um dieses dann anschließend zu diskutieren. Wichtig für Sie: Bereits der Auswahlprozess wird von den Assessoren, den teilnehmenden Beobachtern und Einschätzern Ihrer Leistung, genau registriert. Wenn Sie hier eine von den anderen Teilnehmern akzeptierte Führungsrolle übernehmen können, stehen Sie in einem sehr viel besseren Licht da als beispielsweise der graue Mitläufer oder der ewig nörgelnde Neinsager.

- **Diskussion einer speziellen Problemstellung mit der Aufgabe, gemeinsam einen Handlungsplan zu entwickeln.**
  Hier werden Sie dann mit so typischen Situationen wie einer Notlandung auf dem Mond oder einer Reifenpanne in der Wüste konfrontiert ... Das heißt, bestimmte Bedingungen sind vorgegeben, und Sie müssen gemeinsam organisatorische Entscheidungen treffen.

- **Diskussion eines vorgegebenen Themas, bei der die AC-Teilnehmer eine ihnen vorgegebene Rolle bzw. Position zu vertreten haben.**
  Bei dieser Form ist jedem Diskutanten ein Standpunkt vorgegeben. Jeder hat ausschließlich diese Rolle, diese Überzeugung zu vertreten. Beispiel: Jeder ist

Mitarbeiter in einem Unternehmen und braucht aus ganz unterschiedlichen Gründen den einzigen Dienstwagen. Frage: Wie löst man nun das Problem? Klar, dass es hier für die Beobachter einiges zu sehen gibt ...

Nicht selten ist die dabei zu diskutierende Thematik bzw. Aufgabe so umfassend, dass das erforderte gemeinsame Ergebnis, z. B. der Gruppenkonsens, in der Kürze der vorgegebenen Zeit nicht erreicht werden kann. Dies führt häufig zu einer eher aggressiv gereizten Stimmung, weil die Diskutanten sich unter einem enormen Leistungsdruck fühlen und entsprechende Versagensängste entwickeln. Dieser zum Teil bewusst erzeugte Stress ist für die AC-Beobachter und -veranstalter einer der vielen Check-Punkte, nach denen das Verhalten der Bewerber benotet wird. Das bedeutet: Wenn Sie als AC-Kandidat in spürbare Aufregung geraten, weil die anderen Gruppenmitglieder nicht schnell genug auf ein gemeinsames Ziel einzustimmen sind, sammeln Sie fleißig Minuspunkte. Tappen Sie also nicht in diese Falle. Für Sie sollte das Motto gelten: Keep cool und Pokerface aufsetzen. Sie lassen sich doch durch solche Kleinigkeiten nicht aus der Ruhe bringen, oder?

Manchmal werden Diskussionsrunden von den AC-Veranstaltern auch mittendrin einfach abgebrochen, sehr zur Verwunderung und zum Ärger der Teilnehmer. Derjenige hat hier die Nase vorn, der sich nicht so leicht von solch äußeren Einflüssen die »Laune« verderben lässt. Dies zeigt auch noch einmal deutlich, dass eben nicht so sehr auf das Ergebnis der Diskussion geachtet wird, sondern vielmehr der Umgang der Diskutanten untereinander von Bedeutung ist. Es zählt nicht das wirklich beste Argument, sondern wie Sie auf die Argumente anderer eingehen. Denn manchmal ist das zu besprechende Thema oder die zu lösende Aufgabe wirklich sehr »vertrackt«. Lesen Sie folgenden Bericht: »Wir wurden in Gruppen à 5 Personen aufgeteilt, auf die alle ein Fünftel (!) eines fiktiven Ausbildungsplatzes an der Berufsakademie verteilt wurde. Nun hatten wir 30 Minuten Zeit, um uns einstimmig (!) einen Bewerber auszusuchen, dem wir diesen Platz geben würden. Falls wir nach 30 Minuten keinen unserer Bewerber ausgewählt hätten, würde das ebenfalls fiktive Ausbildungsgeld einem gemeinnützigen Zweck zufließen ...«

Um bei den Assessoren gut abzuschneiden, sollten Sie sich nach folgenden Verhaltenstipps, die wir stichwortartig aufgelistet haben, richten:

Äußeres und Auftreten

- ausgeruht und gelassen wirken
- gepflegtes Äußeres
- sich freundlich, höflich, natürlich und ungezwungen geben
- weder innere noch äußere Verkrampfung zeigen

Allgemeinverhalten

- freundlich, verständnisvoll, einfühlend, hilfsbereit, rücksichtsvoll
- kompromissbereit
- andere ernst nehmen
- zuhören können
- Sympathie zeigen

Allgemeines Diskussionsverhalten

- sicher auftreten, eigene Meinung vertreten, selbstsicher geben (nur bedingt nachgiebig gegenüber Einwänden, aber: Aufgeschlossenheit zeigen, keinen Starrsinn)
- Anwesende mit Namen ansprechen
- keine deplatzierten Bemerkungen oder Fragen
- keine Monologe, knappe und präzise Beiträge
- oberflächliche oder fehlerhafte Argumentation reflektieren
- auf andere eingehen, eigene Interessen zurückstellen können

Sprachverhalten

- knapp, präzise (keine Ausschweifungen, Nebensächlichkeiten)
- keine Superlative
- möglichst kein Räuspern, »äh« so wenig wie möglich
- Vermeidung von Füllwörtern (»sicherlich, letztlich« etc.)
- deutliche Aussprache, mittlere Lautstärke, in die Runde schauen, Gesprächspartner ansehen

Beachten Sie auch die folgenden allgemeinen Verhaltensregeln:

- Vermeiden Sie es, Ihren Standpunkt als Erster ausführlich darzustellen und auf alles von anderen Diskussionsteilnehmern Gesagte spontan mit einer Gegenrede (Angriff/Verteidigung) zu reagieren. Viel besser: Vermitteln Sie Ihren Gesprächspartnern durch Ihre geduldige Zuhörbereitschaft das Gefühl, ernst genommen zu werden.
- Der häufigste Fehler in Diskussionen ist die Unfähigkeit, einander wirklich zuzuhören.
- Schauen Sie den jeweiligen Sprecher an.
- Signalisieren Sie deutliche Aufmerksamkeit.
- Kontrollieren Sie Ihre Reaktionen; keine Nervosität.
- Zeigen Sie gedämpftes (angemessenes) Engagement.
- Sprechen Sie deutlich und ruhig.
- Zeigen Sie freundliches Interesse.
- Bevorzugen Sie eine sachliche, weitestgehend affektfreie Argumentation; und vermeiden Sie alles, was die Gesprächsharmonie unnötig stören könnte.

- Gehen Sie auf Argumente ein und entwickeln Sie sie konstruktiv weiter.
- Spielen Sie sich nicht in den Vordergrund.
- Halten Sie sich nicht zu sehr zurück und aus allem raus.
- Vermeiden Sie Sarkasmus, Ironie und Herabsetzungen anderer.
- Achten Sie auf ausgeglichene Rollenverteilung (z. B. nicht bei allen Themen Kontra-Beiträge).
- Vermeiden Sie es, als Nörgler oder Miesmacher rüberzukommen.
- Loben Sie auch die aufgeworfenen Fragen anderer (»wichtig/bemerkenswert« usw.).
- Geben Sie Mängel offen zu (»Sie sind da auf einen heiklen Punkt aufmerksam geworden!«).
- Bedenken Sie: Sie müssen nicht immer alles (besser) wissen und ständig versuchen, Patentrezepte und -lösungen zu verteilen.
- Stellen Sie auch einmal die eigene Meinung zur Diskussion (»Mich würde interessieren, wie Sie darüber denken!«).
- Bei Vielschwätzern, die gar kein Ende finden, können Sie gelegentlich »dazwischenfunken«. Natürlich auf freundliche Art und Weise, z. B.: »Entschuldigung, darf ich Sie unterbrechen? Ich würde gern wissen, ob die Gruppe das auch so sieht?«
- Möchte einer der Teilnehmer Sie durch direkte oder indirekte Angriffe verunsichern, sollte Ihre Gegenstrategie lauten: Hervorheben der Partnerrolle, Gemeinsamkeiten der Situation unterstreichen, auf das sachliche Thema zurückleiten, nicht provozieren lassen, bei anderen Unterstützung suchen.
- Und – verschießen Sie Ihr Pulver nicht zu früh: Bringen Sie das beste Argument am Schluss, das Zweitbeste am Anfang usw. Für das richtige Argumentieren bietet die Fünfsatz-Technik ein gutes gedankliches Rüstzeug, praktische Hilfe und Orientierung. Sie leistet nützliche Dienste, wenn Sie Ihre Statements situativ und hörerbezogen vortragen:
    1. Benennen Sie klar und kurz Ihren Standpunkt: »Ich bin davon überzeugt, dass ...«
    2. Präsentieren Sie Ihre Argumente: »Meine Erfahrungen sind ...«
    3. Untermauern Sie diese durch Beispiele, Beweise: »Ich habe mit Erfolg z. B. ... Als Nachweis für ... kann ich anführen ...« usw.
    4. Begegnen Sie möglichen Einwänden bzw. kommen Sie ihnen zuvor: »Sie werden jetzt denken ... Ich versichere Ihnen ...« (siehe auch nächsten Abschnitt)
    5. Ziehen Sie das Fazit: »Aus diesen Gründen (1. ..., 2. ..., 3. ...) plädiere ich für ...«

Die vier wichtigsten Schritte für einen erfolgreichen Diskussionsverlauf

Nicht selten kommt eine Diskussion nur schleppend in Gang, weil keiner vorpreschen möchte oder eine solche Einigkeit herrscht, dass sich nur schwer unterschiedliche Positionen herauskristallisieren. Das macht die Sache nicht gerade einfach, kann aber andererseits für Sie auch die Chance sein: Wenn Sie versuchen, Struktur in die Diskussion zu bekommen und damit einen konstruktiven Beitrag für den Argumentationsaustausch zu liefern, können Sie Pluspunkte sammeln. Gehen Sie systematisch und schrittweise vor:

1. Schritt: Orientierung

Jeder Versuch, sich bereits im Anfangsstadium auf ein Diskussionsziel zu einigen, dürfte zu erheblichen Problemen führen. Eine sinnvolle AC-Strategie kann gerade zu Beginn einer Gruppendiskussion auch darin bestehen, das Thema durch Fragen besser handhabbar zu machen. Mögliche »Eisbrecher- Fragen« sind u. a.: Wie sieht jeder Einzelne in der Gruppe die Problematik (Kurzumfrage/Meinungsbild)? Wo sind die Meinungsschwerpunkte? Wo gibt es Gemeinsames/Trennendes?

2. Schritt: Zielsetzung

Machen Sie sich von der Vorstellung frei, ein Thema bis in alle Facetten durchdiskutieren und am Ende mit einem perfekten, für alle Gruppenmitglieder gleichermaßen zufriedenstellenden Ergebnis aufwarten zu können. Das ist schon angesichts der knappen Zeit so gut wie unmöglich. Mit Fragen wie: »Welche Diskussionsziele sind in der Kürze der Zeit realisierbar? Kann das Thema eingegrenzt werden und ist das hilfreich?«, kann man sich einen Konsens erhoffen, der der Gruppe behilflich ist, in der Kürze der zur Verfügung stehenden Zeit ein Optimum, einen Etappensieg zu erreichen. Optimal wäre es hierbei, grafische Hilfs- und Darstellungsmittel (Flipchart usw.) einzusetzen, um das Vereinbarte anschaulich zu machen. Das gilt übrigens für sämtliche Diskussions- und Präsentationsübungen im Assessment Center: Wenn Ihnen Medien wie Overheadprojektor, Flipchart, Tafel etc. angeboten werden, nutzen Sie diese unbedingt! So können Sie Ihren Vortrag noch plastischer gestalten. In der Gruppendiskussion dürfen Sie gerne z. B. Ihre Dienste anbieten, um nach vorn zu gehen und die wichtigsten Punkte zu notieren. Aber Vorsicht: Fragen Sie vorher die anderen, ob es ihnen recht ist. Sonst sieht es so aus, als wollten Sie sich zu sehr in den Vordergrund drängen. Und das sehen auch die Assessoren gar nicht gern …

3. Schritt: Lösungsweg

Mit den richtigen Fragen geht's am besten voran: Fragen Sie doch die anderen Teilnehmer, wie man ihrer Meinung nach am besten zu einem Ergebnis kommt oder welche Möglichkeiten sich anbieten und was davon am erfolgversprechendsten ist. Diese Fragen können helfen, dass alle in dieselbe Richtung (wenn auch mit unterschiedlichen Ergebnissen) denken und Sie ganz nebenbei bei den Assessoren Pluspunkte erhalten für Ihren Versuch, Struktur ins Gespräch zu bringen. Stellen Sie Ihre Kooperationsfähigkeit innerhalb einer Gruppe unter Beweis, indem Sie Ideen und Anregungen anderer aufgreifen und weiterentwickeln und auch passivere Teilnehmer zum Mitdiskutieren ermuntern.

4. Schritt: Ergebnisprüfung
Im Verlauf des Gesprächs (nicht erst gegen Ende) können Sie zur Ergebnisprüfung aufrufen: Fragen Sie in die Runde, wie weit man mit der Bearbeitung des Themas gekommen ist (Meinungsbild/Schwerpunkte). Was kann zusammenfassend zum jetzigen Zeitpunkt ausgesagt werden? Kann man ein Resümee ziehen? Diese Fragen sind hilfreich, um Ihnen und der Gruppe von Zeit zu Zeit zu helfen, das Hauptziel im Auge zu behalten, ergebnisorientiert vorzugehen. Außerdem machen Sie so eine gute Figur im AC-Spiel und sammeln Pluspunkte.

Wenn Sie die Diskussionsleitung übernehmen sollen
Möglich ist, dass Sie vor die Aufgabe gestellt werden, in einer AC-Gruppendiskussion die Gesprächsleitung zu übernehmen. Allerdings geschieht es nur sehr selten, dass einem Einzelnen so eine Sonderrolle zuteil wird, da deren Bewältigung sich nur schlecht mit den Leistungen anderer Kandidaten vergleichen lässt. Sollte es aber doch einmal dazu kommen, empfehlen wir Ihnen folgende Strategie:

1. Einleitung
- Hinführung zum Thema; allgemeine Problemskizze entwickeln
- Versuchen, die Diskussion auf einen oder zwei Themenaspekte festzulegen (»Darf ich Ihr Einverständnis voraussetzen, wenn wir ...?«)
- Delegation der Gesprächskompetenz
  a) Frage als Diskussionsanreiz:
     »Wie ist Ihre Erfahrung?«
     »Was sollte geschehen?«
     »Welche Möglichkeiten sehen Sie ...?«
  b) These zur Diskussion stellen, evtl. in Frageform:
     »Sind Sie auch der Ansicht, dass ...?«

2. Verlaufsregelung
- Versuchen, Beiträge in eine prägnante Aussage zu fassen und als These weiterzugeben; evtl. Zielfrage anfügen: »Wollen wir uns auf diesen Punkt konzentrieren?« / »Ist es nicht wirklich besser, wenn wir ...?«
- Möglichst keine Parteinahme; einander widersprechende Beiträge als Widersprüche stehen lassen; alle Beiträge und Positionen sind »interessant« / »überlegenswert« / »nachdenkenswert« usw.

- Ausgeglichene Rollenverteilung herstellen, auch stillere Diskussionsteilnehmer einbeziehen
- Sich einschalten, wenn »Schockpausen« eintreten (Differenzierung, Hervorheben des Positiven etc.)
- Häufig positive Verstärkung geben (»Ein interessanter Gesichtspunkt« / »Das scheint mir ein außerordentlich wichtiger Aspekt« / »Gut, dass Sie darauf eingehen!« etc.)
- Deutliches Interesse für die Beiträge zeigen (»Ich habe auch schon überlegt, ob möglicherweise ...« / »Ich glaube, es lohnt sich ganz gewiss, noch mehr darüber zu wissen / zu sagen / nachzudenken« etc.)

3. Ausklang

- Vorschlag: »Vielen Dank für Ihre Diskussionsbeiträge, die ich persönlich sehr interessant fand. Sie haben uns die Vielschichtigkeit des Themas X deutlich gemacht, auch wenn einige wichtige Aspekte wegen der Kürze der Zeit nicht ausreichend behandelt werden konnten ...«

Hervorheben der Partner-, nicht der Prinzenrolle

Gerade die Gruppendiskussion verlangt von den Teilnehmern eine echte Gratwanderung. Einerseits heißt das Spiel »Jeder *gegen* jeden«, in dem sich jeder positiv von den anderen (der Konkurrenz) abheben möchte, andererseits ist ein konstruktives Ergebnis nur durch einen sozial kompetenten Umgang *miteinander* möglich. Hier das richtige Maß zu finden ist – zugegebenermaßen – nicht einfach. Bei allem Hoffen und Sich-Bemühen um ein gutes Abschneiden in der Gruppendiskussion dürfen Sie die anderen nicht vergessen. Es geht also nicht darum, die Diskutanten an die »Wand zu reden« oder Sie mit zig Superargumenten quasi mundtot zu machen, sondern sich als sozial kompetent zu erweisen, indem man immer wieder die Partnerrolle hervorhebt.

Das Rollenspiel

Klassische Rollenspiele wie »Vater, Mutter, Kind« kennen Sie sicher noch aus Ihrer Kindheit. Typische Rollenspiele im Assessment Center sind Situationen, die sich in Betrieben ergeben können und wobei der Bewerber z. B. in die Rolle eines Vorgesetzten oder eines Mitarbeiters schlüpfen soll. In der Regel spielt ein AC-Beobachter oder Moderator den Gegenpart. Seltener sind Rollenspiele, die durch zwei AC-Prüflinge zu bewältigen sind. Typisches Beispiel für ein solches Rollenspiel: das Verkaufsgespräch. Sie sind neuer Mitarbeiter in einem Fahrradgeschäft und beraten einen Kunden, der auf der Suche nach einem Geschenk für seine Tochter ist. Sie wollen sich als guter Verkäufer bewähren und natürlich den Kunden überzeugen, dass er auch künftig bei Ihnen einkauft. Von etwas härterem Kaliber sind dann schon Rollenspiele wie das Mitarbeitergespräch: Sie sind Chef eines Versicherungsunternehmens. Mit all den Vertretern läuft es gut, nur einer macht seit einem halben Jahr Probleme. Ihm unterlaufen Fehler, der Umsatz stimmt nicht etc. Ihre Aufgabe: ein Konfliktgespräch mit dem Mitarbeiter führen, von dem Sie aber auch wissen, dass er private Probleme hat, Frau weggelaufen, Haus abgebrannt, Hund entführt, Putzfrau mit doppeltem Beinbruch im Krankenhaus etc. oder ähnliche, »ganz alltägliche« Situationen, wie auch folgender Berufseinsteiger in einem AC erleben konnte:

»Ich bekam von einem der AC-Beobachter freundlich lächelnd drei Seiten Text in die Hand gedrückt, mit der Aufforderung, mich in einem nahe gelegenen Raum (›Gehen Sie den Flur links entlang, dann geradeaus, die zweite Tür rechts, nicht zu verfehlen ...‹) mit dem Papier auseinanderzusetzen. Alles Weitere könnte ich dann der Instruktion entnehmen. ›Wir sehen uns in 15 Minuten wieder hier‹ waren seine Worte, als ich schon an der Flurtür stand und zunächst mal rechts den Gang entlanggehen wollte. ›Die falsche Richtung, Herr ..., links, habe ich doch gesagt, geradeaus ...‹ Das war nicht das Einzige, was an diesem Tag drohte schiefzugehen. Also zurück in die richtige Richtung, und siehe da, die Tür war tatsächlich entsprechend groß beschildert. Mein dreiseitiger Text erklärte mir die zweite AC-Übung für diesen Vormittag. Plötzlich war ich nicht mehr Bewerber und Berufseinsteiger, sondern zum Gruppenleiter Nord avanciert. Ich hatte eine neue Gruppe von Versicherungsvertretern zu übernehmen, lauter alte Hasen, die schon zehn Jahre und länger im Geschäft waren. Einer allerdings machte Probleme, Herr Müller: Seit einem halben Jahr schien ihm alles schiefzulaufen (was ihn mir auf Anhieb sympathisch machte). Vor zwei Jahren war Herr Müller noch Leistungsbester, dann jedoch ging es bei ihm langsam, aber kontinuierlich bergab. Das letzte Halbjahr war eine Katastrophe. Quasi null Umsatz. Der Personalchef hatte mir gesteckt – konnte ich in meinem Text lesen – dass es bei Müller wohl Alkohol- und Eheprobleme gäbe. Von einem Kollegen war mir in der Kantine geflüstert worden, ob ich wüsste, dass Frau Müller – noch verheiratet mit meinem Sorgenkind – eine Cousine des Vorstandsvorsitzenden sei. Weitere Informationen folgten, zum Teil so wichtige wie ›Müller ist Linkshänder, aber ein ausgezeichneter Fußballer mit regem Vereinsleben‹. Und etwas Dramatisches zum Schluss des dreiseitigen Textes: Seine älteste Tochter sei vor einem Monat bei einem Verkehrsunfall ums Leben gekommen.

Dann kam meine Aufgabe: Ich musste mit Herrn Müller ein Konfliktgespräch über seine Leistungen zu führen. Dabei wusste ich, dass ich anschließend dem Personalchef berichtzuerstatten und eine Empfehlung, wie man mit Herrn Müller weiter verfahren solle, auszusprechen hatte. Mögliche Trennungskonsequenzen seien ernsthaft zu erwägen. Der umfassende Text und die darin enthaltenen Details – Gott sei Dank hatte ich Papier und Bleistift zur Verfügung – beanspruchten fast zehn Minuten meiner Vorbereitungszeit. Viel Zeit blieb nicht, um mir eine

Gesprächsstrategie zu überlegen. Da ging die Tür auf und mein AC-Beobachter holte mich persönlich ab. Vor allen fünf AC-Beobachtern nahm ich an einem Extratisch Platz. Mir gegenüber mein ›Wegweiser‹, die Hand mir entgegenstreckend: ›Müller, Sie wollten mich sprechen?‹«

Für ein Rollenspiel hat man in der Regel zehn bis 30 Minuten Zeit. Vorher steht eine meist als zu knapp empfundene Vorbereitungszeit von fünf bis 15 Minuten zur Verfügung, in der sich der Bewerber mit einer schriftlichen Rollen- und Situationsbeschreibung vertraut machen kann. Es liegt auf der Hand: Die Rolle, in die Sie schlüpfen müssen, ist weder leicht noch angenehm, auch dürfen Sie nicht mit allzu viel Entgegenkommen bei Ihrem Rollenspielpartner rechnen. Denn das ist dessen Geschäft, seine Rolle sieht eben vor, Ihnen das Leben schwer zu machen. Aus Ihrem gesamten Gesprächsverhalten versucht man Rückschlüsse und Prognosen zu ziehen, wie Sie sich später einmal als Mitarbeiter bewähren und ob Sie Verantwortung übernehmen, soziale Kompetenz haben und zeigen können, vielleicht sogar für die Zukunft das Zeug zur Führungskraft in Ihnen erkennbar ist. Aber zu Ihrer Beruhigung: Als angehendem Azubi werden Ihnen im AC eher Situationen begegnen, die näher an Ihrer Wirklichkeit dran sind als die Position eine Filialleiters oder Unternehmers. Das heißt, Sie können eher mit einem Kunden- bzw. Verkaufsgespräch rechnen. In jedem Fall sollte Ihr Ziel darin liegen, in diesem AC-Rollenspiel Ansätze einer Gesprächsstrategie erkennbar werden zu lassen. Gelingt es Ihnen, eine für beide Seiten akzeptable bzw. überzeugende Lösung zu erreichen? Können Sie also ein Ergebnis vorweisen, oder sind Sie in der Übung etwa nicht »zu Potte gekommen«? Besonders wichtig ist das anschließende Gespräch über Ihr Verhalten im Rollenspiel: Zeigen Sie, wenn Sie von den AC-Beobachtern kritisch hinterfragt werden, dass Sie bereit sind, Verantwortung zu übernehmen. Fallen Sie also nicht beim ersten Anflug von Kritik um und geben zu, dass alles ein großer Fehler war.

Im AC-Rollenspiel kommt es auf ähnliche Anforderungsmerkmale wie bei der Gruppendiskussion an:

1. Erfassung und Steuerung von sozialen Prozessen
   - Einfühlungsvermögen: Erkennen/Berücksichtigen von Bedürfnissen/Gefühlen anderer
   - Kontaktfähigkeit: Beratung anbieten, Vertrauen entgegenbringen
   - Kooperationsfähigkeit: anderen aus Schwierigkeiten heraushelfen
   - kein Dominanzstreben auf Kosten anderer, Verzicht auf Druck- und Machtmittel
   - Informationspolitik: Zuhörfähigkeit
   - Selbstdisziplin: auf Angriffe angemessen (nicht eskalierend) reagieren
   - moderat-freundlicher Umgang mit anderen

2. Vermittlung von systematischem Denken und Handeln
   - Arbeitsorganisation: Überblick verschaffen
   - Entscheidungsfähigkeit: Suchen/Verwerten von allen verfügbaren Informationen, Entwicklung und Beurteilung von Alternativvorschlägen, angemessene Entscheidungsfreude/kein Abschieben, Reflexion der Entscheidungskonsequenzen
   - Planung und Kontrolle: Arbeitsziele setzen

3. Aktivitätspotenzial demonstrieren
   - Führungspotenzial/-motivation: Initiativen zur Strukturierung/Koordination sozialer Prozesse
   - Arbeitsantrieb/-motivation: schnelle Erledigung anstehender Arbeiten/Probleme
   - Selbstständigkeit: erkennbares Bemühen um Optimierung eigener Arbeitsergebnisse
   - Selbstwertgefühl: positiv und erfolgsorientiert, angemessene Selbstsicherheit, Durchhaltevermögen auch bei Rückschlägen
   - Durchsetzungsvermögen: Zielstrebigkeit, Durchsetzungsbeharrlichkeit

4. Ausdrucksmöglichkeiten zeigen
   - Flexibilität: rhetorische Fähigkeiten/Argumentationstechnik
   - Überzeugungskraft: Vorschläge/Ziele/Methoden werden von anderen übernommen, Argumentation erzeugt bei anderen keinen Widerstand, Flexibilität in Ausdruck/Argumentation, die Führungsrolle wird anerkannt

Um es noch einmal in aller Kürze zu sagen: Die soziale Kompetenz ist der Schlüsselbegriff, um den sich alles dreht. Gefragt sind im Wesentlichen Kontaktfähigkeit, Einfühlungsvermögen und Verhandlungsgeschick, gepaart mit einer Mischung aus Überzeugungskraft und Durchsetzungsvermögen. Wie geschickt sind Sie im verbalen Umgang mit anderen Menschen? Wie gut können Sie sich in Ihr Gegenüber einfühlen? Sind Sie in der Lage, Verhaltenshintergründe zu erhellen und gemeinsame Lösungswege zu erarbeiten? Mit diesen Fragen entscheiden die AC-Beobachter darüber, ob die Kandidaten Plus- oder Minuspunkte sammeln. Erfolgreich schneidet ab, wer die Grundregeln der Gesprächsführung beherrscht, als da wären:

1. aktives Zuhören
2. konkrete, klare Aussagen zum eigenen Standpunkt machen
3. Motive und Ziele der eigenen Argumentation verdeutlichen

Beim Rollenspiel kommt es nicht auf Härte, sondern auf Feingefühl an, bei gleichzeitiger konsequenter Verfolgung des eigenen Gesprächsziels. Und dieses ist deutlich gefärbt durch Interessen des Unternehmens, das Sie im Rollengespräch zu vertreten haben.

Die Postkorbübung

Postkorbübungen, ein etwas in die Jahre gekommener AC-Klassiker, sind ursprünglich Paper-Pencil-Tests, die zunehmend als PC-Übung eingesetzt werden. Jeder Teilnehmer bearbeitet diesen für sich allein. Ihre Aufgabe: Sie müssen als Vorgesetzter viele Dokumente durcharbeiten, die sich in Ihrer Post angesammelt haben, weil Sie z. B. auf Dienstreise waren. Leider können Sie nicht mehr telefonieren, alle Entscheidungen müssen von Ihnen unter enormem Zeitdruck mehr oder weniger sofort getroffen werden, weil Sie auch gleich wieder das Büro verlassen. Dabei handelt es sich typischerweise um Entscheidungen aus folgenden Bereichen:

- Geschäftliche Angelegenheiten
- Finanzielle Probleme
- Familiäre Sorgen

Die Vielzahl unterschiedlicher Papiere durchzulesen erfordert den größten Teil Ihrer Bearbeitungszeit. Dann sollten Sie sich in der vorgegebenen schwierigen Situation sehr schnell für eine angemessene Umgangsweise mit den Ihnen vorgestellten Ereignissen, Anforderungen, Problemen etc. entscheiden. Dabei müssen Sie alles, was Sie zu tun gedenken, schriftlich kurz festhalten und begründen. Hier heißt es Prioritäten setzen und mutig Entscheidungen treffen. Manchmal erhöht sich der Schwierigkeitsgrad noch dadurch, dass die AC-Beobachter diese Übung durch eine andere unterbrechen oder Ihnen weitere Papiere nachreichen, durch die getroffene Entscheidungen neu zu überdenken sind.

Beim Postkorbtest sollen die Bewerber unter Druck geraten. Ein Absolvent beschreibt den Test sehr eindrucksvoll wie folgt: *»In der Postkorbübung mutierte ich plötzlich zu Hans Klein. Mir wurden meine Frau Inge, zwei Kinder, Putz-frau, Nachbarn, Kollegen, mein Vorgesetzter, ja sogar mein Rechtsanwalt kurz schriftlich vorgestellt. Meine Situation im Rahmen der Übung war ungefähr folgende:*

Sie sind heute, am Donnerstag, dem 2. Juli, von einer Dienstreise zurückgekehrt. Jetzt ist es 15.30 Uhr. Niemand ist zu Hause, die Familie scheint unterwegs zu sein. Sie finden eine Nachricht vor, dass Ihr Flug nach Kuala Lumpur (Malaysia) – eine wichtige, unaufschiebbare Dienstreise – um einen Tag vorverlegt worden ist. Um 17.00 Uhr müssen Sie bereits am Flughafen sein. Der Weg dorthin dauert 30 Minuten, sodass Sie lediglich noch eine Stunde Zeit haben, um die anstehenden Dinge zu regeln. Da Ihr Handy kaputt ist und Sie sich in der Kürze der Zeit kein neues beschaffen können, sind Sie in Kuala Lumpur nicht zu erreichen und haben selbst auch nicht die Möglichkeit zu telefonieren.

Und in der Tat gab es noch vor meiner Abreise jede Menge zu regeln. Ich saß mit einem Berg von Unterlagen da und musste nun lesen, dass …

- *meine Tochter sich im Krankenhaus befindet (Mandel-OP), sich aber auf meinen Besuch am Abend freut,*
- *meine Frau Einkäufe für eine Schulreise der anderen Tochter ins Ausland macht und mich bittet, für diese Reise Geld umzutauschen,*
- *unserer Putzfrau von meiner Frau fristlos gekündigt wurde, da sie in letzter Zeit schlampig gearbeitet hat,*
- *der Nachbar mich dringend bittet, ihn zu besuchen, da am Abend die wichtige Bürgerinitiative gegen die geplante Landebahn für den Großflughafen in unserer unmittelbaren Nachbarschaft tagt,*
- *der Klempner eine böse Mahnung geschrieben hat, weil er nun schon zwei Wochen auf sein Geld wartet,*
- *ein Anruf von der Lehrerin auf dem Anrufbeantworter ist, die wegen gravierender Disziplinverstöße meines Sohnes um sofortigen Rückruf bittet,*
- *mein Rechtsanwalt in einer für mich wichtigen Rechtsangelegenheit unbedingt einen Termin vor meiner Malaysia-Reise mit mir verabreden möchte,*
- *mein Vorgesetzter meinen Anruf wegen der bevorstehenden Verhandlungen in Kuala Lumpur wünscht, und, und, und …*

Ungefähr 20 dieser Informationen, besser Katastrophenmeldungen, lagen schriftlich vor mir. Sie waren nicht etwa kurz und präzise, sondern zum Teil sehr weitschweifig formuliert. Ich musste mir erst den Bedeutungsgehalt für meine Situation mühsam herausarbeiten. Jetzt wurde von mir verlangt, zu diesen Nachrichten, Aufträgen, Erwartungen und Ansinnen Stellung zu nehmen. Wie gedachte ich damit umzugehen? Auf einem Extrapapier sollte ich meine Entscheidungen zu jeder dieser 20 Angelegenheiten/Vorkommnisse kurz skizzieren und begründen. Alles in einer knappen Stunde, versteht sich, mein Flugzeug wartete ja nicht auf mich. Ich dachte darüber nach, mich in Kuala Lumpur niederzulassen …«

Ziel der Postkorbübung ist es, Ihr Entscheidungs- und Führungsverhalten sowie Ihren Arbeitsstil zu beurteilen. Sind Sie in der Lage, Wichtiges von Unwichtigem zu unterscheiden und Prioritäten zu setzen? Können Sie Sachaufgaben delegieren und gleichzeitig nicht aus dem Auge verlieren, sondern ein System der Effizienz und Erfolgskontrolle mit einplanen? In der Regel gibt es für diese Übung eine halbe bis ganze Stunde Bearbeitungszeit. Seltener sind kürzere (sogenannte Mini-Postkörbe) oder deutlich längere Aufgaben mit entsprechend vielen Unterlagen (die Sie beispielsweise schon am Vorabend erhalten). Oftmals werden Sie unmittelbar im Anschluss an die Übung von Ihren Beobachtern zu einem Nach-(Klärungs-)Gespräch gebeten. Dort dürfen Sie Ihre Entscheidungen mündlich vortragen und erklären, gegebenenfalls rechtfertigen.

Der schriftliche Teil

Im Einzelnen geht es im schriftlichen Teil um folgende Anforderungsmerkmale:

1. Erfassung und Steuerung sozialer Prozesse
   - Einfühlungsvermögen:
     Erkennen/Berücksichtigung von Bedürfnissen/Gefühlen anderer
   - Integrationsfähigkeit:
     Fähigkeit zur Konfliktanalyse und -lösung
     Bündelung multipler/divergierender Interessen auf ein Ziel hin
   - Kooperationsfähigkeit:
     kein Dominanzstreben auf Kosten anderer
     Verzicht auf Druck- und Machtmittel
   - Informationspolitik:
     Weitergabe von Informationen

2. Systematisches Denken und Handeln
   - abstraktes und analytisches Denkvermögen:
     Informationsordnung nach vorgegebenen Kriterien
   - Kombinationsfähigkeit im Denken:
     Übernahme/Verarbeitung von Informationen/Denkstilen anderer
     die Fähigkeit, Alternativen zu entwickeln
   - Entscheidungsfähigkeit:
     Aufsuchen und Verarbeiten aller Informationen
     Entscheidungsfreudigkeit/kein Abschieben
     Reflexion der Entscheidungskonsequenzen
   - Arbeitsorganisation:
     Delegationsfähigkeit
     Einhalten von Zeitvorgaben
     Belastbarkeit/Stressresistenz
     Überblick verschaffen
     Gewissenhafte Bearbeitung
     Konzentrationsfähigkeit
   - Planung und Kontrolle:
     Strukturierungsvermögen komplexer Sachverhalte

3. Erkennbares Aktivitätspotenzial
   - Arbeitsantrieb/-motivation:
     Konstanz der Arbeitsleistung bei komplexen Aufgaben

4. Ausdrucksmöglichkeiten
   - schriftliches Darstellungsvermögen:
     klare, verständliche Sprache
     stilsichere Sprachgewandtheit im Schriftlichen

Bei dem sich an den Postkorb anschließenden Interview erkundigen sich die AC-Beobachter (oftmals detailliert) nach Ihren Entscheidungsgründen. Letztlich geht es darum, herauszufinden, ob Sie über Qualifikationsmerkmale wie Organisations- und Planungstalent und systematischen Arbeitsstil verfügen. Besonders interessiert sie Ihr Weitblick, d. h., ob Sie auch die Konsequenzen Ihrer Entscheidungen mit berücksichtigt haben.

Das Interview
Im Einzelnen geht es im Postkorbinterview u. a. um folgende Anforderungen:

1. Erfassung und Steuerung sozialer Prozesse
   - Kontaktfähigkeit:
     Vertrauen/Unterstellen positiver Absichten
   - Selbstdisziplin:
     auf Kritik angemessen (nicht eskalierend) reagieren
     moderat-freundlicher Umgangsstil

2. Systematisches Denken und Handeln
   - abstraktes und analytisches Denkvermögen:
     Gemeinsamkeiten herausfinden
   - Kombinationsfähigkeit im Denken:
     Übernahme/Verarbeitung von Informationen
   - Entscheidungsfähigkeit:
     angemessene Entscheidungsfreudigkeit/kein Ab-, Aufschieben
     Reflexion der Entscheidungskonsequenzen
   - Planung und Kontrolle:
     Suchen und Sichtbarmachen von Ordnungskriterien

3. Erkennbares Aktivitätspotenzial
   - Selbstwertgefühl:
     positiv und erfolgsorientiert
     angemessene Selbstsicherheit (auch bei Kritik)
   - Durchsetzungsvermögen:
     Zielstrebigkeit
     Durchsetzungsbeharrlichkeit

4. Ausdrucksmöglichkeiten
   - mündliche Formulierungsfähigkeiten:
     flüssige/unmissverständliche Ausdrucksfähigkeit
   - Überzeugungskraft:
     Argumentation erzeugt keinen Widerstand
     Flexibilität in Ausdruck/Argumentation

Sowohl in der Postkorbübung als auch im daran anschließenden Interview geht es vor allem um Ihre Belastbarkeit, Ihre Auffassungsgabe und Flexibilität. Können Sie vermitteln, dass Sie bei komplexen Aufgaben planvoll und überlegt organisieren, Ihre Arbeitsleistung selbst bei hohem Zeitdruck für eine längere Zeit nicht abfällt, Ihre Konzentration konstant bleibt und Sie begonnene Arbeiten zügig abschließen? An dieser Stelle zur Erinnerung: Nobody is perfect – und der Postkorb erst recht nicht! Jedoch: Dadurch, dass Sie wissen, was auf Sie zukommt, wird die Bewältigung entschieden einfacher. Und noch ein Trost: Er wird zunehmend seltener eingesetzt!

Postkorbübungen bestehen
Auch wenn es in der realen Arbeitswelt angezeigt ist, Dinge gründlich zu durchdenken – im Postkorb machen Sie damit keine Punkte, weil Sie keine oder zu wenig Zeit haben. Dokumentieren Sie hier Entscheidungsmut und Entschlossenheit. Zeigen Sie Selbstsicherheit und Optimismus. Und setzen Sie Prioritäten. Zunächst verschaffen Sie sich einen Überblick über alle Ihnen vorgelegten Informationen und notieren sich parallel auf einem Extrazettel wichtige Details. Dabei sollten Sie die folgenden Fragestellungen berücksichtigen:

1. Ist ein Überblick geschafft?
2. Lässt sich ein Zeitplan aufstellen?
3. Welche Vorgänge/Ereignisse sind wirklich wichtig, von Bedeutung und warum?
4. Welche können zurückgestellt, zunächst vernachlässigt werden und warum?
5. Wie sind die Zusammenhänge zwischen einzelnen Vorgängen/Ereignissen?
6. Welche weiteren Gemeinsamkeiten lassen sich finden?

Mit der bewährten »Vier-Häufchen-Methode« kommen Sie gezielt weiter: Ordnen Sie die Informationen folgenden vier Gruppen zu:

1. Muss ich selber machen
2. Kann ich delegieren
3. Kann warten
4. Kann in den Papierkorb

In den ersten beiden Gruppen gibt es wiederum Fragestellungen, an denen Sie sich orientieren können.

Fragen für die Eigenbearbeitung

- Welche Aufgaben müssen Sie unbedingt selbst bearbeiten?
- Welche Termine müssen eingehalten werden?
- Was passiert, wenn Termine verpasst werden?
- Lässt sich ein Ordnungssystem (Unterscheidungsmerkmale) für die einzelnen Vorgänge finden?
- Wo sind Prioritäten zu setzen und aus welchen Gründen?
  - Wie ist dabei die Interessenlage?
  - Wird bei der Bearbeitung, bei den Entscheidungen ein systematischer Leitfaden evident?

Fragen für zu delegierende Aufgaben

- Was lässt sich an andere Personen delegieren und warum?
  (Kontrollfrage dabei: Könnte bei den AC-Beobachtern der Eindruck entstehen, dass Sie sich vor Entscheidungen, Aufgaben drücken wollen? Diesen Eindruck sollten Sie unbedingt vermeiden!)
- Wie lässt sich dabei eine Effizienz- und Erfolgskontrolle gestalten?

Abschließend können Sie Ihre Entscheidungen einer kritischen Fragenkontrolle unterziehen:

- Fließen in die Entscheidungsfindung alle verfügbaren Informationen ein?
- Welche Konsequenzen, möglicherweise Probleme ziehen bestimmte Entscheidungen nach sich?
- Gibt es dazu Alternativen?
- Wie sind die Entscheidungen zu erklären, zu rechtfertigen, zu begründen?
- Sind die den Entscheidungen zugrunde liegenden Motive für die AC-Beobachter einsichtig?

Besondere Hinweise
Denken Sie daran, während der Bearbeitung der Aufgaben möglichst gelassen zu wirken (kein Haareraufen, kein lautes Stöhnen etc.). Denn Ihre Körpersprache wird von den Assessoren registriert, garantiert! In 99 Prozent der Postkorbübungen existiert keine Königslösung, also kein einzig richtiger Weg. Wichtig ist vielmehr, dass Sie im Interview begründen können, weshalb Sie sich für eine bestimmte Aufgabenverteilung entschieden haben, z. B. »weil Personalfragen immer Chefsache

sind« etc. Wer im Interview einen zu zögerlichen Eindruck macht, nicht klar erkennen lässt, dass er in der Lage ist, Entscheidungen zu treffen und die sich daraus ableitende Verantwortung zu übernehmen, wird mit Kritik an seinem Führungspotenzial rechnen müssen. Schlechte AC-Noten handelt sich auch ein, wer unsystematisch, eher aus dem Gefühl heraus Entscheidungen trifft bzw. sich sogar vor einigen drückt. Andererseits ist dieses Gespräch auch eine Chance, in der Situation durch neue Überlegungen und gute Argumente zu punkten. Und: Seien Sie tapfer, wenn aufgedeckt wird, dass Ihre Herangehensweise an die Probleme alles andere als logisch sinnvoll, geschweige denn systematisch und angemessen war. Warum? Es könnte sein, dass man Sie auch dabei nur wieder testen will: Man möchte prüfen, wie schnell Sie von Ihrem Standpunkt abzubringen sind.

Fazit zur Postkorbübung

Auch wenn der Name banal klingt, stellt die Postkorbübung hohe Anforderungen an die AC-Kandidaten. Eine halbe bis etwa eine Stunde lang muss der Teilnehmer einen enormen Zeitdruck ertragen. Über diesen Zeitraum sind insbesondere Konzentrationsfähigkeit, Stressresistenz, Arbeitsorganisation, Entscheidungsverhalten und Delegationsvermögen gefragt. In dem sich oftmals anschließenden Interview befindet man sich in einer Erklärungs- und Rechtfertigungssituation. Hier werden Kandidaten nicht selten in die Enge getrieben, um zu sehen, wie sie mit einer solchen Stresssituation umgehen und wie sehr sie zu ihren Entscheidungen stehen. Ergo: Nicht ins Bockshorn jagen lassen!

Die wichtigsten Tipps

- Gehen Sie mit Ruhe und Überlegung an die Arbeit.
- Treffen Sie nicht vorschnell Entscheidungen. Lesen Sie erst einmal alles quer. Denn: Später stellen sich Sachverhalte anders dar ...
- Seien Sie jedoch auch nicht zu zögerlich in Ihren Entscheidungen.
- Setzen Sie klare Prioritäten und verdeutlichen Sie diese Ihren Prüfern.
- Bleiben Sie äußerlich ruhig und gelassen, denn Sie werden beobachtet, auch wenn man Ihnen im direkten Gespräch vorhalten sollte, Sie lägen völlig falsch.
- Versuchen Sie nicht, Ihre (angeblich) zu langsame Arbeitsweise zu erklären, zu rechtfertigen. Das schwächt Sie eher, als dass es hilft.
- Nehmen Sie eventuelle Vorwürfe aufmerksam, aber mit Gelassenheit zur Kenntnis, möglicherweise will man Sie nur testen. Zeigen Sie Zuhörbereitschaft und setzen Sie sich offen-interessiert mit alternativen Vorgehensweisen auseinander, ohne gleich Fehler oder Schwächen einzugestehen.

Postkorbübung

Heute ist Mittwoch, der 29. Juni, 16 Uhr. Sie sind eben – in diesem Moment – von einer längeren Dienstreise, auf der Sie weder telefonisch oder noch sonst wie zu erreichen waren, nach Hause zurückgekehrt.

Ihr Name: Heinz Bell, Ihr Beruf: Ingenieur für Raffinerieanlagen

Am Donnerstag, den 30. Juni, müssen Sie um 8 Uhr eine geschäftliche Kurzreise nach China antreten und kommen erst am Montag, den 4. Juli, um 19 Uhr wieder zurück nach Hause. In China kann man Sie weder erreichen noch können Sie von dort aus telefonisch Kontakt mit Ihrer Heimat aufnehmen. Deshalb müssen Sie alle Dinge, die jetzt erledigt werden sollten, vor Ihrer Abreise organisieren.

Heute früh ist Ihre Frau wegen einer akuten Blinddarmentzündung in das Krankenhaus eingeliefert und vor fünf Stunden operiert worden. Vor ihrer Krankenhauseinweisung hat sie Ihnen alle wichtigen Briefe und Notizen in Ihren Postkorb getan.

Sie sind allein zu Hause und haben das Pech, dass Ihr Telefon kaputt ist. Die Nachbarn sind nicht erreichbar. Sie können also nicht telefonieren. Bis auf 400 Euro und einen Scheck in Ihrem Scheckheft haben Sie keine weiteren Zahlungsmittel im Haus.

In der nun folgenden Stunde, der Zeit von 16 bis 17 Uhr, müssen Sie Ihren Postkorb bearbeitet haben. Danach, in der Zeit von 17 bis 19 Uhr, stehen dringende Besorgungen in der Stadt an.

Im Postkorb finden Sie Notizen, Briefe, Vorlagen usw. Sehen Sie alle einzeln durch und schreiben Sie auf den Rand jeweils Ihre Entscheidung bzw. formulieren Sie, falls nötig, einen Brief. Sie können auch aufschreiben, was Sie durch wen zu veranlassen wünschen. Ob Sie z. B. eine Antwortnotiz anfertigen, Termine vereinbaren, anstehende Aufgaben gleich oder später lösen bzw. sich dafür entschließen, nichts zu tun. Sie allein entscheiden über die Vorgehensweise.

Versetzen Sie sich noch einmal in die Rolle und Situation von Heinz Bell – hier eine Zusammenfassung: 16 Uhr, Mittwoch, der 29. Juni. In einer Stunde sind die beigefügten Unterlagen zu bearbeiten. Sie sind allein zu Hause und keiner kann Ihnen helfen, nicht einmal das Telefon. Unterlagen mit auf die Chinareise zu nehmen und Dinge von unterwegs zu erledigen, ist nicht möglich.

Schreiben Sie deshalb alle Ihre Anordnungen auf.

Pünktlich in einer Stunde müssen Sie damit fertig sein, denn zwischen 17 und 19 Uhr sind unaufschiebbare Besorgungen zu machen. Morgen um 8 Uhr treten Sie Ihre Reise nach China an und kommen erst am Montag, dem 4. Juli, um 19 Uhr wieder zurück.

Folgende Personen gehören zu Ihrem Haushalt:

Heinz Bell	Sie selbst
Ulrike Bell	Ihre Frau
Klaus und Uschi	Ihre Kinder (14 und 15 Jahre alt)
Martha	Ihre Haushälterin
Milli	Ihr Au-pair-Mädchen
Bello	Ihr treuer Hund

Dokument 1

Mittwoch, 29.6., 8 Uhr

Mein lieber Heinz,

wegen einer akuten Blinddarmentzündung muss ich ins Krankenhaus und mich noch heute operieren lassen. Besuch mich doch bitte am Abend.

Hoffentlich bin ich bis Montag aus dem Krankenhaus entlassen und wieder auf den Beinen. Bis dahin musst Du Dich bitte um die Kinder und das Haus kümmern.

Bis um 18 Uhr sind die Kinder in der Schule. Sie haben leider keinen Schlüssel, kommen aber um 18.30 Uhr nach Hause. Martha hat frei und kommt morgen früh um 8.30 Uhr wieder.

Für Mittwoch Abend in einer Woche habe ich Karten für die Opernpremiere. Bitte halte Dir diesen Termin frei, es ist ja auch unser Hochzeitstag.

Noch etwas: Ich habe unser Au-pair-Mädchen rausgeschmissen und ihr fristlos gekündigt. Sie muss Geld und Schmuck gestohlen haben. Natürlich bestreitet sie alles. Am Montag kommt sie um 14 Uhr und will ihr Zeugnis sowie noch 100 Euro Lohn haben. Kannst Du das bitte übernehmen?

Wichtige Unterlagen und Briefe findest Du in Deinem Posteingangskorb.

Grüße an Dich und die Kinder.

Deine

Ute

Dokument 2

Terminkalender

Datum	Uhrzeit	
	08	14
	09	15
Mo	10	16
4.7.	11	17
	12	18
	13	19
	08	14
	09	15
Di	10	16
5.7.	11	17
	12	18
	13	19
	08	14
	09	15
Mi	10	16
6.7.	11	17
	12	18
	13	19
	08	14
	09	15
Do	10	16
7.7.	11	17
	12	18
	13	19
	08	14
	09	15
Fr	10	16
8.7.	11	17
	12	18
	13	19

Dokument 3

Dr. med. dent. Erwin Bohr
Zahnarzt

24. Juni

Lieber Herr Bell,

wie ich neulich mit Ihnen besprochen habe, ist es jetzt an der Zeit, unsere Rechte im Kampf gegen die neue Umgehungsstraße wahrzunehmen.

Es kann doch wohl nicht angehen, dass ausgerechnet wir von unseren Grundstücken Land abgeben müssen und obendrein auch noch die Lärmbelästigung hinnehmen sollen.

Das Straßenbauamt hat mir auf telefonische Anfrage Mittwoch, den 6. Juli, um 10 Uhr als Termin benannt, um über die Lärmschutzmaßnahmen zu diskutieren.

Ich bitte Sie, lieber Herr Bell, diesen Termin unbedingt wahrzunehmen.

Mit freundlichen Grüßen,
ich rechne mit Ihrem Kommen

Erwin Bohr

Dokument 4

Landessparbank Entenhausen

Dienstag, 28. Juni

Sehr geehrter Herr Bell,

in Ihrem Aktiendepot bei uns verfügen Sie über Werte der Winterfeld-AG in Höhe von 50.000 Euro. Uns ist zugetragen worden, dass die Winterfeld-AG voraussichtlich zum 1. Juli Konkurs anmelden muss. Was das für Ihre Aktien bedeutet, ist nicht schwer einzuschätzen. Mit massiven Verlusten – vielleicht sogar bis zu 95 Prozent – muss gerechnet werden.

Unser Vorschlag: Ermächtigen Sie uns, Ihre Aktien jetzt zu einem Kurs von 50 Prozent zu verkaufen. Unser Angebot gilt bis Mittwoch, den 29. Juni, 18 Uhr.

Mit freundlichen Grüßen

B. Müller
Bankdirektor

H. Schulze, ppa.

Dokument 5

28.6.

Lieber Papa,

am Mittwoch, den 6.7., ist in der Schule Elternsprechtag in der Zeit von 10–13 Uhr. Unser Klassenlehrer möchte einige heikle Vorfälle mit Euch besprechen.

Eigentlich halten Klaus und ich das für unnötig, aber sicherlich solltet Ihr doch hingehen.

Deine Tochter

Dokument 6

Gärtnermeister Grün

19.6.

Sehr geehrter Herr Bell,

am Dienstag, den 5.7., und Mittwoch, den 6.7., wollen wir wie jedes Jahr Ihren Garten bepflanzen. Über die Neugestaltung haben wir ja bereits mit Ihrer Frau ausführlich gesprochen.

Bitte hinterlassen Sie bei Ihrer Hausangestellten eine erste Anzahlung in Höhe von wenigstens 400 Euro. Dies ist notwendig, um die hohen Auslagekosten, die uns entstehen, abzumildern.

Mit freundlichen Grüßen

Gärtnermeister

Dokument 7

Kreisgericht Entenhausen 27.6.

Herrn
Heinz Bell
Mausstr. 1

33333 Entenhausen

Schöffe am Kreisgericht

Sehr geehrter Herr Bell,

wir freuen uns, Ihnen mitteilen zu können, dass Sie als ehrenamtlicher Schöffe ausgewählt wurden, und bitten Sie, sich am Dienstag, den 5. Juli, in der Zeit von 15–18 Uhr im großen Saal des Kreisgerichtes einzufinden, wo die Einweisung und Vereidigung stattfinden wird.

Nur in wirklich begründeten Ausnahmefällen können Sie sich der Tätigkeit als Schöffe entziehen.

Mit vorzüglicher Hochachtung

Justizangestellte

Dokument 8

Lieber Herr Bell,

eben ist Ihre Frau ins Krankenhaus gebracht worden. Hoffentlich geht alles gut!

Darf ich Sie bitten, mir für morgen den beigelegten Blankoscheck zu unterschreiben und mir etwa 200 Euro für dringend notwendige Einkäufe in bar zu hinterlegen. Ich weiß nicht, ob ich Sie morgen sehe, aber einige Sachen müssen dringend bezahlt werden.

Mit lieben Grüßen
Ihre treue Perle

Martha

Dokument 9

Grund und Boden GmbH
Postfach 007
33333 Entenhausen

Per Einschreiben/Rückschein 15.6.
Herrn
Heinz Bell
Mausstr. 1

33333 Entenhausen

Sehr geehrter Herr Bell,

seit über drei Jahren leben Sie und Ihre Familie in dem von uns betreuten Haus in der Mausstraße 1.

Unsere Mandantin hat sich jetzt entschlossen, die Miete zu erhöhen. Wir weisen auf § 4, Abs. 2,1 des Mietvertrages hin und bitten Sie um Verständnis, wenn wir die Kaltmiete den gestiegenen Kosten entsprechend zum 1.9. um 20 Prozent anheben.

Wir bitten Sie, uns bis zum 4.7. Ihre Zustimmung schriftlich abzugeben. Andernfalls müssten wir Ihren Mietvertrag fristgemäß zum Quartalsende kündigen.

Mit freundlichen Grüßen

Viktor Wucherer
Geschäftsführer

Dokument 10

28.6.

Lieber Papa,

für Mama habe ich ein schönes Geschenk zu ihrem Geburtstag besorgt. Die Damen-Rolex war ein Sonderangebot für 500 Euro und sie wollte doch schon immer so eine Uhr. 100 Euro habe ich dazu beigesteuert, den Rest sollte der Verkauf meines Mofas bringen. Nun kann mein Freund die 300 Euro für das Mofa nicht bezahlen, weil seine Eltern gegen den Kauf sind. Ich schulde dem Juwelier aber noch 400 Euro. Kannst Du die mir bitte vorstrecken? Wenn mein Mofa verkauft ist, bekommst Du sie sofort wieder.

Dokument 11

Platon-Wirtschaftsbriefe, Frankfurt a. M., Nr. 24 / 28.6.

Informationen aus Wirtschaft und Politik

Mehrwertsteuer
Berlin. Die Bundesregierung, insbesondere der Finanzminister, denkt über eine weitere Erhöhung der Mehrwertsteuer nach. Verschiedene Modelle sind im Gespräch. Denkbar wäre eine Anlehnung an das italienische Modell, das bestimmte Wirtschaftsgüter mit einem erhöhten Mehrwertsteuersatz belastet. Voraussichtlich noch in diesem Herbst wird eine mindestens fünfprozentige Steigerung des jetzigen Steuersatzes für Luxusgüter im Kabinett diskutiert werden.

Zinspolitik
Frankfurt a. M. Trotz heftiger Bedenken der Bundeskanzlerin sieht der Bundesbankpräsident keine Veranlassung, an den derzeitigen Leitzinsen etwas zu verändern. Der Euro müsse stabil bleiben, die Krise sei nicht hausgemacht, so seine Argumente bei einem Besuch im Bundeskanzleramt.

Waggonbau
München. Die Pläne der großen westdeutschen Schienenfahrzeughersteller, die deutsche Waggonbau AG (DWA) in den neuen Bundesländern zu übernehmen, sind geplatzt. Ursache ist der Einspruch des Bundeskartellamtes, das unzulässige Absprachen monierte. Nachdem auch der englisch-französische Konzern GEC Alsthom, Produzent des Hochgeschwindigkeitszuges TGV, wenig Interesse an der DWA zeigt, wird jetzt ein Angebot der Siemens AG erwartet.

Spekulation
Frankfurt a. M. Gut informierte Schweizer Börsenkreise spekulieren darüber, dass verschiedene deutsche Banken ihren Kunden nahelegen, sich von den Aktien der Winterfeld-AG zu trennen. Die tatsächlichen Schwierigkeiten der Winterfeld-AG (s. Bericht Nr. 21) seien weitestgehend behoben, sodass kein Insolvenzverfahren drohe, der Kurs der Aktien aber würde ein Aufkaufen großer Stückzahlen lohnend erscheinen lassen.

Wirtschaftskriminalität
Zürich. Die Firma Rolex warnt in ihrem neuesten Pressedienst vor Fälschungen im Bereich ihrer hochwertigen Herren-Markenuhren. Es seien über den ehemaligen Ostblock große Stückzahlen gefälschter Uhren aufgetaucht, die für Experten lediglich an dem grob-knisternden Ticken zu erkennen seien.

Dokument 12

Schwan-Gymnasium Entenhausen, 28.6.
Der Schulleiter

Sehr geehrter Herr Bell,

leider muss ich Ihnen mitteilen, dass Ihre beiden Kinder Uschi und Klaus Bell gestern zum fünften Mal in diesem Monat unentschuldigt vom Unterricht ferngeblieben sind. Bereits vor zwei Wochen, als Ihre Kinder das dritte Mal unentschuldigt fehlten, schrieb ich Ihnen und bat um Ihre Stellungnahme.

Das mir vorgelegte Entschuldigungsschreiben mit Ihrer Unterschrift hat mein Misstrauen erweckt und ich möchte Sie bitten, mich aufzusuchen, um diese Angelegenheit zu klären.

Sollte ich von Ihnen nichts hören, muss ich erwägen, Ihre Kinder aus disziplinarischen Gründen von der Schule zu verweisen.

Hochachtungsvoll

Dr. Bellermann
Schulleiter

Dokument 13

28.6.

Lieber Herr Bell,

eben erhielt ich den Anruf unseres schwierigen Nachbarn, der doch so gut mit Ihrem Chef steht. Der Nachbar beklagt sich, dass unser Wasser aus der Regenrinne seinen Garten unterspült. Unsere Dachrinnen sind leider verstopft. Er drohte sogar, Sie anzuzeigen, möchte aber vorher mit Ihnen am Montag, den 4.7., um 15 Uhr sprechen.

An diesem Tag gegen 16 Uhr stellt sich auch das neue Au-pair-Mädchen vor.

Eben hat Ihr Büro angerufen und gesagt, dass Sie vor Mittwoch nicht zurück seien. Alle Bürotermine sind abgesagt worden.

Für Mittwoch, den 6.7., hat sich gegen 19 Uhr Ihr Chef mit einem wichtigen Anliegen zu Ihnen nach Hause eingeladen. Ich weiß nicht, worum es dabei geht, denke aber, es könnte ja wichtig sein.

Ihre Perle

Martha

Dokument 14

Egon Groschenbügel
Rechtsanwalt und Steuerberater 27.6.

Lieber Herr Bell,

die in Ihrer letzten Steuererklärung ausgewiesenen Verluste aus Aktienspekulationen können Sie leider so nicht steuerlich absetzen.

Wir schlagen Ihnen vor, eine Risikoversicherung z. B. gegen Kursfall wegen Konkurs abzuschließen. Pro 500 Euro beträgt die Prämie lediglich 15,95 Euro. Die maximale Versicherungshöhe liegt jedoch bei 40.000 Euro.

Weitere Einzelheiten müssten wir persönlich besprechen. Da ich am 29.6. nur bis 19 Uhr in meinem Büro bin, sollten wir uns bis dahin besprochen haben. Bitte bringen Sie für die Versicherung ggf. einen Scheck mit.

Mit freundlichen Grüßen

Dokument 15

Terminplanung
Wie Sie wissen, ist heute Mittwoch, der 29.6., kurz vor 17 Uhr. Um 19 Uhr schließen alle Geschäfte und Büros. Und auch Sie müssen wieder zu Hause sein. In den Ihnen verbleibenden zwei Stunden wollen Sie so viel wie möglich persönlich erledigen.

Leider ist Ihr Auto nicht fahrbereit und andere Transportmittel stehen nicht zur Verfügung. Selbst das Telefon fällt aus.

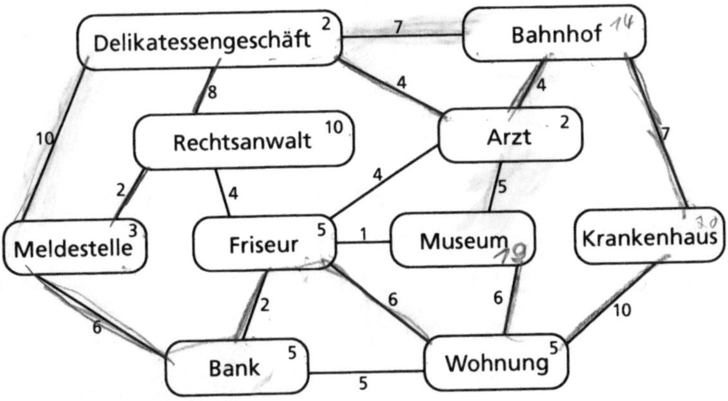

Der Lageplan zeigt die verschiedenen Anlaufstellen und die möglichen Wege. Die Zahlen auf den gestrichelten Linien bedeuten die Zeit, die Sie jeweils zu Fuß benötigen, um Ihr Ziel zu erreichen. Die Zahl in dem Kästchen beziffert die notwendige Aufenthaltsdauer (alles in Minuten).

Um z. B. vom Friseur zum Bahnhof zu gehen, brauchen Sie acht Minuten (zweimal vier). Dieser Weg führt Sie über den Arzt, Sie müssen aber nicht zum Arzt reingehen.

Beim Arzt ist Ihr Impfzeugnis abzuholen, das Sie für Ihre Chinareise unbedingt benötigen. Die Bank wird um 19 Uhr geschlossen, Sie müssen aber um 18.30 Uhr zu Hause sein, um Ihre Kinder, die keinen Schlüssel haben, reinzulassen. Dafür sind fünf Minuten Aufenthalt zu kalkulieren (siehe Plan). Ein Besuch beim Friseur (fünf Minuten) ist notwendig, da Ihr Rasierapparat kaputt ist. Das Delikatessengeschäft sollten Sie aufsuchen, um den Präsentkorb für die Frau Ihres Chefs abzuholen. Sie werden ihn ihr am Bahnhof übergeben, denn ihr Zug kommt um 17.57 und fährt um 18.03 Uhr, und Sie haben es Ihrem Chef versprochen, seine Frau heute an ihrem 60. Geburtstag besonders nett zu überraschen. Ihre eigene Frau kann ab 17 Uhr im Krankenhaus besucht werden. Bei der Meldestelle müssen Sie bis 17.30 Uhr Ihren

Reisepass abgeholt haben. Im Museum wartet Ihre Freundin in der Zeit zwischen 17 und 19 Uhr auf Sie.

Versuchen Sie, alle Anlaufstellen zu erreichen, für jede Minute, die Sie im Krankenhaus verbringen, bekommen Sie zusätzlich drei Extrapunkte, für jede Minute im Museum zwei.

Für Ihre Zeitplanung

Bitte tragen Sie Ihren optimalen Weg in der Skizze ein, hier Ihre Verweilzeiten:

Start: Haus

Wegezeit: von Haus nach Friseur ______ 6 Minuten

Am/im Friseur von 17.06 bis 17.11 = ______ Minuten

Wegezeit: von ______ nach ______ ______ Minuten

Am/im ______ von ______ bis ______ = ______ Minuten

Wegezeit: von ______ nach ______ ______ Minuten

Am/im ______ von ______ bis ______ = ______ Minuten

Wegezeit: von ______ nach ______ ______ Minuten

Am/im ______ von ______ bis ______ = ______ Minuten

Wegezeit: von ______ nach ______ ______ Minuten

Am/im ______ von ______ bis ______ = ______ Minuten

Wegezeit: von ______ nach ______ ______ Minuten

Am/im ______ von ______ bis ______ = ______ Minuten

Wegezeit: von ______ nach ______ ______ Minuten

Am/im ______ von ______ bis ______ = ______ Minuten

Wegezeit: von ______ nach ______ ______ Minuten

Am/im ______ von ______ bis ______ = ______ Minuten

Wegezeit: von ______ nach ______ ______ Minuten

Am/im ______ von ______ bis ______ = ______ Minuten

Wegezeit: von ______ nach ______ ______ Minuten

Am/im ______ von ______ bis ______ = ______ Minuten

Gesamtzeit ______ Minuten

Alle Anlaufstellen erreicht? ja ☐ nein ☐

Es fehlen: (Begründung)

____

____

____

Ein Arbeitsblatt nach folgendem Muster hilft Ihnen, Entscheidungen und deren Begründungen festzuhalten und später mit den Lösungsvorschlägen zu vergleichen.

Dokument	*Entscheidung*	*Begründung*
1. Notiz Ehefrau	______	______
2. Kalender	______	______
3. ______	______	______
4. ______	______	______
______	______	______
______	______	______
______	______	______
______	______	______
______	______	______
______	______	______
______	______	______
______	______	______
______	______	______
______	______	______
______	______	______

Lösungen auf Seite 266 ff.

Die (Selbst-)Präsentation

Das »Selbst« haben wir in Klammern gesetzt, denn diese AC-Aufgabe kann sich auf zweierlei Weise darstellen: Einmal, und das ist am wahrscheinlichsten, werden Sie gebeten, sich selbst vorzustellen und sich den anderen Anwesenden zu präsentieren. Hierüber haben wir schon einmal ganz am Anfang dieses Kapitels gesprochen. Sie haben dann dabei entweder freie Hand, können also selbst entscheiden, wie Sie was über sich erzählen wollen; oder mit Vorgabe, z. B.: »Stellen Sie uns Ihre drei größten Stärken und Schwächen vor, die wichtigsten Stationen in Ihrem Lebenslauf«, oder: »Beschreiben Sie Ihren Lieblingsurlaubsort«. Die andere Variante dieser AC-Übung ist eine reine Präsentationsaufgabe: Sie sollen beispielsweise einen Vortrag über ein vorgegebenes Thema halten oder die wichtigsten Thesen aus Aufsätzen, die man Ihnen vorher zu lesen gab, präsentieren. Möglich ist z. B. auch, dass man Sie bittet, in die Rolle eines Radiomoderators zu schlüpfen. Egal um welche Art der Präsentation es sich handelt – erklärtes Ziel ist es, ein Thema in der Kürze der Zeit inhaltlich zu erfassen und es geschickt in einem mündlichen Vortrag den Zuhörern zu vermitteln. Dabei geht es in der Regel um Standpunkte, die zu vertreten sind, oder um Überzeugungsarbeit, die von Ihnen geleistet werden muss. Auch bei der Selbstpräsentation: Schließlich gilt es dort, die anderen davon zu überzeugen, dass sie es mit einer interessanten, sympathischen Persönlichkeit zu tun haben! Bei diesem AC-Spiel haben Sie möglicherweise nur eine sehr knappe Vorbereitungszeit von fünf bis zehn Minuten, denkbar ist aber auch ein abendliches, mehrstündiges Aktenstudium zur Vorbereitung. Als angehender Azubi ist die erste Variante üblicher. Das heißt, Sie werden gebeten, sich selbst den anderen Bewerbern und den Beobachtern vorzustellen – etwa so, wie es folgende Bewerberin erlebt hat:

»Im Laufe des Nachmittags waren drei Aufgaben zu lösen: Die erste bestand in der Präsentation, die allerdings nicht wie allgemein üblich ablaufen sollte (Ich heiße …, meine Hobbys sind …). Vielmehr wurde jeder Bewerber aufgefordert, sich mit drei Städten zu charakterisieren. So z. B. dem Ort, an dem man geboren war, wo man jetzt wohnt, und dem bevorzugten Urlaubsort. Die ausgewählten Städte sollten dann am Flipchart mit einem Kreuz gekennzeichnet werden. Für all die Bewerber, die noch nie in ihrem Leben umgezogen waren und ein Leben lang in der gleichen Stadt wohnten, ergab sich natürlich ein Problem. Allerdings kam es bei dieser Übung anscheinend nicht so sehr auf den Wahrheitsgehalt an, sondern darauf, wie man sich präsentiert. Peinlich werden konnte es bei dieser Übung, wenn man geografisch nicht so sattelfest war und seine drei Städte im Verhältnis zu den anderen schon eingemalten Orten am Flipchart nicht so genau lokalisieren konnte …«

Die Beobachter konzentrieren sich bei Ihrer Präsentation zunächst auf das Wie Ihres Vortrags und nehmen die inhaltliche Beurteilung erst später vor. Im Folgenden sehen Sie eine Aufstellung der Anforderungsmerkmale, die Ihnen Pluspunkte bringen:

1. Die Erfassung und Steuerung sozialer Prozesse
   - Einfühlungsvermögen:
     Erkennen/Berücksichtigung von Bedürfnissen der Zuhörer
   - Kooperationsfähigkeit:
     Aufgreifen und Weiterführung vorhandener Meinungen/Ideen

2. Das Erkennenlassen systematischen Denken und Handelns
   - analytisches und abstraktes Denken: didaktisch sinnvoller und logischer Aufbau des Vortrages/Strukturierungsfähigkeit
   - Arbeitsorganisation: Einhalten von Zeitvorgaben
   - Belastbarkeit: Stressresistenz
   - Entscheidungsfähigkeit: Entwicklung und Beurteilung von Alternativkonzepten, Reflexion von Entscheidungskonsequenzen
   - Planung/Kontrolle: Formulierung von Zielvorstellungen

3. Das erkennbare Aktivitätspotenzial
   - Selbstwertgefühl: Ausstrahlung von positivem Denken und Erfolgsorientierung, angemessene Selbstsicherheit
   - Kreativität: Einfallsreichtum
   - Durchsetzungsvermögen: Erzielen von Aufmerksamkeit/Konzentration, Zielstrebigkeit

4. Die Ausdrucksmöglichkeiten
   - mündliche Formulierungsfähigkeiten: flüssige/unmissverständliche Ausdrucksfähigkeit, deutliches, verständliches Sprechen
   - Überzeugungskraft: Plausibilität von Vorschlägen/Methoden/Zielen, Argumentation erzeugt keinen Widerstand
   - Flexibilität: Verwendung von plastischen Vergleichen/Bildern, Variabilität der Ausdrucksmöglichkeiten, didaktischer Einsatz von optischen Hilfsmitteln

Bei der Präsentation – und das versteht sich von selbst – geht es natürlich weniger um das zwischenmenschliche Verhalten, sondern mehr um Sprachgestaltung, Form, Ausdruck, Klarheit und Sicherheit, Ausstrahlung, Überzeugungskraft und erst an letzter Stelle um Sachkompetenz. Das gilt vor allem für willkürliche, mit dem Ausbildungsplatz kaum in Bezug zu setzende Ein-Wort-Themen wie »Der Glaube« oder Allerweltsthemen wie »Tempolimit: pro und kontra«.

So gelingt Ihr Vortrag

Wenn Ihnen Lesematerial gegeben wird, aus dem Sie einen Vortrag »basteln« sollen, dann helfen Ihnen folgende Bearbeitungstipps weiter: Notieren Sie zunächst alles – ruhig ungeordnet, aber weiträumig untereinander –, was Ihnen zu dem vorgegebenen Thema einfällt. Hilfreich sind Fragestellungen wie:

- Welchen Kernbegriff (*Keyword*) enthält das Thema?
- Welche weiteren Begriffe stecken im Thema?
- Welche anderen Begriffe/Stichworte werden assoziiert? (Das können sein: vergleichbare ähnliche, gegensätzliche, Ober- /Unterbegriffe zum Kernbegriff)

Auch die bekannten W-Fragen (Wer, wie, was, wann, wo, warum?) können dazu einen wichtigen Beitrag leisten:

- Was heißt ...? Was ist ...? Was bedeutet (für mich/den Einzelnen/die Gesellschaft) ...?
- Wer ist mit ... befasst?
- Welche Arten von ... gibt es?
- Wann geschieht ...?
- Wo geschieht ...?
- Warum ...?
- Welche Ursache ...? Welchen Zweck ...? Welche Folgen, Vor-/Nachteile, Gefahren ...?
- Wem nützt/schadet ...?
- Wozu dient ...?

Schlüpfen Sie gedanklich doch einmal in andere Personen (Freunde, Mitschüler, Lehrer, Eltern, Geschwister). Wie würden die argumentieren? Ordnen Sie die so gewonnenen Stichworte nach Zusammengehörigkeit, nach Einordnungsmöglichkeit in die Gliederungsabschnitte:

- Einleitung
- Hauptteil
- Schluss

Für Problemstellungen, die eine Pro/Kontra-Erörterung verlangen, bewährt sich folgende Gliederung des Hauptteils:

- These (Argumente für ...)
- Antithese (Gegenargumente)
- Wenn möglich: Lösung, Entscheidung (Synthese)

Haben Sie es in Ihrem Vortrag mit einem berufstypischen Fachproblem zu tun, bietet sich eine Gliederung des problemlösungsorientierten Kurzvortrages durch folgende Fragen an:

- Worin besteht das Problem?
- Wie ist bisher damit verfahren worden?
- Welche Lösungsansätze sind praktikabel/welche nicht?
- Wie sieht meine Empfehlung aus?

Die vorgegebene Zeit für Ihren Vortrag sollten Sie unbedingt einhalten. Leider oder auch Gott sei Dank sind die fünf oder zehn Minuten Vortragszeit schneller vorbei, als der unter Prüfungsstress stehende Kandidat sich vorstellen kann. Wenn Sie mit dem Vortrag aufhören müssen, weil die Zeit abgelaufen ist und wichtige Ihrer vorbereiteten Argumente ungesagt bleiben, haben Sie diese AC-Prüfung in den Sand gesetzt. Also: Verzichten Sie lieber auf ein paar zusätzliche, aber schwächere Argumente, und lassen sie genügend Raum für die wirklich guten.

Das Stressinterview

Bisweilen wird bei AC-Interviews mit »harten Bandagen« gekämpft. Mit Stressinterviews soll – wie der Name schon sagt – Ihre Stress- und Frustrationstoleranz getestet werden. Das Hauptziel der Veranstalter ist hierbei, Sie aus der Reserve zu locken, zu provozieren und Ihr Verhalten in einer Stresssituation zu testen. Es liegt an Ihnen, wie weit Sie sich darauf einlassen und inwieweit Sie vorbereitet sind. Wie schwer es ist, nicht aus der Haut zu fahren, beschreibt folgender Bewerber:

»Zwei unbekannte Personen saßen mir gegenüber, eine dritte kannte ich bereits aus dem Kreis der AC-Beobachter. Letztere machte uns miteinander bekannt. Ich bekam als Erstes die Frage gestellt: ›Nun, Herr M., wie fühlen Sie sich denn heute?‹ Die Frage kam mit einem gewissen Unterton, der mir sofort Sorgen bereitete. Spielte man wirklich auf die am Vortag eingestandene leichte Erkältung an? Oder war mehr der nicht gerade überzeugende Eindruck gemeint, den ich bei der Gruppendiskussion über das Thema ›Glücksspiel‹ hinterlassen hatte? Mein ›Danke der Nachfrage‹ schien ausreichend genug, denn sofort hatten sie eine neue Frage parat: Ob ich so gut sein könnte, ihnen einmal kurz meinen Werdegang zu schil-

dern. Nach zwei Minuten wurde ich mit der Frage unterbrochen, wie denn meine beruflichen Ziele jetzt aussehen würden. Allerdings war man nur noch bereit, sich das eine knappe halbe Minute lang anzuhören. Kaum war ich in Fahrt gekommen, da brandete die Frage an, ob ich denn wirklich zufrieden sein könne mit meinen bisher gezeigten Leistungen im Assessment Center? Natürlich nicht, gab ich zähneknirschend zu, was dazu führte, dass sie nun wissen wollten, ob ich mich nicht mit der Bewerbung hier übernommen hätte? Außer einem etwas dummen ›Wieso?‹ fiel mir vor lauter Schreck nichts ein. Mit süß-saurer Miene gaben sie zu, mein schlechtes Abschneiden aufrichtig zu bedauern. Was ich dazu zu sagen hätte, wollten sie wissen. Das Ganze ging noch etwa fünfzehn Minuten so weiter, die mir allerdings vorkamen wie eine geschlagene Stunde. Viel habe ich nicht zu meiner Verteidigung sagen können, als plötzlich der Interviewstil kippte und man mir bedeutete, dass alles vorher Gesagte überhaupt nicht so gemeint gewesen sei. Im Gegenteil – man sei recht zufrieden und ich hätte eben bewiesen, was ich für gute Nerven habe. Ob ich schon mal was vom Stressinterview gehört hätte? Offensichtlich nicht. Ich durfte mich entfernen und ging in den Raum zurück, in dem alle Kandidaten Ihren Aufsatz schrieben. Mit weichen Knien setzte ich mich wieder an das Aufsatzthema ›Vorbilder heute‹ und musste an die Irrfahrten und Prüfungen des armen Odysseus denken ...«

Die oberste Regel im Stressinterview lautet: Ruhe bewahren und gelassen bleiben. Antworten Sie möglichst kurz und knapp, nötigenfalls können Sie freundlich, aber bestimmt darauf hinweisen, dass es auch für Ihre Toleranz und Geduld Grenzen gibt. Sehr beliebt bei Interviewern ist es auch, Schweigepausen einzulegen. Das soll Sie als Kandidaten verwirren, aus dem Konzept bringen. Aber Sie lassen sich natürlich nicht in diese Falle locken, durchschauen diesen Versuch und ertragen ihn mit freundlicher Gelassenheit. Übrigens: Sie müssen nicht alle Fragen beantworten. Intime Details, Ihre Entscheidung, wo Sie als Erstwähler Ihr Kreuzchen gemacht haben oder welche Partei Sie, wenn Sie schon wählen könnten, bevorzugen würden, gehen niemanden etwas an. Weisen Sie derartige Fragen zurück – selbstverständlich auf die bewährte freundliche Art. Zeigen Sie, dass Sie auch Grenzen setzen können. Lassen Sie sich nicht »verführen« oder dazu hinreißen, Dinge auszuplaudern, die Sie eigentlich nicht mitteilen wollten. Das beste Rezept, aus dem Stressinterview heil herauszukommen, ist erstens, das Ziel Ihres Gegenübers zu durchschauen (Sie wissen ja, Stichwort Provokation), und zweitens, auf unangenehme, heikle Fragen vorbereitet zu sein. Überlegen Sie, ob es in Ihrem Lebenslauf Punkte gibt, auf denen der Stressinterviewer »herumhacken« könnte (Sitzenbleiben z. B., oder eine größere Zeitspanne zwischen Schulabschluss und der Bewerbung). Es kommt für Sie darauf an, dass Sie für sich eine Strategie entwickeln, um mit diesen Situationen fertig zu werden. Beispiele für fiese Fragen:

- Was spricht gegen Sie als Bewerber?
- Was sind Ihre Schwächen, Defizite, Nachteile?
- Was war Ihr größter Misserfolg, Ihre größte Enttäuschung?
- Was haben Sie daraus gelernt?
- Wovor fürchten Sie sich?
- Was kann Sie richtig ärgerlich machen?
- Was mögen Sie nicht, schätzen Sie bei z. B. Freunden, Klassenkameraden, Lehrern und Eltern nicht?
- Welche Anti-Vorbilder haben Sie, welche Personen lehnen Sie ab und warum?
- Was würden Sie in Ihrem Leben anders machen, wenn Sie noch mal von vorn anfangen könnten?
- Was wollen Sie wann und wie beruflich in Ihrem Leben erreicht haben?
- Was ist Ihr Lebensmotto?
- Wie definieren Sie die Begriffe Führung, Verantwortung, Schwäche, Leistung?
- Was machen Sie, wenn wir Sie nicht nehmen?
- Was würden Sie tun, wenn Sie im Lotto Millionen gewännen?

Ein kleiner Hinweis noch: Missverstehen Sie nicht jede kritische Frage als den Beginn eines Stressinterviews, und begegnen Sie Ihrem AC-Interviewpartner nicht von vornherein »über-misstrauisch«.

Die elf wichtigsten Verhaltensregeln für das AC-Interview

- Hören Sie aufmerksam, konzentriert-zugewandt zu.
- Halten Sie angemessenen Blickkontakt.
- Beobachten Sie genau (ohne zu mustern).
- Überlegen Sie, bevor Sie antworten, nehmen Sie sich die Zeit.
- Scheuen Sie sich nicht, nachzufragen.
- Reden Sie lieber etwas weniger als zu viel.
- Lassen Sie Ihren Gesprächspartner (aus-)reden.
- Warten Sie ab, stehen Sie auch mal eine kleine Gesprächspause durch.
- Seien Sie lieber etwas mehr zurückhaltend als zu wenig.
- Bleiben Sie sachlich, ruhig, geduldig und gelassen.
- Last but not least: Versuchen Sie, die wichtigsten Regeln der Körpersprache, die wir im Folgenden ausführen, zu berücksichtigen.

Körpersprache – eine weitere Fremdsprache

Wenn wir Ihnen in Sachen Stressinterview geraten haben, Gelassenheit an den Tag zu legen, sollten Sie nicht nur Ihre Worte wohlbedacht wählen und auch andere Signale wie die Körpersprache berücksichtigen. Erhobener Zeigefinger, hochgezogene Augenbrauen, gerümpfte Nase und eine in Falten gelegte Stirn sprechen eine deutliche Sprache. Wer die Hände im Schoß faltet oder hinter dem Kopf verschränkt, signalisiert seiner Umwelt bewusst oder unbewusst etwas. Nur was, ist die Frage. AC-Beobachter haben quasi Listen im Kopf, was eine bestimmte Haltung, Geste, Mimik usw. angeblich für eine Bedeutung hat. Im Wesentlichen geht es um:

- Blickverhalten
- Mimik
- Gesten
- Körperhaltung
- Sprechweise
- Geruch

Bitte nehmen Sie die folgende Aufstellung nicht zu ernst, aber Sie sollten wissen, wie Ihr Verhalten – bei der Gruppendiskussion, bei Präsentationen und im AC-Interview – möglicherweise interpretiert werden könnte.

Körpersignal	**Bedeutung**
Blickverhalten	
Augen betont weit offen	Aufmerksamkeit, Aufnahmebereitschaft, Sympathie, Weltoffenheit signalisierend, Flirtverhalten
verengte Augenöffnung	Konzentration, Entschlossenheit, Eigensinn, Kleinlichkeit, überkritische Haltung
zugekniffene Augen	Abwehr, Unlust
gerader Blick	Offenheit, Gewissensreinheit, Vertrauen
schräger Blick	abschätzende Zurückhaltung
häufiger Blickkontakt	Sympathie
häufiges Wegsehen	mangelnde Sympathie oder Verlegenheit
auffällig häufiger Lidschlag	Unsicherheit, Befangenheit, auch nervöse Störung
Mimik	
offenes Lächeln	offene Heiterkeit, uneingeschränkte Freude
gequältes Lächeln	Ironie, Schadenfreude, Blasiertheit, Angst
meist geöffneter Mund	Mangel an Selbstkontrolle
zusammengepresster Mund	Zurückhaltung, Reserviertheit, Verkniffenheit, Kontaktarmut
Mundwinkel nach unten	Bitterreaktion, Pessimist, depressiver Zustand

Körpersignal	Bedeutung
Mundwinkel nach oben	Aktivität bis Abwehr
Heben der Augenbrauen	Ungläubigkeit oder Arroganz

Gesten

übertrieben kräftiger Händedruck (»Knochenbrecher«)	Rücksichtslosigkeit, Angeberei
kräftiger Händedruck ohne Übertreibung	Aufrichtigkeit, Sicherheit
schlaffer Händedruck (»tote Hasenpfote«)	Unsicherheit, Kontaktarmut, leichte Beeinflussbarkeit
Hand wegziehend	Verschlossenheit
verschränkte Arme – bei Männern	Ablehnung, Verschlossenheit
verschränkte Arme – bei Frauen	Selbstschutz, Angst
Hand vor den Mund halten – während des Sprechens	Unsicherheit
Hand vor den Mund halten – nach dem Sprechen	will das Gesagte zurücknehmen
Sprecher hält Armlehnen mit beiden Händen fest	Aggressivität, aber gewisse Unsicherheit, Neigung zur Weitschweifigkeit
Kopf auf Hände stützen	Nachdenklichkeit, Erschöpfung, Langeweile
Spitzdach mit den Händen formen	Arroganz, Abwehr gegen Einwände
Hände reiben	Selbstgefälligkeit, Selbstzufriedenheit
spielende Hände	Zeichen von Erregung, Nervosität, Befangenheit, Angst, Verwirrung
mit dem Finger auf den Gesprächspartner zeigen	Angriff, Wut
Hand zur Faust verkrampfen	Wut, verhaltener Zorn
Anfassen der Nase	Nachdenklichkeit, kritische Haltung, Verlegenheit
über den Hinterkopf streichen, Zupfen an den Ohren	Verlegenheit, Unbehagen, Ärger
Streichen des Kinns	Nachdenklichkeit, Zufriedenheit
Finger zum Mund nehmen	Verlegenheit, Unsicherheit
mit den Fingern trommeln	Nervosität, Ungeduld
häufiges Spielen mit dem Ring	Eheprobleme, Frustration vom häuslichen Leben
häufiges Abnehmen der Brille	Ablehnung, Angriff, Nervosität

Körpersignal	**Bedeutung**
Körperhaltung	
Achselzucken, die Handflächen nach außen gewendet	passive Hilflosigkeit
übereinandergeschlagene Beine – zum Gesprächspartner hin	Aufbau eines Sympathiefeldes
übereinandergeschlagene Beine – vom Gesprächspartner weg	Ablehnung, Unwillen
übergeschlagene Beine, Knie in die Hand gestützt	kritische Haltung, Skepsis
dicht aneinandergestellte Füße beim Sitzen	schuldhafte Ängstlichkeit, Einzelgänger, überkorrekte Grundeinstellung
breit auseinanderklaffende Beine beim Sitzen	sorglose Unbekümmertheit, Rücksichtslosigkeit
friedlich ruhende Sitzhaltung	Selbstsicherheit, aber auch robuste Unbekümmertheit, seelische Erschöpfung
alarmbereite Sitzweise (auf dem Sprung sein)	Mangel an Selbstvertrauen und Sicherheit, auch Misstrauen, innere Unruhe, Angst
Füße um die Stuhlbeine legen	Unsicherheit, Suche nach Halt
Füße nach hinten nehmen	Ablehnung
mit den Füßen wippen	Arroganz, Ungeduld, Sicherheit, Aggressivität
steife, militärische Körperhaltung, geziert aufrecht	Unterdrückung von Angst
breitbeinig dastehen, Daumen in die Achselhöhlen	Selbstsicherheit
den Oberkörper weit nach vorn lehnen	Interesse, Sympathie, Wunsch zu unterbrechen
den Oberkörper weit zurücklehnen	Desinteresse, Ablehnung
Sprechweise	
lautstarke Stimme	Vitalität, Selbstbewusstsein, Kontaktfreude, aber auch Unbeherrschtheit, Geltungsdrang
leise, flüsternde Stimme	Schwäche, mangelndes Selbstbewusstsein, aber auch Sachlichkeit, Bescheidenheit
schnelles Sprechtempo	Impulsivität, Temperament, aber auch Ungezügeltheit, Nervosität
langsames Sprechtempo	Antriebsschwäche, aber auch Sachlichkeit, Besonnenheit, Ausgeglichenheit

Körpersignal	Bedeutung
wechselndes Sprechtempo	innere Unausgeglichenheit
ausgeprägte Pausengestaltung	Disziplin, Selbstbewusstsein
starke Akzentuierung	Lebhaftigkeit, Gefühlsstärke
schwache Akzentuierung	Uninteressiertheit, mangelnde geistige Flexibilität

Geruch

parfümiert	werbende Haltung
überstark parfümiert	Unsicherheit, Vernebelung
Schweißgeruch	Angst, Unordentlichkeit

Mit der Körpersprache drücken wir unseren Gefühlszustand aus. Den meisten Menschen ist gar nicht bewusst, dass sie mit dem Körper genauso deutlich sprechen wie mit Worten. Sie sollten sich dessen bewusst sein und daher in der AC-Situation verstärkt auf Ihre körperlichen Signale achten. Allerdings halten wir wenig von einer durch und durch einstudierten Körpersprache – sie lässt sich auf Dauer wahrscheinlich auch nicht durchhalten, denn dazu steht sie zu sehr in Verbindung mit dem Unterbewusstsein.

Auf den Punkt gebracht: Die wichtigsten körpersprachlichen Regeln

Schauen Sie Ihr Gegenüber freundlich an, suchen Sie von selbst den gelegentlichen Augenkontakt und lächeln Sie (leicht, freundlich, nicht mitleidvoll oder spöttisch-hämisch grinsend!).

Am einfachsten zu merken und auch zu beherzigen: Hände aus dem Gesicht. Nicht durch die Haare fahren, nicht am Ohrläppchen ziehen, die Nase kratzen und so weiter. Wenn Sie diese einfachen Regeln beherrschen, ist schon viel gewonnen. Natürlich sitzen Sie nicht vorn auf der Stuhlkannte (als ob Sie jeden Moment flüchten wollten), und selbstverständlich lümmeln Sie sich nicht und strecken auch nicht Ihre Beine von sich wie ein Bergmann nach einer Nachtschicht!

Lächeln, immer nur lächeln

Auch die Mimik hat zweifelsohne ihre Bedeutung. Jedes Kind weiß, dass ein verspanntes Gesicht, ein verkniffener Mund, enge oder weit geöffnete Augen, gequältes Lächeln, feistes Grinsen Alarmzeichen sind. Ob sie aber so einfach interpretierbar sind, wie es sich manche Personalauswähler vorstellen, darf wirklich bezweifelt werden. Fest steht jedoch, dass Sie Pluspunkte sammeln, wenn Sie Ihr Gegenüber freundlich ansehen (nicht grinsen!), wenn Sie oft Augenkontakt haben – ohne zu starren selbstverständlich. Und ein natürliches Lächeln hinterlässt mit

Sicherheit eine bessere Wirkung als ständig nach unten hängende Mundwinkel, die eher auf Desinteresse, schlechte Laune oder starke Verunsicherung schließen lassen.

In den Pausen – Wein oder Wasser

Wahren Sie auch in den Pausen Haltung. Hochkarätige Führungskräfte, die an einem Assessment Center teilnehmen, werden gar nicht so selten noch zu einem edlen Dinner eingeladen. Nicht aus lauter Nettigkeit und Großzügigkeit, sondern weil man den Bewerber natürlich in anderer Situation erleben und beobachten will. Als angehender Azubi werden Sie wahrscheinlich kaum in die Verlegenheit kommen, zu einem exquisiten Abendessen eingeladen zu werden. Nichtsdestotrotz können auch Sie damit rechnen, beim Essen – und sei es nur in der Pause in der firmeneigenen Kantine – unter die Lupe genommen zu werden. Sie stehen unter Beobachtung, gerade in Situationen, in denen man Sie nicht befragt. Geprüft werden vor allem Ihre soziale Kompetenz und Ihr allgemeines Kommunikationsvermögen. Deshalb wird sehr genau darauf geachtet, wie Sie sich in einer scheinbar ungezwungenen Umgebung oder Runde verhalten. Wenn Ihnen mittags schon Wein angeboten wird, greifen Sie da zu? Besser, Sie entscheiden sich für ein Wasser, Sie wollen doch einen klaren Kopf behalten. Worüber reden Sie? Haben Sie nur Ihren Lieblingsverein im Kopf, oder interessieren Sie sich für viele unterschiedliche Themen? Wie gehen Sie mit Messer und Gabel um? Entpuppen Sie sich als nörgelnder Mensch, der sich nicht überwinden kann, das Kantinenessen anzurühren, weil er doch Besseres gewöhnt ist? Wie verhalten Sie sich, wenn Sie gekleckert haben? Wenn Sie in all diesen Fragen unsicher sind, empfehlen wir Ihnen die Lektüre von modernen Benimm-Ratgebern. Ansonsten gilt es, sich vor dem AC auf Fragen nach Hobbys, Lieblingslektüre, -film und tagesaktuellen Dingen vorzubereiten, damit Ihnen der Gesprächsstoff nicht ausgeht. Es geht aber nicht darum, um jeden Preis im Mittelpunkt zu stehen und die anderen gar nicht zu Wort kommen zu lassen. Genauso wichtig ist es natürlich, den anderen aufmerksam zuzuhören. Seien Sie also gewarnt, wenn sich die AC-Beobachter in der Pause zu Ihnen an den Tisch setzen und Sie auffordern: »Nun man ganz ehrlich, unter uns, wie finden Sie es denn hier wirklich?« Denken Sie daran: In Pausen, auf der gemeinsamen Fahrt in das wunderschön gelegene Ausbildungszentrum, beim Mittag oder Abschlussgespräch – was immer Sie zwischen erstem und letztem Kontakt während der AC-Veranstaltung tun oder sagen, es kann mit in die Gesamtbeurteilung Ihrer Assessment-Center-Leistung einfließen.

Die Verabschiedung

Nach der letzten Übung werden Sie als Teilnehmer eines Assessment Centers in der Regel nicht gleich nach Hause geschickt, sondern noch zu einem Abschlussgespräch gebeten – sofern Sie vorher nicht schon »aussortiert« wurden, wie es in manchen Unternehmen durchaus üblich ist. Das Abschlussgespräch soll das Auswahlverfahren abrunden und von Arbeitgeberseite aus eine gute Schlussatmosphäre schaffen. Folgende Fragen werden erfahrungsgemäß gestellt:

- Wie zufrieden sind Sie mit Ihrer Leistung hier?
- Wie haben Sie das AC-Verfahren erlebt?
- Was war in dem AC gut, was schlecht, was sollten wir ändern?
- Wo sehen Sie persönliche Stärken und Schwächen?
- Wie beurteilen Sie Ihre Mitbewerber?

Nach der Befragung gibt es in der Regel eine mehr oder minder ausführliche Einschätzung seitens der AC-Veranstalter und Beobachter, wie man mit den Leistungen der Bewerber zufrieden ist. In der Regel wird darauf geachtet, die Kandidaten in freundlich-moderater Weise zu loben und zu verabschieden. Übrigens – auch wenn im Abschlussgespräch bereits signalisiert wird, dass die Würfel gefallen sind, also die Entscheidungen für oder gegen Sie getroffen wurden, geht auch Ihr Verhalten im Abschlussgespräch in die Bewertung ein. Halten Sie deshalb Ihre Rolle durch. Selbst auf eine noch so freundliche Aufforderung hin – nach dem Motto: »Jetzt, wo alles vorbei ist, können Sie offen sprechen, frei von der Leber weg kritisieren« – sollten Sie sich bedeckt halten. Denn Sie sitzen weiter auf dem Präsentierteller und werden genauestens beobachtet. Dies ist nicht der Moment der Entspannung oder gar der Abrechnung! Zeigen Sie weiter freundliche Aufmerksamkeit für Ihr Gegenüber. Natürlich müssen Sie sich angemessen selbstkritisch einschätzen und selbstverständlich die eine oder andere AC-Übung loben sowie eine mehr oder minder kritische Bemerkung formulieren, damit man sieht, dass Sie auch das können. Insbesondere bei Fragen zu Ihren AC-Mitbewerbern kommt es auf Ihr diplomatisches Geschick an. Natürlich bewundern Sie die guten Leistungen, die Eloquenz des einen oder anderen, und sollte sich jemand wirklich bis auf die Knochen blamiert haben, so ist dies der Moment, wohlwollendes persönliches Mitgefühl zu demonstrieren. Machen Sie sich bloß nicht lustig, bzw. äußern Sie sich nicht verächtlich über Ihre Mitstreiter, selbst wenn Sie dazu aufgefordert werden. Ansonsten gilt: Die Anforderungen für das Abschlussgespräch sind vergleichbar mit denen des Interviews; also Persönlichkeit, Leistungsmotivation, Kompetenz. Falls Ihr Gegenüber mehr spricht als zuhört und Sie kaum zum Zuge kommen, brauchen Sie sich nicht zu wundern. Manchmal nutzen Firmen das Abschlussgespräch zur Imagepflege.

Assessment-Center-Wissenstest

Sind Sie fit fürs AC? Nachdem Sie nun das Kapitel zum AC durchgearbeitet haben, bekommen Sie hier die Gelegenheit, Ihr erworbenes Wissen anzuwenden und zu testen. Es geht um Ihr Wissen, wie Sie sich bei den verschiedenen AC-Übungen verhalten und damit auf das Auswahlgremium wirken würden. Die Zeitdauer für den Test beträgt 5 Minuten.

Was wissen Sie über Assessment Center (AC)?
Ist diese Aussage richtig oder falsch? Kreuzen Sie R oder F an. Eine Zeitbegrenzung ist Ihnen nicht vorgegeben, jedoch sollten Sie so spontan und zügig wie möglich antworten.

1.	Es gibt Assessment Center, die dauern wenige Stunden, andere mehrere Tage.	R	F
2.	Das AC ist eine Art Prüfung, bei der besonders die sprachliche Leistungsfähigkeit eines Bewerbers getestet wird.	R	F
3.	Das Besondere an einem AC ist: Jeder Kandidat kann am Schluss mit einem Feedback und einem Zertifikat nach Hause gehen.	R	F
4.	Durch ein AC soll primär die Leistungsbereitschaft der Bewerber getestet und verglichen werden.	R	F
5.	Eine wichtige Besonderheit an einem AC ist: Jeder Kandidat wird während des gesamten Verfahrens von mehreren AC-Prüfern (Assessoren) genau beobachtet.	R	F
6.	Als Kandidat eines AC kommt es ganz besonders darauf an, dass man vor allem seine fachspezifischen Qualifikationen deutlich zeigt.	R	F
7.	Das AC ist ein Auswahlverfahren, das verschiedene Arbeitsaufgaben enthält und das Verhalten mehrerer Bewerber in gleichen Situationen testet und vergleichbar macht.	R	F
8.	Das Besondere an einem AC ist: Jeder Kandidat muss immer alle Übungen mit allen anderen Kandidaten gemeinsam machen.	R	F
9.	Durch ein AC soll besonders die Flexibilität der Bewerber getestet werden.	R	F
10.	In einem AC kommt es für Sie als Kandidat ganz besonders darauf an, dass Sie Ihre Persönlichkeit, Leistungsmotivation und Kompetenz gut vermitteln.	R	F
11.	Im AC sollen Bewerber in verschiedenen Situationen Aufgaben bearbeiten, damit man ihre Leistungen, insbesondere aber ihr Verhalten besser vergleichen und beurteilen kann.	R	F

12.	Bei einer AC-Gruppendiskussion muss am Ende die Gruppe immer ein gemeinsames Ergebnis präsentieren können.	R	F
13.	Bei einer AC-Postkorb-Übung muss man Posttarife auswendig benennen und richtig anwenden können.	R	F
14.	Aus der Sicht der Kandidaten kommt es bei der Gruppendiskussion besonders darauf an, möglichst häufig und viel zu sagen.	R	F
15.	Auch während des Essens und in den Pausen kommt es auf die soziale Kompetenz und das Kommunikationsvermögen des Bewerbers an.	R	F
16.	Bei einer AC-Postkorb-Übung handelt es sich um einen Papier-und-Stift-Test, bei dem unter Zeitdruck verschiedene Vorlagen mit unterschiedlichen Prioritäten bearbeitet werden müssen.	R	F
17.	Während einer AC-Postkorb-Übung müssen die Bewerber möglichst viele Briefe durchlesen und später beantworten.	R	F
18.	Bei einer AC-Gruppendiskussion ist es sehr wichtig, wer von den Kandidaten zum Ergebnis am meisten beigetragen hat.	R	F
19.	AC-Rollenspiele finden meistens zwischen einem Kandidaten und einem AC-Beobachter statt und können verschiedene Inhalte zum Thema haben (z. B. Verkaufssituation).	R	F
20.	Auch während des Essens und in den Pausen kommt es auf die soziale Kompetenz und das Kommunikationsvermögen des Bewerbers an.	R	F

Auswertung
Wie es um Ihr Wissen bezüglich eines AC steht? Hier Ihr Ergebnis ...
Pro Richtig beantwortete Frage erhalten Sie einen Punkt. Vergleichen Sie nun Ihre Antworten mit den richtigen Lösungen: 1 R, 2 F, 3 F, 4 F, 5 R, 6 F, 7 R, 8 F, 9 F, 10 R, 11 R, 12 F, 13 F, 14 F, 15 R, 16 R, 17 F, 18 F, 19 R, 20 R

Weniger als 6 Punkte
Sie sind noch nicht fit für ein AC. Entscheidendes Wissen fehlt Ihnen noch. Besorgen Sie sich ein Fachbuch, und Sie werden beim nächsten Mal ganz sicher besser abschneiden.

7–11 Punkte
Noch ist Ihr Wissen, worauf es im AC tatsächlich ankommt, etwas schwach ausgeprägt. Schauen Sie sich nochmals die richtigen Lösungen an, und beim nächsten Durchgang in einigen Tagen werden Sie bessere Ergebnisse erzielen. Es lohnt sich sicherlich für Sie, ein Fachbuch zu diesem Thema zu lesen.

12–16 Punkte
Sie verfügen schon über ein beachtliches Wissen. Falls Sie unmittelbar vor einem AC stehen, brauchen Sie sich eigentlich keine Sorgen zu machen. Trotzdem schauen Sie sich besser nochmals Ihre falschen Antworten an.

Ab 17 Punkten
Mit diesem sehr guten Ergebnis zeigen Sie, dass Sie sehr gut Bescheid wissen, worum es bei einem AC geht. Gratulation!

Fokus Persönlichkeit

Haben Sie sich schon intensiv mit den drei Fragen zu Ihrer Standortbestimmung auseinandergesetzt? Wer bin ich? Was kann ich? Was will ich? Ihre Ausarbeitungsergebnisse fließen direkt in die Themen Persönlichkeit, Leistungsmotivation und Kompetenz ein. Nun kommt es auf die von Ihnen ausgewählten Keywords an.

- Was für ein Mensch sind Sie, wie präsentieren Sie sich?
- Wie bringen Sie Ihre Leistungsmotivation deutlich zum Ausdruck?
- Wie vermitteln Sie überzeugend Ihre Kompetenz?

Die Reihenfolge ist nicht zufällig gewählt. Am wichtigsten ist Ihre Persönlichkeit, Ihre Wesensart. Noch direkter: Kann man Ihnen vertrauen, etwas zutrauen? Dieser zentrale Faktor spielt auch bei allen anderen Themen eine bedeutsame Rolle. Vor der Abklärung Ihrer Kompetenz steht die Frage nach Ihrer Leistungsmotivation: Was bewegt Sie und wie stark ist Ihre Antriebskraft? Wie sehen Ihre Ziele aus und was setzen Sie ein, um sie zu erreichen? Wie lässt sich der Leistungsaspekt bei Ihnen in der Vergangenheit beschreiben und welche Prognosen kann man daraus für die Zukunft ableiten? Deutlich hinter diesen beiden Aspekten folgt der Kompetenzfaktor. Adäquate (Schul-)Ausbildung und möglichst auch schon Berufserfahrung als Komponenten der fachlichen Qualifikation sind Basis und werden vorausgesetzt. So kann die kompetenteste Kandidatin oder der versierteste Bewerber scheitern, wenn ihre bzw. seine Persönlichkeit nicht den Wunsch nach Zusammenarbeit aufkommen lässt. Die drei entscheidenden Oberbegriffe kennen Sie jetzt. Worauf aber achten Personalentscheider nun im Einzelnen, worauf kommt es bei der Persönlichkeit, der Leistungsmotivation und der Kompetenz detailliert an?

Die entscheidenden Weichensteller

Sie wollen eine Botschaft einer Person näherbringen, möchten eine Entscheidung in Ihrem Sinne beeinflussen. Dafür gilt es drei aufeinander abgestimmte Schritte zu beachten:

1. Was wollen Sie dem Arbeitsplatzanbieter kommunizieren (Ihr **Kommunikationsziel**)?
2. Wie formulieren Sie aus den sorgfältigen Überlegungen zu Ihrem Kommunikationsziel verständliche, schnell begreifbare, und vor allem überzeugende **Botschaften**?
3. Wie belegen Sie diese Botschaften, um deren Glaubwürdigkeit und Überzeugungskraft ebenso zu stärken wie deren Erinnerungsgehalt (**Argumentation**)?

Denken Sie im Vorfeld Ihres Vorhabens darüber nach, wie Sie sich selbst (aber auch andere *Sie*) in puncto Kompetenz, Leistungsmotivation und Persönlichkeit (KLP) beurteilen. Wenn Sie sich intensiv mit diesen Themen und Fragen auseinandersetzen, wird es Ihnen leichter fallen, ein auf den angestrebten Arbeitsplatz bezogenes Kommunikationsziel zu entwickeln. Was haben Sie speziell anzubieten? Welche Situationen, Begebenheiten in Ihrem (Berufs-)Leben verdeutlichen, was Ihre Botschaften als Kurzformeln transportieren sollen? Wie sehen Ihre Argumente aus? Mit anderen Worten: Woher kommen Sie und was haben Sie vorweisbar gemacht? Aus was für einem Holz sind Sie geschnitzt? Wofür stehen Sie, welche Werte vertreten Sie? Und: Was versprechen Sie, warum sollte man Ihnen die Aufgaben anvertrauen? Noch kürzer: Es geht um Ihre Vergangenheit, Gegenwart und Zukunft. Arbeiten Sie Ihren sogenannten **USP** heraus (Unique Selling Proposition, das Alleinstellungsmerkmal, das, was Sie positiv von anderen Bewerbern unterscheidet). Was könnte Ihr Alleinstellungsmerkmal sein, das Sie von anderen Bewerbern unterscheidet und zum besten Problemlöser macht?

Erfolgsintelligenz

Erfolgsintelligenz hat wenig mit objektiv abfragbarem Wissen zu tun – sie setzt sich viel mehr aus menschlichen Fähigkeiten zusammen, die es zu beherzigen und vor allem zu üben gilt. Gerne möchten wir Ihnen die zehn wichtigsten Aspekte vorstellen, die Sie »erfolgsintelligent« handeln lassen. Vieles davon wenden Sie bereits an, setzen Sie erfolgreich in der Praxis um. Sich damit vor Ihrer Bewerbung, insbesondere aber vor Ihrem Vorstellungsgespräch, auseinanderzusetzen wird Ihnen eine andere bewusstseinsmäßige Herangehensweise und Selbstdarstellung ermöglichen und deutlich mehr Überzeugungskraft verleihen.

1. *Können Sie zwischen wichtigen und unwichtigen Dingen unterscheiden?*
   Es gibt Situationen, in denen winzige Details immens bedeutsam sein können, wie z. B. beim Bergsteigen, wo die kleinste Unaufmerksamkeit fatale Folgen haben kann. Meist jedoch ist es im Leben wichtiger, die Konzentration auf die Gesamtheit einer Sache zu lenken. Daher: Üben Sie, zwischen den wichtigen und den unwichtigen Dingen im Leben zu differenzieren. Konzentrieren Sie sich auf das, was Sie tatsächlich Ihren Zielen näher bringt, verzetteln Sie sich nicht, sondern handeln Sie ergebnisorientiert. Und vermitteln Sie das auch!

2. *Ergreifen Sie die Initiative und setzen Sie Ihre Ideen in Taten um?*
   Jede Initiative bedeutet eine Bindung an eine Situation und bedingt Risiken und Konsequenzen. Die Hemmung, sich auf etwas einlassen zu können, ist einer der Hauptgründe, weswegen Menschen eine Scheu davor haben, Initiative zu ergreifen. Versuchen Sie, sich verantwortungsbewusst auf etwas einzulassen, und scheuen Sie nicht die Konsequenzen. Die besten Ideen führen zu

nichts, wenn man sie nicht wenigstens versucht umzusetzen. Interessanterweise ist diese wichtige Fähigkeit weniger von einem hohen IQ abhängig, als die meisten glauben. Während Menschen mit einem höheren IQ in entspannten Situationen bessere Führungsstärken als Personen mit einem eher niedrigen IQ zeigen, ist dies bei Stress häufig umgekehrt. Wie ist das bei Ihnen?

3. *Schieben Sie Dinge nicht auf die lange Bank und erledigen Sie angefangene Arbeiten?*
Viele Menschen behaupten, sie könnten unter Zeitdruck besser arbeiten. Diese Bewältigungsstrategie ist meist problematisch; erwiesenermaßen würden viele Aufgaben qualitativ besser ausfallen, wenn die entsprechende Zeit dafür verwendet würde. Sie sollten daher Ihre Zeit so einteilen, dass Sie Ihre Aufgaben gut erledigen können. Andererseits: Vermeiden Sie Abbrüche und führen Sie Dinge, die Sie begonnen haben, auch einem Ende zu. Es gibt Menschen, die spüren eine Furcht vor dem »danach«, was sie zaudern lässt, Angefangenes erfolgreich zu beenden. Manchmal reicht auch die Angst vor dem »etwas aus der Hand geben« aus, um eine Tätigkeit nicht zielorientiert fertigstellen zu wollen.

4. *Wie gut können Sie berechtigte Kritik akzeptieren und sich konstruktiv streiten?*
Menschen, die so von sich überzeugt sind, dass sie sich für nahezu unfehlbar halten, suchen für jeden noch so kleinen Fehler einen Schuldigen. Doch Schuldzuweisungen können sowohl im Privat- wie auch im Berufsleben negative Konsequenzen nach sich ziehen. Arbeiten Sie an sich und übernehmen Sie die Verantwortung für gemachte Fehler. Fordern Sie keine Entschuldigungen und übertragen Sie Ihre Schuld auch nicht auf andere. Wer einen Irrtum zugeben kann, demonstriert innere Größe ebenso wie Gelassenheit und hat dadurch die Chance, aus Fehlern zu lernen. Auch die Fähigkeit, sich sachbezogen und konstruktiv mit Kollegen, Vorgesetzten und Geschäftspartnern auseinanderzusetzen, ist wichtig für ein erfülltes Berufsleben. Ein klärendes Gespräch kann Wunder wirken. Dabei sollten Sie Ihren Standpunkt kennen und diesen auch vertreten können. Nutzen Sie Ich-Aussagen, verzichten Sie auf Vorwürfe, bewahren Sie einen kühlen Kopf.

5. *Verfügen Sie über die Fähigkeit, sich nicht (lange) selbst zu bedauern, und können Sie persönliche Schwierigkeiten schnell überwinden?*
Es ist schwer, sich nicht selbst zu bedauern, wenn sich Lebenssituationen ergeben haben, mit denen man nur schwer klarkommt und die einen stark belasten. Längeres oder gar permanentes Selbstmitleid ist jedoch kontraproduktiv und erzeugt das Gegenteil von dem, was intuitiv erhofft wurde – Zuwendung. Stattdessen reagieren die Mitmenschen mit wachsender Ungeduld und wenden sich ab. Daher sollten Sie alles daransetzen, die für Sie ungünstige

Situationen so schnell wie möglich wieder ins Lot zu bringen. Krisen im Leben haben meist Auswirkungen auf alle Lebensbereiche und somit auch auf das Berufsleben. Wenn irgend möglich, sollten Sie sich den unangenehmen Situationen mutig stellen und ihnen nicht permanent ausweichen. Dabei ist es wichtig, Berufs- und Privatleben so weit wie möglich zu trennen.

6. *Können Sie Ihre Impulse auch in schwierigen Situationen kontrollieren?*
   Impulsive Reaktionen sind an sich nichts Ungewöhnliches und in einigen Situationen durchaus notwendig. Dennoch kann das sofortige Umsetzen von inneren Impulsen zu unüberlegtem Handeln führen und verhindern, dass vorhandene Fähigkeiten umgesetzt werden können. Handeln Sie rasch, wenn dies notwendig ist, ansonsten eher aus Ihrer Erfahrung und nach einer Zeit des Abwägens heraus. Was immer Außergewöhnliches auf Sie zukommt, Sie stört und ärgert: Bleiben Sie gelassen, erinnern Sie sich der chinesischen Weisheit »In der Ruhe liegt die Kraft«.

7. *Haben Sie die Fähigkeit, sich auf Ihre Ziele zu konzentrieren, ohne sich zu verzetteln?*
   Intelligenz ist keine Voraussetzung für Konzentrationsfähigkeit. Vielen Menschen gelingt es nie, sich längere Zeit auf eine einzige Sache zu konzentrieren. Gewiss ist Ablenkbarkeit ein Faktor, den niemand gänzlich ausschließen kann. Versuchen Sie jedoch, sich auf die wesentlichen Dinge zu konzentrieren. Ermitteln Sie die Rahmenbedingungen, unter denen Sie am effektivsten arbeiten können, und schaffen Sie sich diese.

8. *Bewahren Sie Ihre Unabhängigkeit (bei aller Loyalität gegenüber Ihrem Unternehmen)?*
   Selbstständiges Handeln ist für die meisten Aufgaben im Leben eine unabdingbare Voraussetzung. Auch in der Teamarbeit wird selbstständiges Arbeiten und Denken erwartet. Bauen Sie darum in erster Linie auf sich selbst; agieren Sie souverän und übernehmen Sie die Verantwortung für Ihre Handlungen. Und selbst wenn die zu überwindenden Widerstände groß sind: Mit dem Kopf durch die Wand hilft in den seltensten Fällen. Das ist keine Aufforderung, »sein Fähnchen in den Wind zu hängen«, sondern es kommt auch auf die überlebensnotwendige Fähigkeit an, sich wechselnden Verhältnissen anpassen zu können – ohne sich dabei selbst zu verlieren. Im Umgang mit anderen bedeutet dies, kompromissbereit zu sein und trotzdem Rückgrat zu zeigen.

9. *Haben Sie Angst vor Fehlschlägen?*
   Alle Menschen machen Fehler, und niemand begeht sie absichtlich. Was Menschen jedoch unterscheidet, sind die Konsequenzen daraus. Viele Menschen

entwickeln Versagensängste, die meist schon in der Kindheit entstehen und einem erfolgsorientierten Handeln im Wege stehen. Einen Fehler zu begehen ist jedoch nicht dasselbe wie versagen. Auch erfolgsintelligente Personen begehen Fehler, sie machen jedoch den gleichen Fehler – in der Regel – nicht noch einmal. Aus Fehlern zu lernen und sie zu korrigieren ist ein wichtiger Aspekt der Erfolgsintelligenz.

10. *Gelingt es Ihnen, das richtige Maß zwischen Überbelastung und Unterforderung zu finden?*
Zu viel Ehrgeiz kann schädlich sein: Wer sich überschätzt und sich zu viel zumutet, erreicht die gesteckten Ziele trotz Engagement und harter Arbeit nur selten. Es besteht die Gefahr, sich in zu vielen Einzelprojekten zu verlieren. Genauso schädlich kann auch Unterforderung sein, da persönliche Qualitäten nicht zum Einsatz kommen und so verkümmern. Lernen Sie, Ihre Kapazitäten optimal einzusetzen und Ihre Ziele so einzuteilen, dass Sie damit die beste Leistung erreichen.

Problemlösungsfähigkeit
Ihre Problemlösungsfähigkeit und wie Sie diese vermitteln ist ebenfalls von entscheidender Bedeutung für Ihren Erfolg im Vorstellungsgespräch. Für alle Bereiche, die Ihre Arbeit betreffen, sollten Sie Ihr Problemlösungsverhalten reflektieren. Stellen Sie sich dazu die Fragen:

- Wie gehe ich Probleme an?
- Wie plane ich meine Vorhaben?
- Wie setze ich meine Ideen und Vorhaben in die Tat um?
- Wie und vor allem was lerne/lernte ich daraus für zukünftiges Problemlösen?

Verschiedene Situationen im Leben erfordern unterschiedliches Denken. Nur so können mannigfache Aufgaben bewältigt werden. Manchmal ist analytisches Denken von Vorteil, ein anderes Mal ein kreatives Herangehen oder eine praxisorientierte Handlungsweise. Üben Sie Ihre analytischen, wie auch kreativen und praktischen Denkfähigkeiten. Versuchen Sie einzuschätzen, in welcher Situation welche Art des Denkens die richtige ist. Erst dadurch sind Sie in der Lage, Anforderungen besser gerecht zu werden.

Soziale Kompetenz

Experten schätzen, dass über 90 Prozent aller gescheiterten Beschäftigungsverhältnisse nicht aufgrund von fachlichen Defiziten, also einer schlechten Kompetenz-Performance beendet werden, sondern wegen Unstimmigkeiten, die im zwischenmenschlichen Bereich anzusiedeln sind (Sarges W., in R. Hossiep et al.: *Persönlichkeitstests im Personalmanagement*, Göttingen 2000, S. XVII). »Manche Facetten beruflicher Leistungsmerkmale, wie Führung, Engagement oder Disziplin, lassen sich durch Persönlichkeitsmerkmale [...] besser prognostizieren ...« (dto.), erklärt uns die Wissenschaft und definiert die entscheidenden fünf großen Persönlichkeitsfaktoren, an denen Menschen eingeschätzt werden, als

- Extraversion
- emotionale Stabilität
- Offenheit für neue Erfahrungen
- Gewissenhaftigkeit und
- Verträglichkeit

Aus genau diesem Grund werden Persönlichkeitsmerkmale, sogenannte Soft Skills, immer wichtiger in der Arbeitswelt. In ihrer Bedeutung überragen sie reine Fachkenntnisse und lediglich hoch entwickelten Sachverstand. Das bedeutet nicht, dass auf »das Können« gänzlich verzichtet werden könnte, jedoch kommt der sozialen Kompetenz in der Arbeitswelt eine immer größer werdende Bedeutung zu.

Unter sozialer Kompetenz versteht man primär die Fähigkeit, die zwischenmenschlichen Beziehungen, sei es nun verbal oder nonverbal, konstruktiv und für alle Beteiligten zufriedenstellend zu gestalten. Das Fundament der sozialen Kompetenz bildet dabei die sogenannte *soziale Intelligenz.* Der Intelligenzforscher *Edward L. Thorndike* definierte diese bereits in den Zwanzigerjahren des 20. Jahrhunderts als »die Fähigkeit, andere zu verstehen und in menschlichen Beziehungen klug zu handeln«.

Soziale Intelligenz ist also die Sensibilität, auf Stimmungen, Motive und Intentionen anderer Menschen eingehen zu können und diese menschlich-kreativ weiterzuverarbeiten. Sie kann als *interpersonelle* oder *zwischenmenschliche* Intelligenz angesehen werden und ist damit eine Art Treibstoff für Ihr Beziehungsgeflecht – Stichwort Networking. Besonders in der sich stetig weiterentwickelnden Dienstleistungs- und Informationsgesellschaft nimmt die soziale Kompetenz eine immer bedeutsamere Schlüsselposition ein, da zunehmend der Mensch selbst zum zentralen Wirtschaftsprodukt wird. Teamgeist, Kommunikationsfähigkeit, Sensibilität und Networking sind dabei, wieder den Stellenwert in den beruflichen Anforderungen einzunehmen, den sie einst vor der industriellen Revolution besaßen.

Kommunikationsfähigkeit, Beziehungsfähigkeit und Sympathiemobilisierungsfähigkeit bilden – hier etwas verkürzt gesagt – *die* Key Soft Skills in der modernen Arbeitswelt. PR in eigener Sache, Beziehungspflege, sympathisch rüberkommen und kommunikative Intelligenz sind Verhaltensmerkmale, auf die es heutzutage immer mehr ankommt. Die Fähigkeit zum Small Talk beispielsweise ist dabei ein ganz wichtiger Baustein für denjenigen, der beruflich, aber auch sonst im Leben Erfolg haben will. Etwas plakativ gesagt: Wer das Richtige im rechten Moment zu sagen weiß, ist im Vorteil und profitiert, im Leben ganz allgemein und in der Arbeitswelt im Besonderen. Bei der Wahrnehmung von Karrierechancen ebenso wie der Realisierung von Geschäftserfolgen spielt die soziale Kompetenz, der geschickte Umgang mit dem anderen, eine immer größere Rolle. Man kann es auch Neudeutsch: Impression oder Beziehungsmanagement nennen, die Art also, wie man mit anderen Menschen umgeht. Sie stellt die Weichen. Denn: Ob auf Konferenzen oder Messen, bei Verhandlungen oder Geschäftsessen, in der Abfluglobby oder im ICE – wem es gelingt, auf angenehm ungezwungene Weise Kontakte zu seinen Mitmenschen herzustellen, eine gute Atmosphäre zu schaffen und sich sympathisch und souverän zu präsentieren, der hat schon mehr als nur halb gewonnen.

Locker, leicht und zudem wirkungsvoll zu kommunizieren, einfach ins Gespräch kommen, will gelernt sein und muss geübt werden. Es ist eine hohe Kunst, die hierzulande zu Unrecht relativ gering geschätzt wird (Stichwort: Small Talk). Es schafft Anknüpfungspunkte für weitere Gespräche und Kontakte, sei es einfach nur aus Sympathie oder aus Nützlichkeitserwägungen. Mit dem Interesse, das ich meinem Gesprächspartner entgegenbringe, erwerbe ich die Wertschätzung und die Offenheit, die ich für mich selbst auch wünsche. Wenn wir anderen mit Respekt und Interesse begegnen, so werden diese in dem Maße zurückkommen, wie wir es uns selbst wünschen. Oder: Wie man in den Wald hineinruft, so schallt es heraus. Small Talk schafft Beziehungen zwischen Gesprächs- und vielleicht auch Verhandlungspartnern. Er kann Nähe herstellen und damit Wertschätzung und Verständnis. Wenn Sie beobachten, wie eine Person Small Talk macht, wenn Sie direkt mit dieser Person ins Gespräch kommen, relativ egal worüber, erfahren Sie mehr über ihre Wesensart und damit auch mehr über die wichtigsten Soft Skills.

Ein Wort zum Schluss

Wenn es ums Verkaufen geht – oder für Sie in Zukunft beruflich gehen soll, dann ist soziale Kompetenz ganz sicher Ihr wichtigstes Kapital. Darauf kommt es an! Natürlich müssen Sie als Kaufmann/Kauffrau auch rechnen können – egal ob Sie Obst auf dem Markt oder Reisen im Reisebüro, Versicherungen, Aktien oder Werbekampagnen verkaufen. Noch wichtiger aber ist Ihr Kontakt- und Kommunikationsvermögen.

In diesem Sinne wünschen wir Ihnen insbesondere dazu die richtigen Erkenntnisse und freuen uns, wenn wir Sie mit diesem Buch bei Ihrer beruflichen Orientierung und bei der Eroberung eines Ausbildungs- oder Arbeitsplatzes unterstützen konnten.

Vergessen Sie nie: *Wir sind nicht auf der Welt, um so zu sein, wie andere uns haben wollen.*

LÖSUNGEN

Allgemeinwissen

Biologie (Seite 29 f.)

1. a Dünger besteht hauptsächlich aus Stickstoff, Phosphor und Kalium. Gerade ein Mangel an diesen Nährstoffen im Boden beschränkt das Wachstum der Pflanzen.
2. b Das Facetten- oder Komplexauge bei Insekten, Spinnen und Krebstieren besteht aus wabenartig zusammengesetzten Einzelaugen. Das wahrgenommene Bild setzt sich mosaikartig aus den Blickpunkten des Einzelauges zusammen.
3. c Jeder Zellteilung geht eine Kernteilung voraus, bei der genetisches Material auf beide neuen Kerne übertragen wird.
4. b Die Keimzellen des Menschen enthalten 23, die Körperzellen 46 Chromosomen.
5. b Das Chlorophyll ist eine Substanz in Pflanzenblättern und unabdingbar für die Photosynthese. Wenn Chlorophyll, auch Blattgrün, im Herbst abgebaut wird, verfärben sich die Blätter.
6. c Der Adamsapfel ist der (vor allem bei Männern) tastbare Schildknorpel des Kehlkopfes.
7. a Die Schilddrüse, lateinisch »glandula thyroidea«, produziert das Hormon Thyroxin, das für Wachstum und Entwicklung wichtig ist.
8. c Das Ohr wird in das äußere Ohr, das Mittelohr und das Innenohr unterteilt. Das Innenohr besteht aus einem knöchernen Röhrensystem, dem Labyrinth, das mit Flüssigkeit gefühlt ist.
9. b Der Gallen- und Magensaft wird auch als Gallen- und Magensekret bezeichnet.
10. b Mutation ist ein Begriff aus der Genetik: Erbänderung, der entwicklungsgeschichtliche Vorgang, der zum Entstehen eines abgeänderten Erbmerkmals in einer Zellgruppe oder einem Individuum führt. Entsteht spontan und dient dem Überleben einer Art. Mutationen sind nicht umkehrbar.

Chemie (Seite 31 f.)

1. a Kohlenstoffverbindungen bilden die stoffliche Grundlage des gesamten organischen Lebens.
2. a In Raffinerien werden aus Erdöl Kohlenwasserstoffe gewonnen, die für die Herstellung von Benzin benötig werden. Benzin wird auch als Lösungs- und Reinigungsmittel benutzt.
3. c Vom griechisch-lateinischen Begriff »Hydragyrum«, chemisches Element. Ein silbrigweißes, flüssiges Metall.
4. b Glasröhre zum Aufsaugen und Abmessen von Flüssigkeiten.
5. b In der ursprünglichen Bedeutung verstand man unter einer Oxidation eine chemische Reaktion eines Stoffes mit Sauerstoff. Heute wird der Begriff der Oxidation allgemeiner definiert und beschreibt eine Vielzahl chemischer Reaktionen.

6. a Moleküle sind die kleinste Einheit einer chemischen Verbindung aus mindestens 2 Atomen, die noch die typischen Eigenschaften dieser Verbindung besitzt. In der Wechselwirkung mit elektromagnetischer Strahlung erhält man Aufschluss über die Bauweise eines Moleküls.
7. b Glukose ist Traubenzucker, vorhanden in süßen Früchten sowie im Blut und auch in Honig.
8. a Bei Kontakt mit Säuren färbt sich Lackmuspapier rot.
9. c Elemente sind die mithilfe chemischer Methoden nicht weiter in einfachere Stoffe zerlegbaren Grundbestandteile der Materie. Im Periodensystem der Elemente sind 118 chemische Elemente aufgeführt.
10. b Eine Emulsion beschreibt die Feinverteilung zweier nicht mischbarer Flüssigkeiten in einem Raum. Prozessfördernd sind die Emulgatoren, die die Oberflächenspannung herabsetzen und so die Feinverteilung ermöglichen.

Geografie (Seite 33 f.)

1. a Der nördliche Wendekreis ist der nördlichste Breitenkreis, über dem die Sonne senkrecht steht. Am 21. Juni, dem Tag der Sommersonnenwende, steht die Sonne dort im Zenit.
2. d Diese Vegetationszone kommt besonders in Nordsibirien und in Nordamerika nördlich der polaren Baumgrenze vor und ist mit Flechten, Moosen und Zwergsträuchern bedeckt.
3. c Belgrad ist die größte und mit ca. 9 Mio. Einwohnern auch die bevölkerungsreichste Stadt Serbiens. Das historische Wahrzeichen der Stadt ist die Festung Kalemegdan (übersetzt: Weiße Festung).
4. b Der Hunsrück wird im Süden durch die Nahe, im Westen durch die Saar und im Norden durch die Mosel begrenzt. Der Hunsrück ist ein Teil des Rheinischen Schiefergebirges und liegt zu großen Teilen in Rheinland-Pfalz und in einem kleinen Teil im Saarland.
5. a »Kap der Guten Hoffnung« bezeichnet die Südspitze Afrikas.
6. c Der heutige Staatsname von Persien ist Iran. Seit dem 21. März 1935 wird diese Bezeichnung benutzt.
7. c Der Panamakanal ist ca. 81 km lang und verkürzt den Seeweg zwischen der West- und Ostküste der USA um 8.000 Seemeilen.
8. c San Marino liegt inmitten von Italien. Monaco grenzt in der Nähe der italienischen Grenze an Frankreich und Liechtenstein liegt zwischen Österreich und der Schweiz. Die Pyrenäen liegen zwischen Spanien und Frankreich.
9. c New Orleans liegt im Südosten der USA, im Bundessaat Louisiana. Es hat ein großes Industriezentrum und einen großen Hafen am Mississippi River.
10. b Brasilien hat eine Fläche von etwa 8.500.000 km^2, Argentinien von etwa 2.800.000 km^2, Mexico von etwa 1.900.000 km^2 und Peru von etwa 1.200.000 km^2.

Geschichte (Seite 35 f.)

1. c Der 2. Weltkrieg endete mit der Eroberung Deutschlands durch die Alliierten und der bedingungslosen Kapitulation der Deutschen am 8./9.5.1945.
2. a Die Goten waren ein ostgermanisches Volk. Ihr Ursprung ist umstritten. Berichten zufolge sollen die Goten ursprünglich aus Skandinavien stammen. Nach Auseinandersetzungen mit dem Römischen Reich im 3. Jahrhundert kam es zur Spaltung und es entwickelten sich die Ost- und die Westgoten.
3. b Am 4. Juli 1776 nahm der Kongress Thomas Jeffersons Entwurf der Unabhängigkeitserklärung an, womit die 13 englischen Kolonien an der Ostküste als eine einzige, unabhängige Nation erklärt wurden. Dieser Tag wird heute noch als Nationalfeiertag in den USA gefeiert.
4. d Dort angekommen, schlichtete er interne Streitigkeiten und stand nach kurzer Zeit dem dortigen Staatswesen vor. Der Prophet Mohammed stiftete den Islam zwischen 622 und 632 n. Chr. Die Glaubensquelle ist der Koran.
5. a Freiheit, Gleichheit und Brüderlichkeit waren die Grundgedanken, die sich an die Idee der Menschenrechtsdeklaration der amerikanischen Revolution anlehnten.
6. b Die Politik Bismarcks zur Stärkung Preußens führte nach dem Deutsch-Französischen Krieg von 1870/71 zur Gründung des Deutschen Reiches.
7. b Seit dem Wiener Kongress im Jahre 1815 ist die außenpolitische Neutralität der Schweiz völkerrechtlich anerkannt.
8. d Die Reformation wurde durch Martin Luther im 16. Jahrhundert ausgelöst. Anschlag der 95 Thesen an der Schlosskirche Wittenberg 1517. Die staatliche Anerkennung der Lutheraner erfolgte 1555 durch den Augsburger Religionsfrieden.
9. b Abraham Lincoln wurde am 15.4.1865 im Theater von dem Schauspieler und Rassenfanatiker J.W. Booth erschossen.
10. a Christoph Kolumbus (1451–1506) stammte aus Genua in Italien.

Kunst (Seite 37 f.)

1. b Diese französische Kunstrichtung des 19. Jahrhunderts begründete eine neue Art der Wirklichkeitswiedergabe. Sie wollte die Gegenstände der Natur nicht in ihrer Körperlichkeit, sondern in der farbigen Auflösung zeigen, die Licht, Luft und Sonne hervorrufen.
2. b Albrecht Dürer (1471–1528), wichtigster Vermittler zwischen der Kunst Süd- und Nordeuropas, schaffte die Grundlage für die Hochrenaissance in Deutschland. Seine Bildidee für die »Vier Apostel« geht auf die beiden Altarflügel zu dem großen Marienbild des Giovanni Bellini von 1488 in der Frari-Kirche in Venedig zurück.
3. c Der Kölner Dom gilt als das bedeutendste Bauwerk der Hochgotik in Deutschland und ist die größte Kirche Deutschlands. Er wurde nach dem Vorbild der gotischen Kathedralen in Frankreich geplant, seit 1248 gebaut und erst 1880 vollendet.

4. c Leonardo da Vinci (1452–1519) hat wegen seiner bedeutenden Arbeiten in der Baukunst, Technik, Anatomie und Malerei Geltung als Universalgenie erlangt. Das Porträt der Mona Lisa, das im Louvre besichtigt werden kann, gehört zu den wohl berühmtesten Bildnissen der abendländischen Malerei.
5. c In der Freseniusinischen Kapelle im Vatikan bemalte Michelangelo (1475–1564) von 1508–1512 die gewölbte Decke mit Szenen aus dem Alten Testament. Von 1534–1541 schuf er sein berühmtes Wandgemälde »Das Jüngste Gericht« auf der Altarwand. Da Michelangelo sich als Maler, Bildhauer, Baumeister und Dichter hervorgetan hat, zählt er neben Leonardo da Vinci zu den vielseitigsten Künstlern überhaupt.
6. a Das barocke Bild entstand um 1616 und zeigt Rubens' Tochter Clara-Serena. Es gehört zur den berühmtesten Kinderportraits der europäischen Kunstgeschichte. Peter Paul Rubens (1577–1640) wird als repräsentativer Maler des Barock angesehen und wählte neben religiösen und historischen Themen auch mythologische und allegorische Motive für seine Bilder. Rubens wirkte in Antwerpen, geboren wurde er in Siegen.
7. c Neben den sozialkritischen Themen, wie z. B. Leid und Elend der Arbeiterschicht, wählte die Grafikerin und Bildhauerin Käthe Kollwitz (1867–1945) häufig Mutter-Kind-Motive für ihre Werke.
8. a Van Gogh entwickelte neben dem japanischen Stil eine Technik, die Farben in kleinen Strichen nebeneinanderzusetzen. Er begann diese Striche in Wellenlinien, Kreisen oder Spiralen anzuordnen. Er wählte dabei die dem Motiv entsprechende Malweise.
9. b Die byzantinische Kunst ist die Kunst des byzantinischen Reichs im 4. bis 15. Jahrhundert. Sie prägte die Architektur, Mosaiken und die Ikonenmalerei.
10. b Paul Gauguin (1848–1903) verabschiedete sich von der westlichen Zivilisation und ließ sich 1895 in Tahiti nieder. Mit seinen Südseebildern, die sich durch eine Großflächigkeit und gesteigerte Farbigkeit auszeichnen, wollte er die traumhafte Welt naiver Schönheit aufzeigen und nicht das realistische Leben wiedergeben.

Literatur (Seite 39 f.)

1. c Als die persönlichste Dichtung Goethes gilt der Roman »Wilhelm Meisters Lehr- und Wanderjahre« (1821 und 1829).
2. c Friedrich Schiller beendete 1799 die Wallenstein-Trilogie.
3. b Molière (Jean-Baptiste Poquelin, 1622–1673) war französischer Schauspieler und Theaterdirektor. Er wurde zu Frankreichs größtem Lustspieldichter (»Die lächerlichen Preziösen«).
4. a Mit seinem Familienroman »Buddenbrooks« (1901) wurde Thomas Mann (1875–1955) schon in jungen Jahren berühmt. Der Roman schildert den Verfall einer Lübecker Kaufmannsfamilie über vier Generationen. Für diesen Roman erhielt er den Nobelpreis.

5. a »Die Physiker«, eine Komödie in zwei Akten (1962), schrieb Friedrich Dürrenmatt (1921–1990) während der Zuspitzung des Kalten Krieges und der öffentlichen Diskussion über die atomare Rüstungspolitik.
6. b Wilhelm Busch (1832–1908) schrieb 1872 die Bildergeschichte vom Aufstieg und Fall der frommen Helene, die den Pfad der Tugend immer wieder knapp verfehlt.
7. a Carl Zuckmayer (1896–1977) schrieb das Drama »Der Hauptmann von Köpenick« 1931. Es ist ein Beispiel seiner Volksstücke, in denen ihm eine treffsichere Milieu- und Personendarstellung gelungen ist.
8. a G. E. Lessing (1729–1781) wurde mit »Emilia Galotti« (1772) zum Begründer des bürgerlichen Trauerspiels.
9. a Den höfischen Versroman »Parzifal« schrieb Wolfram von Eschenbach zwischen 1200 und 1210. Er gehört zu den verbreitetesten volkssprachlichen Texten des Mittelalters.
10. a Zwischen dem österreichischen Schriftsteller Hugo von Hofmannsthal (1874–1929) und Richard Strauss (1864–1949) bestand eine sehr ergiebige und kooperative Zusammenarbeit. Hugo von Hofmannsthal schrieb für Strauss u. a. die Opern »Elektra« (1909), »Der Rosenkavalier« (1911) und »Ariadne auf Naxos« (1916).

Musik (Seite 41 f.)

1. c C-Dur ist eine Tonart des Tongeschlechts Dur und auf dem Grundton c aufbaut. Die Tonleiter und der Grundakkord dieser Tonart ist c-e-g.
2. c Johann Strauß (1825–1899), der älteste Sohn des Wiener Hofballdirektors mit gleichem Namen, wurde als »Walzerkönig« gefeiert. Neben seiner Operette »Die Fledermaus« ist er vor allem durch die Walzer »Kaiserwalzer« und »An der schönen blauen Donau« berühmt geworden.
3. b Die Oktave kann in drei Varianten auftreten: der reinen, der verminderten und der übermäßigen Oktave. Die reine Oktave umfasst 12 Halbtonschritte, die beiden anderen Varianten 11 bzw. 13.
4. b Eine gewöhnliche Gitarre hat heute 6 Saiten. Gitarren mit 6 Saiten gibt es aber erst seit dem 18. Jahrhundert. Bis zur Mitte des 15. Jahrhunderts hatten Gitarren noch 4 Saiten.
5. d Das tiefste aller Blechblasinstrumente ist die Tuba. Sie zählt zu der Familie der Bügelhörner und besitzt drei bis sechs Ventile.
6. c Jazz entstand um 1900 in den USA und wurde überwiegend von Afro-Amerikanern hervorgebracht.
7. d Igor Fjodorowitsch Strawinsky (1882–1971) war US-amerikanischer Komponist russischer Herkunft. Er war einer der bedeutendsten Vertreter der »Neuen Musik«. Eine ausgeprägte Rhythmik und die Polytonalität waren wichtige Stilmittel seiner Musik.
8. c Georg Friedrich Händel (1685–1759) war ein deutscher Komponist. Er erlangte durch zahlreiche Opern und Oratorien große Berühmtheit. Seine Kompositionen sind in allen musikalischen Gattungen seiner Zeit zu finden.

9. a Der österreichische Komponist Franz Schubert (1797–1828) schuf den Liederzyklus »Die Winterreise« 1827 zu den Gedichten von Wilhelm Müller. Schubert gehört zu den bedeutendsten Komponisten der klassisch-romantischen Stilepoche.
10. b Als Synkope wird die Verschiebung der Betonung auf an sich unbetonte Werte bezeichnet. Die betonten Werte bleiben ohne Akzent.

Physik (Seite 43 f.)

1. b Ein Ion ist ein elektrisch geladenes Teilchen, das weniger oder mehr Ladung als in seinem Normalzustand aufweist. Durch Anlagerung von Elektronen wird das Atom negativ (Anion) oder durch den Verlust von Elektronen positiv (Kation) geladen.
2. a Zur Projektion undurchsichtiger (Aufsichts-)Bilder.
3. a Der Gegensatz ist nach außen gewölbt, konvex.
4. a Der Schmelzpunkt des Drahtes liegt bei ca. 3.400 °C.
5. d Kann sich im Vakuum nicht ausbreiten, da kein Medium zur Schallübertragung vorhanden ist, braucht gasförmiges oder flüssiges Medium.
6. a Bei der Kondensation geht ein Stoff vom gasförmigen in den flüssigen Aggregatzustand über. Das Gegenteil ist das Verdampfen.
7. d Metall, weil Wärme stets vom wärmeren auf den kälteren Körper übergeht.
8. d Der Kondensator speichert elektrische Ladungen.
9. d Nach dem französischen Physiker und Mathematiker André Marie Ampère (1775–1836).
10. c Der Absolute Nullpunkt ist die tiefste Temperatur. Der Wert beträgt 0 K = –273,15 °C. Es ist der Nullpunkt der Absoluten Temperaturskala nach Kelvin (K). Man kann den Wert jedoch nie völlig erreichen, sondern sich ihm nur annähern.

Sport (Seite 45 f.)

1. a Die nordische Kombination wird an zwei aufeinanderfolgenden Tagen durchgeführt. Die Sportart stammt aus Norwegen und ist seit den Olympischen Winterspielen 1924 in Chamonix olympisch.
2. b Der Penalty ist vergleichbar dem Elfmeter beim Fußball, u.a. aber mit dem Unterschied, dass der Penalty vom Anspielpunkt in der Mitte des Spielfelds ausgeführt wird.
3. c Libero, wörtlich übersetzt: der freie Mann, d. h. ein Abwehrspieler ohne feste Zuordnung zu einem Gegenspieler, mit wichtigen Funktionen für den Spielaufbau. Ein legendärer Libero war Franz Beckenbauer, seinem Spiel bei Bayern München und in der deutschen Fußballnationalmannschaft zuzusehen war eine sportästhetische Delikatesse.
4. a Im Ruder-Jargon spricht man davon, einen Krebs zu fangen und meint das Hängenbleiben des Paddel- oder Ruderblattes im Wasser während der Fahrt.

5. b Es zählen 15 Spieler zu einer Rugbymannschaft. Davon sind die Stürmer von 1 bis 8 nummeriert und von 9 bis 15 die Spieler der Hintermannschaft. Die Ersatzspieler erhalten Nummern von 16 bis 22. Rugby ist nach der gleichnamigen mittelenglischen Stadt benannt, in der diese Sportart 1823 entstand.
6. b Körperloses Spiel ist ein Gebot des Basketballs. Der Körperkontakt kann mit einem Foul geahndet werden. Wissen Sie, in welcher Höhe sich der Korb beim Basketball befindet? In 3,05 m Höhe.
7. c Ein Weltmeisterschaftskampf geht über maximal 12 Runden, wobei eine Runde 3 Minuten dauert und dann jeweils 1 Minute Pause folgt.
8. a Beim Tischtennis wechselt das Aufschlagrecht nach zwei Aufschlägen und somit nach zwei Punkten. Nur bei einer Spielverlängerung bei einem Spielstand von 10:10 wird nach jedem Aufschlag gewechselt.
9. b Die Spanische Eröffnung eine der häufigsten und am meisten analysierten Eröffnungen im Schachspiel und ist seit dem 16. Jahrhundert bekannt.
10. b Beim Fußball dürfen maximal 3 Feldspieler ausgewechselt werden. Ein ausgewechselter Spieler darf nicht wieder eingewechselt werden. Das Auswechseln der Spieler ist eine Kunst und zeichnet einen guten Trainer aus, der damit – vor allem natürlich, wenn der eingewechselte Spieler sofort ein Tor macht – sein »goldenes Händchen« beweist.

Staat und Politik (Seite 47 f.)

1. c Der Bundespräsident wird gemäß Artikel 54 Grundgesetz von der Bundesversammlung gewählt, seine Amtszeit beträgt 5 Jahre. Die Bundesversammlung besteht aus den Mitgliedern des Bundestags und einer gleichen Zahl von Mitgliedern, die nach den Grundsätzen der Verhältniswahl von den Landtagen gewählt werden.
2. c Das Schengener Abkommen wurde zum Abbau von Grenzkontrollen in der EU geschaffen. Am 15. Juni 1985 wurde es durch die fünf Gründerstaaten Belgien, Deutschland, Frankreich, Luxemburg und die Niederlande vereinbart.
3. d Bei der Bundesrepublik Deutschland handelt es sich um eine parlamentarische Demokratie. Hierbei soll das Parlament garantieren, dass gemeinwohlorientiert politische Entscheidungen demokratisch zustande kommen.
4. a Ein Gesetz wird nach Gegenzeichnung durch den Bundespräsidenten im Bundesgesetzblatt veröffentlicht und tritt zu dem Zeitpunkt in Kraft, den das beschlossene Gesetz oder Art. 82 Grundgesetz nennt.
5. c Erhard wurde 1963 zum Bundeskanzler gewählt, Kiesinger 1966.
6. c Die Abkürzung steht für »Europäische Gemeinschaft«.
7. b Der amerikanische Kongress besteht aus Senat und Repräsentantenhaus.
8. b Das Parlament wird für vier Jahre gewählt.
9. d Das Bundesverfassungsgericht, weil es die Vereinbarkeit von Gesetzen mit dem Grundgesetz prüft.
10. a Die Schweiz gehört als neutrales Land keinem Verteidigungsbündnis an.

Technik (Seite 49 f.)

1. c Die Sonnenuhr ist ein Zeitmesser, der aus der Lage des Schattens eines von der Sonne beschienen Stabes die wahre Sonnenzeit erkennen lässt.
2. a Eine Schallwelle breitet sich in der Luft bei einer Temperatur von 20 °C 343 m pro Sekunde aus. Das sind in etwa 1.235 km/h. Die Ausbreitungsgeschwindigkeit des Schalls nimmt mit der Wurzel aus der absoluten Temperatur zu.
3. a Die Lichtgeschwindigkeit ist als konstante Größe überall gleich; sie beträgt etwas weniger als 300.000.000 m/s oder 18.000.000 km/min bzw. 1.080.000.000 km/h (also über 1 Milliarde km).
4. a Ein Transformator ist für die Umwandlung von niedrigen elektrischen Wechselspannungen in höhere (und umgekehrt) zuständig. Er wird auch Umspanner genannt. In der Nachrichtentechnik: Überträger, in der Messtechnik: Messwandler.
5. b Barometer sind Messinstrumente für den Luftdruck. Sie werden auch zur Höhenbestimmung verwendet (Barometrische Höhenmessung).
6. a Wasser ohne Kalkgehalt, aber: Wasser, das radioaktiv strahlt, nennt man schweres Wasser.
7. b Hausstrom hat in Europa 50 Hertz. Benannt nach Heinrich Rudolf Hertz, deutscher Physiker (1857–2894).
8. b Die Intensität eines Erdbebens wird angegeben in Zahlenwerten der Richterskala von 0 bis (bisher maximal) 8,6. C. F. Richter, amerikanischer Seismologe (1900–1985).
9. c Ein Oszilloskop ist ein elektronisches Messgerät. Auf einem Bildschirm werden Spannungen in einem Koordinatensystem dargestellt. Karl Ferdinand Braun, deutscher Physiker (1820–1918).
10. a Die Pleuelstange (auch Pleuel genannt) ist die Verbindung zwischen der Kurbelwelle und dem Kolben. Sie setzt die Vor- und Rückwärtsbewegung des Kolbens in die kreisförmige Bewegung der Kurbelwelle um.

Wirtschaft (Seite 51 f.)

1. b Die Kosten, die der Kreditnehmer für einen Kredit zu zahlen hat, nennt man Zinsen. Zins ist generell der Preis für überlassenes Geld oder Kapital. Er wird üblicherweise in Prozent des Kapitals ausgedrückt.
2. b In Zeiten einer inflationären Wirtschaftsentwicklung suchen Investoren die Flucht in Sachwerte, da Sachwerte weniger durch die Inflation gefährdet sind. Das hat jedoch zur Folge, dass nicht mehr in Wirtschaftszweige investiert wird, die die Produktivität steigern. Letztlich sinken das Wirtschaftswachstum und die Beschäftigung.
3. c »Netto« ist italienisch und heißt in etwa »rein«; also ist Lösung c »Gewicht einer Ware ohne Verpackung« die richtige Antwort. »Tara« hingegen bezeichnet das Gewicht der Verpackung.

4. a Subventionen sind Begünstigungen, z. B. direkte Geldleistungen oder Steuerermäßigungen, die der Staat bestimmten Wirtschaftszweigen außerhalb des staatlichen Bereichs zukommen lässt, ohne dafür Gegenleistungen zu bekommen.
5. b Das Sozialprodukt ist ein statistischer Wert, der die wirtschaftliche Leistung einer Volkswirtschaft, d. h. die produzierten Sachgüter und Dienstleistungen, eines Jahres darstellt. Es soll die Größe des Einkommens darstellen.
6. b Ein Wechsel ist eine Urkunde, die eine »Verpflichtungserklärung eines Schuldners« enthält. Der Aussteller des Wechsels verpflichtet sich darin, an einen Begünstigten eine festgelegte Geldsumme zu bestimmten Konditionen zu zahlen.
7. a Ein Pfandbrief ist eine spezielle Form der Schuldverschreibung (auch Obligation oder Anleihe genannt). Er wird im Wesentlichen von Hypothekenbanken ausgegeben und ist bei vorsichtigen Geldanlegern beliebt.
8. c Das Wort »Hypothek« kommt aus dem Griechischen und bedeutet »Unterpfand«. Mittels einer Hypothek setzt man sein Haus oder Grundstück als Sicherheit für einen Kredit ein. Ein Gläubiger hat das Recht, z. B. durch den Erlös aus der Zwangsversteigerung eines mit einer Hypothek belasteten Hauses seine Forderungen zu befriedigen.
9. c Die Dividende ist der dem Aktionär auszuzahlende Anteil vom Reingewinn. Meist wird die Ausschüttungshöhe in Prozent vom Nennwert der Aktie angegeben. Der Vorstand und der Aufsichtsrat schlagen der Hauptversammlung die Höhe vor.
10. c »Prokura« ist italienisch und bedeutet »Vollmacht«. In der Wirtschaft ist es der Ausdruck für eine handlungsrechtliche Vollmacht, deren Inhalt gesetzlich festgelegt ist. Sie ermächtigt nach dem deutschen Handelsrecht innerhalb des Handelsgewerbes zu Geschäften und Rechtshandlungen aller Art.

Konzentration

Gedächtnisleistung (Seite 60 f.)

1. Wer ist der älteste Kandidat: Franz Xaver Hubener
2. Wie heißt der jüngste Kandidat: Anna Dornbach
3. Wer wohnt im eigenen Haus: Werner Murbach
4. Wessen Hobby ist die Rosenzucht: Franz Xaver Hubener
5. Wessen Hobby ist Schwimmen: Werner Murbach
6. Wer ist in Wien geboren: Franz Xaver Hubener
7. Wer hat mehr als zwei Kinder: Erika Bernweiß
8. Welche Hobbys hat der/die Disponent/in: Musik
9. Welche Hobbys hat der/die Abteilungsleiter: Skifahren, Mountain Bike (2)
10. Wer ist nicht bei seinen Eltern aufgewachsen: Franz Xaver Hubener
11. Wessen Mutter starb früh: Werner Murbach
12. Wo arbeitet der Partner von Anna Dornbach: Müllabfuhr

13. Was arbeitet der Partner von Erika Bernweiß: Tierarzt
14. Wer ist Buchhalter/in: Franz Xaver Hubener
15. Welche Musikinstrumente spielt Anna Dornbach: Klavier u. Geige (2)
16. Wer wuchs als Zwillingskind auf: Anna Dornbach
17. Wer wuchs mit vielen Geschwistern auf: Erika Bernweiß, 5 (2)
18. Wessen Tochter ist erst ein Jahr alt: Erika Bernweiß
19. Wie viele Kinder wünscht sich Anna Dornbach: mindestens drei
20. Was hat der Sohn von Franz Xaver Hubener vor: Jura-Studium
21. Welche Tätigkeit übt Werner Murbach aktuell aus: Vertreter
22. Wer hat eine Ausbildung bei der Sparkasse gemacht: Erika Bernweiß
23. Welchen Schulabschluss hat der Vertreter: Hauptschule
24. Was arbeitet die Frau von Werner Murbach: Verkäuferin
25. Wer hat einen Mittelschulabschluss: Franz Xaver Hubener und Erika Bernweiß (2)

Zahlen wiedererkennen (Seite 62)

76567	35432	56776	25315	85367	75653
46543	56545	***63827***	21344	23213	24321
97876	63675	42464	32345	43211	64324
97624	32345	65476	54256	75458	***12563***
64336	53245	21121	13432	32245	32345
75657	43225	22455	21123	21344	21234
76456	***98447***	32235	43523	43234	65434
65435	11122	21234	32344	47655	99087
98789	97809	87678	65435	43345	23323
87965	53245	43245	97876	97887	***76282***

Aktienkurse auswerten (Seite 63 f.)

1. e E.ON (58,19); Linde (154,45)
2. e Fresenius (20,98); Lufthansa (25,3)
3. e 4,58
4. a MAN (3) / Linde (3)
   b Bayer (keine)
5. a Metro
   b Linde

Buchstabensalat (Seite 65 f.)

Aster, Freesie, Efeu, Seerose, Veilchen, Primel, Nelke, Margerite, Leberblümchen, Distel, Akelei, Löwenzahn, Iris, Rainfarn, Rose, Enzian, Wicke.

In der folgenden Übersicht können die Positionen der versteckten Begriffe genau überprüft werden.

B	R	E	A	S	T	E	R	T	Z	U	R	U	B	S	T
C	H	I	R	X	V	E	I	L	H	Ö	E	Ä	B	R	E
V	Ü	X	F	R	E	E	S	I	E	F	A	R	G	I	E
E	B	E	C	H	W	I	Q	U	E	K	H	E	I	P	R
I	G	E	L	F	R	U	S	Ö	T	Z	E	I	N	R	M
L	Ä	R	M	S	E	E	R	O	S	E	S	M	S	I	E
C	A	E	L	C	K	Ü	S	C	H	G	L	A	S	M	I
H	O	S	E	H	L	A	U	T	I	E	Ä	D	U	E	L
E	N	B	B	U	V	E	R	K	D	I	N	U	B	L	Ä
N	A	R	E	F	R	A	G	O	A	X	Y	E	Ö	J	A
F	M	A	R	G	E	R	I	T	E	U	L	R	L	E	B
X	I	R	B	Ö	L	L	X	C	H	L	Ä	E	N	K	M
D	I	B	L	K	I	A	K	E	L	E	I	L	Q	U	E
I	S	R	Ü	B	K	E	H	T	S	C	H	E	I	N	M
S	O	N	M	U	R	D	A	R	M	S	O	N	N	A	N
T	U	S	C	H	E	L	Ö	W	E	N	Z	A	H	N	Ö
E	A	R	H	N	Ä	S	T	G	I	R	L	A	B	U	S
L	P	F	E	I	L	E	I	M	G	N	O	K	Ä	W	I
R	R	A	N	G	S	V	E	U	R	Ä	S	T	W	I	R
A	U	S	T	S	X	A	L	A	Ü	O	A	D	E	C	L
C	I	R	I	S	B	O	F	O	T	S	S	E	Ü	K	A
P	F	E	R	D	E	N	E	R	G	T	Ö	E	L	E	E
P	F	A	D	Ü	I	Ä	H	T	E	S	C	H	A	F	A
C	I	M	T	A	U	S	E	E	N	Z	I	A	N	L	U
A	N	A	R	R	S	D	W	R	T	I	G	R	E	R	F
E	G	E	R	L	O	I	S	T	E	I	M	S	I	N	R
B	E	I	L	O	S	S	E	L	H	J	I	E	R	O	E

Dienstplan (Seite 67)

Für diese Aufgabe können wir Ihnen nur einen Lösungsvorschlag anbieten. Auch andere Lösungen sind möglich.

	Montag	Dienstag	Mittwoch	Donnerstag	Freitag
Nachtdienst	Anna Birgit Bernd	Dagmar Erik Else	Gabi Heinz Karin	Ludwig Palja Robert	Renate Sonja Sabien
Tagdienst	Andreas Berta	Detlev Doris	Fritz Karl	Katrin Mailin	Nora Susanne

Verteilen und Ordnen (Seite 68)

Verdeutlichen Sie sich, dass Sie von 100 % auszugehen haben und somit in jedem Karteikasten 10 % der Namen zu verteilen sind. In alphabetischer Reihenfolge bedeutet das die nebenstehende Verteilung.

1. A	3. D, E, F	5. H, I, J, K	7. N, O, P	9. U, V, W
2. B, C	4. G	6. L, M	8. R, S, T	10. X, Y, Z

Hausverwaltung (Seite 69)

Bei dieser Aufgabe können wir Ihnen nur eine Beispiellösung anbieten. Auch andere Lösungen sind denkbar.

- alle Räume erhalten eine vierstellige Nummer, beispielsweise 2401: die erste Ziffer zeigt das Haus an (in unserem Fall Haus 2), die zweite die Etage (4. Etage), die letzten beiden die Zimmernummer (Zimmer 01)
- alle Räume, mit Ausnahme der Büros, bekommen hinter die vierstellige Nummer einen Nachsatz, der auf die Funktion des Raumes hinweist: Copy (Kopierzimmer), Te (Technikraum), WC (Toiletten), K (Konferenzzimmer), Kü (Küche)

Post, Porto und Tarife (Seite 70 ff.)

1. 3,00	6. 7,50	11. 19,60	16. 22,90
2. 7,90	7. 6,10	12. 5,00	17. 20,90
3. 5,00	8. 6,80	13. 22,20	
4. 5,10	9. 22,60	14. 19,20	
5. 7,50	10. 5,00	15. 7,10	

Rechnungsprüfung
(Seite 73 f.)

A. 0 Fehler
B. 1 Fehler
C. 2 Fehler
D. 0 Fehler
E. 2 Fehler
F. 4 Fehler

A

Nadelstreifen-Blazer	35,00
Hose mit Nadelstreifen	49,95
Miedergürtel aus Glattleder	22,99
GESAMT	EUR 107,94

B

Pullover mit Stehkragen	27,70
Sweatshirt mit Kapuze	13,07
	40,77
Gutschrift	– 32,00
GESAMT	EUR 8,77

C

Strickrock, lang	32,99
Bluse aus zweifarbigem Gewebe	33,95
Rollkragenpullover mit Halbarm	24,30
Ledergürtel mit Silberschließe	15,00
Rock mit Nadelstreifen	24,65
	130,89
10 % Rabatt	**– 14,40**
GESAMT	EUR **116,49**

D

Weste im Trachtenlook	25,12
Trachtenbluse	54,80
Trachtenrock mit Seitenschlitzen	111,91
Jeans-Jacke	42,95
	234,78
5 % Versand und Porto	11,74
GESAMT	EUR 246,52

E

Trekkingstiefelette	79,90
Karo-Hemdbluse mit Stickerei	19,99
Bluse mit Spitze	13,14
Hose mit Schlag	27,31
Sweatshirt aus Frotee	11,00
Rock mit Schlitz	28,95
	180,29
5 % Skonto	– 9,01
	171,28
Gutschrift	– 7,99
GESAMT	EUR **163,39**

F

Wickelrock, kurz und peppig	47,80
Hüfthose in legerer Form	23,14
Freizeitschuh im Materialmix	74,51
	145,55
10 % Mehrwertsteuer	14,55
	160,10
5 % Verpackung und Porto	8,00
	168,10
Gutschrift	– 10,49
GESAMT	EUR **157,61**

Sortieren (Seite 75 ff.)

1. 1908
2. 3018
3. 0215
4. 2613
5. 0817
6. 1721
7. 2704
8. 1303
9. 2223
10. 2505
11. 0622
12. 1608
13. 0412
14. 2120
15. 0207
16. 0716
17. 1318
18. 2802
19. 2924
20. 2501
21. 1129
22. 2430
23. 0311
24. 0102
25. 0506
26. 2609
27. 1210
28. 1818
29. 0428
30. 1929
31. 1621
32. 3013
33. 2927
34. 0212
35. 1811
36. 0014
37. 2407
38. 0822
39. 2228
40. 1627

Spedition (Seite 78–81)

Bitte beachten Sie, dass es sich bei der folgenden Lösung nur um ein Muster handelt. Weitere Lösungen (mit anderen Zeiten) sind möglich. Wenngleich in der Aufgabe steht, dass Sie die schnellste Verbindung aufstellen sollen, so werden bei der Auswertung auch Struktur und Lösungsweg bewertet.

Lkw A

Tag	Uhrzeit	Tätigkeit
1. Tag	08.00–11.45	Fahrt Berlin → Hannover/mit Anhänger/0 FE
	11.45–12.45	Hannover: Beladen mit 7 FE (Auftrag 12 und 13)
	12.45–15.15	Fahrt Hannover → Kassel/mit Anh./7 FE
	15.15–16.15	Kassel: Beladen mit 3 FE (Auftrag 11)
	16.15–21.50	Fahrt Kassel → Stuttgart/mit Anh./10 FE
	21.50–22.50	Stuttgart: Abladen von 4 FE (Auftrag 13 erledigt) Anhänger wird abgekoppelt
2. Tag	22.50–01.20	Fahrt Stuttgart → München/6 FE
	01.20–02.20	München: Abladen von 3 FE (Auftrag 12 erledigt)
	02.20–07.20	Fahrt München → Verona/3 FE
	07.20–08.20	Verona: Abladen von 3 FE (Auftrag 11 erledigt)
	08.20–18.20	Fahrt Verona → Wien/0 FE
	18.20–19.20	Wien: Beladen mit 6 FE (Auftrag 18)
3. Tag	19.20–01.20	Fahrt Wien → Triest/6 FE
	01.20–02.20	Triest: Abladen von 6 FE (Auftrag 18 erledigt)
	02.20–08.20	Fahrt Triest → Wien/0 FE
	08.20–09.20	Wien: Beladen mit 5 FE (Auftrag 17)
	09.20–18.50	Fahrt Wien → Basel/5 FE
	18.50–19.50	Basel: Abladen von 5 FE (Auftrag 17 erledigt)
	19.50–22.50	Fahrt Basel → Saarbrücken/0 FE
	22.50–23.50	Saarbrücken: Beladen mit 6 FE (Auftrag 2)

4. Tag	23.50–09.20	Fahrt Saarbrücken → Nürnberg/6 FE
	09.20–10.50	Nürnberg: Abladen von 6 FE (Auftrag 2 erledigt) Beladen mit 5 FE (Auftrag 1)
	10.50–20.20	Fahrt Nürnberg → Saarbrücken/5 FE
	20.20–21.50	Saarbrücken: Abladen von 5 FE (Auftrag 1 erledigt) Beladen mit 4 FE (Auftrag 3)
5. Tag	21.50–07.20	Fahrt Saarbrücken → Innsbruck/4 FE
	07.20–08.20	Innsbruck: Abladen von 4 FE (Auftrag 3 erledigt)

Anhänger

Tag	Uhrzeit	Tätigkeit
1. Tag	08.00–21.50	Angehängt an Lkw A
	21.50 bis	
4. Tag	19.45	Angehängt an Lkw B

Lkw B

Tag	Uhrzeit	Tätigkeit
1. Tag	08.00–12.00	Fahrt Rotterdam → Köln/0 FE
	12.00–13.00	Köln: Beladen mit 5 FE (Auftrag 20)
	13.00–17.00	Fahrt Köln → Stuttgart/5 FE
	17.00–21.00	Pause
	21.00–21.30	Weiterfahrt Köln → Stuttgart/5 FE
	21.30–21.50	Warten auf Anhänger, dann ankoppeln
2. Tag	21.50–01.00	Fahrt Stuttgart → Frankfurt/mit Anh./5 FE
	01.00–02.00	Frankfurt: Beladen mit 3 FE (Auftrag 10)
	02.00–06.20	Fahrt Frankfurt → Zürich/mit Anh./8 FE
	06.20–10.20	Pause
	10.20–12.15	Weiterfahrt Frankfurt → Zürich/mit Anh./8 FE
	12.15–13.15	Zürich: Abladen von 5 FE (Auftrag 20 erledigt)
	13.15–15.45	Fahrt Zürich → Bern/mit Anh./3 FE
	15.45–16.45	Bern: Beladen mit 9 FE (Auftrag 8 und 15)
	16.45–20.20	Fahrt Bern → Linz/mit Anh./12 FE
3. Tag	20.20–00.20	Pause
	00.20–07.25	Weiterfahrt Bern → Linz/mit Anh./12 FE
	07.25–08.25	Linz: Abladen von 3 FE (Auftrag 10 erledigt)
	08.25–09.20	Fahrt Linz → Graz/mit Anh./9 FE
	09.20–13.20	Pause
	13.20–18.05	Weiterfahrt Linz → Graz/mit Anh./9 FE
	18.05–19.05	Graz: Abladen von 5 FE (Auftrag 8 erledigt)
	19.05–22.20	Fahrt Graz → München/mit Anh./4 FE
4. Tag	22.20–02.20	Pause
	02.20–04.45	Weiterfahrt Graz → München/mit Anh./4 FE
	04.45–05.45	München: Beladen mit 3 FE (Auftrag 6)
	05.45–11.20	Fahrt München → Berlin/mit Anh./7 FE
	11.20–15.20	Pause
	15.20–19.45	Weiterfahrt München → Berlin/mit Anh./7 FE
	19.45–20.45	Berlin: Abladen von 7 FE (Auftrag 6 und 15 erledigt) Anhänger wird abgekoppelt
	20.45–23.15	Fahrt Berlin → Rostock/0 FE

5. Tag	23.15–00.15	Rostock: Beladen mit 3 FE (Auftrag 7)
	00.15–01.20	Fahrt Rostock→Kassel/3 FE
	01.20–05.20	Pause
	05.20–09.45	Weiterfahrt Rostock→Kassel/3 FE
	09.45–10.45	Kassel: Abladen von 3 FE (Auftrag 7 erledigt)

Lkw C

Tag	Uhrzeit	Tätigkeit
1. Tag	08.00–09.00	München: Beladen mit 3 FE (Auftrag 16)
	09.00–15.30	Fahrt München→Mailand/3 FE
	15.30–17.00	Mailand: Abladen von 3 FE (Auftrag 16 erledigt) Beladen mit 2 FE (Auftrag 14)
	17.00–18.30	Fahrt Mailand→Verona/2 FE
	18.30–22.30	Pause
	22.30–23.00	Weiterfahrt Mailand→Verona/2 FE
	23.00–00.00	Verona: Beladen mit 4 FE (Auftrag 19)
2. Tag	00.00–07.30	Fahrt Verona→Wien/6 FE
	07.30–11.30	Pause
	11.30–14.00	Weiterfahrt Verona→Wien/6 FE
	14.00–15.00	Wien: Abladen von 2 FE (Auftrag 14 erledigt)
	15.00–20.00	Fahrt Wien→München/4 FE
	20.00–21.00	München: Abladen von 4 FE (Auftrag 19 erledigt)
	21.00–21.30	Fahrt München→Salzburg/0 FE
3. Tag	21.30–01.30	Pause
	01.30–02.30	Weiterfahrt München→Salzburg/0 FE
	02.30–03.30	Salzburg: Beladen mit 3 FE (Auftrag 9)
	03.30–07.30	Fahrt Salzburg→Stuttgart/3 FE
	07.30–08.30	Stuttgart: Beladen mit 3 FE (Auftrag 5)
	08.30–11.30	Fahrt Stuttgart→Hannover/6 FE
	11.30–15.30	Pause
	15.30–19.00	Weiterfahrt Stuttgart→Hannover/6 FE
	19.00–20.00	Hannover: Abladen von 3 FE (Auftrag 9 erledigt)
	20.00–23.00	Fahrt Hannover→Berlin/3 FE
	23.00–00.00	Berlin: Abladen von 3 FE (Auftrag 5 erledigt)
4. Tag	00.00–01.30	Fahrt Berlin→Leipzig/0 FE
	01.30–05.30	Pause
	05.30–07.30	Weiterfahrt Berlin→Leipzig/0 FE
	07.30–08.30	Leipzig: Beladen mit 3 FE (Auftrag 4)
	08.30–14.30	Fahrt Leipzig→Brüssel/3 FE
	14.30–18.30	Pause
	18.30–21.00	Weiterfahrt Leipzig→Brüssel/3 FE
	21.00–22.00	Brüssel: Abladen von 3 FE (Auftrag 4 erledigt)

Gesamtzeit: 98 Stunden 45 Minuten

Tabellen auswerten (Seite 82 f.)

1. c Im Ort Z war im Jahr 2011 die höchste Individuenzahl zu verzeichnen (664) und im Jahr 2007 im Ort Y die Niedrigste (23).
2. e Im Ort X = 199; im Ort Y = 129; im Ort Z = 653. Das sind 981 Individuen.
3. e 598 : 5 = 119,6
4. a Von sechs auf neun Nachkommen.
5. d Durchschnittliche Anzahl Nachkommen im Ort Y = 55. Durchschnittliche Anzahl Nachkommen im Ort Z = 553,2 (553,2 – 55)

Wegeplan (Seite 84)

Für diese Aufgabe können wir Ihnen nur einen Lösungsvorschlag anbieten. Auch andere Lösungen sind denkbar.

Von	**Nach**	**Wegezeit** (in Min.)	**Gesprächszeit** (in Min.)
Zentrale	A	7	3
A	B	4	3
B	C	4	3
Telefon	D		3
	E		3
	F		3
C	Zentrale	5	
Gesamtzeit		**20**	**18**

Gesamtzeit: 38 Minuten.

Bitte beachten Sie, dass Sie kein funktionierendes Telefon in der Zentrale haben, und vergessen Sie nicht, den Rückweg in die Zentrale zu berechnen.

Sprachverständnis

Gleiche Wortbedeutungen (Seite 99 f.)

1. d »Kräftigen« und »stärken« bringen Verbesserung der Kraft, Gesundheit oder Konstitution zum Ausdruck.
2. c »Mindern« und »verringern« sind Ausdrücke für die Senkung einer bestimmten Größe, wie z. B. Geschwindigkeit, Energie, Umsatz, Unfallzahlen.
3. b »Argwohn« und »Misstrauen« drücken Zweifel gegenüber einem Sachverhalt aus. Eine Person, die argwöhnisch oder misstrauisch einer anderen Person gegenüber ist, zweifelt an deren Glaubwürdigkeit, Echtheit, Ehrlichkeit.

4. b Wird z. B. ein Dokument als echt bezeichnet, heißt dies, dass es nicht gefälscht, also unverfälscht ist.
5. c Betritt ein Fußgänger unversehens die Straße, geschieht dies für einen Autofahrer, der damit nicht rechnet und scharf bremsen muss, plötzlich, quasi unvorhersehbar.
6. e Lacht jemand hämisch, wenn ein anderer beim Fußball das Tor nicht trifft, zeigt er sich schadenfroh über den Misserfolg des anderen und zeigt seine gehässige, boshafte Seite.
7. c Wird z. B. dem Betriebsrat vorgeworfen, er verhalte sich zu willfährig der Konzernführung gegenüber, meint dies, er agiert zu folgsam und widerstandslos. Sprich: er passt sich gefügig der Firmenpolitik an, ohne die Interessen der Arbeitnehmer zu berücksichtigen.
8. f Die Arbeitslosenquote bezeichnet z. B. den Anteil der Arbeitslosen an der Gesamtzahl ziviler Erwerbspersonen.
9. e Dissing (im Deutschen »dissen«) nennen Rapper das wortreiche Schmähen des Gegners. Dabei werden andere Sänger anderer Bands beschimpft und auf unflätige Weise bloßgestellt.
10. d Als unterwürfig wird jemand bezeichnet, wenn er sich im besonderen Maße demütig, ergeben oder untertänig verhält. Im übertragenen Sinne fällt er wie ein Diener vor seinem König kriecherisch zu Boden.
11. d Wenn jemand publiziert, hat er z. B. ein Buch veröffentlicht. Aber auch eine Website ist eine Veröffentlichung – eine Publikation (lat. öffentlich).
12. f Vorwürfe werden z. B. als absurd bezeichnet, wenn sie nicht nachvollziehbar sind und als unsinnig oder widersinnig empfunden werden.
13. e Verunstalten und entstellen sind beides Ausdrücke dafür, dass etwas in seinem Aussehen derart verändert wurde, dass es nicht mehr schön oder ansehbar ist.
14. b Wenn jemand perfekt oder vollkommen ist, ist er ohne jegliche Fehler.

Gemeinsamkeiten (Seite 101 f.)

1. e f Aktien und Pfandbriefe sind beide Wertpapiere. Sicher sind so manche Briefmarken und Sparbücher auch einiges wert, aber ihnen fehlt der gemeinsame Oberbegriff.
2. a g Termin und Epoche sind zeitliche Angaben.
3. a f Mütze und Strumpf sind beides Kleidungsstücke, somit bilden sie ein Begriffspaar mit gemeinsamem Oberbegriff. Eis und Kälte sowie Kälte und Winter ergeben zwar auch Sinn, aber hier ist der gemeinsame Oberbegriff nicht so eindeutig (z. B. ist Winter eine Jahreszeit, Kälte ist ein Sinneseindruck).
4. b d Reißverschluss und Türriegel dienen beide dazu, etwas zu öffnen oder zu schließen.
5. f g Beide decken etwas ab, sie bilden also ein Begriffspaar mit gleicher Funktionalität. Eine Dose hat zwar einen Deckel, aber gleiche Funktionalität kommt bei den Gemeinsamkeiten vor gemeinsamem Vorkommen.

6. d g Ein Torso ist ein menschlicher Körper ohne Kopf und Gliedmaßen. Es handelt sich sozusagen um die verstümmelte Darstellung eines ganzen Menschen, so wie eine Ruine die verstümmelte Version eines ganzen Bauwerks ist.
7. c g Skorbut und Rachitis sind beide Mangelkrankheiten, während die anderen genannten Krankheiten auch ohne mangelhafte Ernährung auftreten können.
8. c f Silo und Tresor dienen beide der Aufbewahrung und haben somit eine gemeinsame Funktion.
9. c d Höhle und Bau sind beide überdachte unterirdische Hohlräume. Ein Loch muss nicht überdacht sein.
10. c g Buche und Birke sind Bäume.

Sprachanalogien (Seite 103 ff.)

1. c	6. f	11. b	16. d	21. c	26. b	31. c2
2. e	7. c	12. c	17. c	22. b	27. a	32. b3
3. b	8. e	13. a	18. c	23. d	28. d	33. c1
4. c	9. d	14. c	19. b	24. b	29. c	34. b1
5. e	10. d	15. b	20. c	25. c	30. d	35. c2

Logisches Denken

Sinnvoll ergänzen (Seite 111 ff.)

1. a In jedem Schritt werden Blätter von der »Blüte« weggenommen. Dabei werden immer die sich gegenüberliegenden Blätter beseitigt.
2. b Die schwarze Fläche wird gleichmäßig immer größer. Mit jedem Schritt wandert der Punkt, von dem aus sie sich vergrößert, in die entgegengesetzt des Uhrzeigersinns nächste Ecke.
3. b Die Buchstaben rutschen immer eine Zeile tiefer. Dabei werden A und D gleichzeitig eine Spalte nach links und Bund C eine Spalte nach rechts geschoben.
4. d Die Figur (als Ganzes betrachtet) wird abwechselnd erst um 45° und (im nächsten Schritt) um 90° entgegen dem Uhrzeigersinn gedreht.
5. b Das Kreuz in der rechten oberen Ecke wird durch die beiden gestrichelten Linien gleichmäßig (!) immer mehr »gestaucht«. Im 3. Bild nimmt das Kreuz noch ein bisschen mehr als ein Viertel der Gesamtfigur ein, im 4. genau ein Viertel. Also muss es im 5. Bild ein bisschen weniger als ein Viertel ausfüllen.
6. c Die gestreifte Fläche wird nach oben hin immer kleiner. Während sie im 3. Bild noch knapp mehr als die Hälfte des Bildes ausfüllt, tut sie dies im 4. Bild nur noch zur Hälfte. Folgerichtig müsste sie sich also über knapp weniger als die Hälfte des 5. Bildes erstrecken.
7. e Die Figur dreht sich bei jedem Schritt um 90°. Gleichzeitig wird (gleichmäßig) pro Schritt eine »Feder« weggenommen.

8. e Das schwarze Dreieck bewegt sich mit jedem Schritt weiter Richtung Mittelpunkt des großen Dreiecks und dort angelangt von diesem wieder weg. Gleichzeitig dreht sich die Gesamtfigur jeweils um 45° entgegen dem Uhrzeigersinn.
9. f Die Figur dreht sich um 45° entgegen dem Uhrzeigersinn. Gleichzeitig tauschen der Kreis und das Dreieck mit jedem Schritt die Positionen.
10. c Von der Figur wird jeweils ein kleines Stück Weggenommen. Somit ist c die naheliegendste Lösung.
11. c Der Pfeil, der zuersrt nach rechts unten zeigt, dreht sich entgegen dem Uhrzeigersinn, der andere mit selbigen.
12. f Mit jedem Schritt wird ein Kreuz entfernt und ein Kreis hinzugefügt. Abwechselnd werden immer ein bzw. zwei Quadrate präsentiert.

Mathematik

Dreisatz (Seite 120–123)

1. 24 Behälter
2. 38 Flaschen
3. 15 l, 400 km
4. 24,75 m²
5. 141
6. 18 l, 300 km
7. 145-mal
8. 5,25 Nächte
9. 750 g
10. 375 g
11. 12,50 €
12. 9,80 €
13. 50 kg
14. 10,5 Nächte
15. 100 Träger
16. 48 Tage
17. 32 Tage
18. 8 h
19. 1.200 Kartons
20. 2,58 €
21. 6
22. 5
23. 280 g
24. 6/7
25. 1.516 ⅔ g
26. 48 €
27. 16 €
28. 156 €
29. 1.750 €
30. 5 €
31. 69.000 €
32. 27 Tage
33. 62 ⅔ cm
34. 9 Jahre
35. 14 Monate
36. 38 Tage
37. 8 h
38. 100 Fliesen
39. 96 Büroangestellte
40. 100 Techniker

Durchschnittsrechnung (Seite 124 f.)

1. 1,5 Stücke
2. 18 Jahre
3. 1,38 €
4. 30 €/m²
5. 1,50 €
6. 5 €
7. 7 Orangen
8. 6 Vasen
9. 3 Dosen
10. 0,30 €

Mischungsrechnung (Seite 126 f.)

1. 7,75 €
2. 3,50 €
3. 10,80 €
4. gute K. : schlechte K. = 5 : 4
5. ARG : USA = 1 : 2
6. Veilchen : Stiefmütterchen = 1 : 4
7. 28 %
8. 375 ml
9. 15 l
10. 13 ⅓ %

Prozentrechnung (Seite 129–133)

1. 50 kg
2. 6 %
3. 60 %
4. 37 %
5. 50 kg
6. 50 %
7. 100 %
8. 40 %
9. 50 %
10. 42 €
11. 25 m² Heckenpflanzen,
    7,5 m² Obstbäume,
    90 m² Gemüse,
    55 m² Blumen,
    72,5 m² Rasen
12. 3.437,50 €
13. 960 Brötchen, 329 Brote,
    186 Baguettes
14. 15.172,50 €
15. 119 Jungen
16. 2.120.000 €
17. 69 Fahrer
18. 1.500 €
19. 3,05 €
20. 511,50 €
21. 35.000 €
22. 6.625 €
23. 2.000 €
24. 1.736,44 €
25. 334.487.734 Hektoliter
26. 500.000 €
27. 550.000 €
28. 1.000 €
29. 24 €
30. 8 %
31. 10 %
32. 80 %
33. 40 %

34. 41,6 %
35. 34 % gesunken, 212,50 € Verlust
36. 90 %
37. Folgende Winkel müssen die Kreissektoren im Diagramm haben: Klaus 36°, Norbert 108°, Kristin 216°
38. kein Unterschied
39. 17.550 €
40. 50 l
41. 9,17 €
42. nein, weniger
43. 98 % der ursprünglichen Miete
44. 100.000 €
45. 70 Jungen

Verteilungsrechnung (Seite 134 f.)

1. 256 Taler
2. 336.000 €
3. 1. Bote 6 Taler, 2. Bote 12 Taler
4. 13.000 €
5. 180 Sitze Demokraten, 100 Sitze Sozialisten, 20 Sitze Liberale
6. A = 75.000 €, B = 37.500 €, C = 87.500 €
7. A = 250.000 €, B = 50.000 €, C = 125.000 €, D = 75.000 €
8. A = 15.000 €, B = 5.000 €, F = 30.000 €
9. SPD 25.100.000, Grüne 5.500.000, CDU/CSU 24.800.000, FDP 4.600.000
10. A = 6.250 €, B = 3.125 €, C = 15.625 €

Währungsrechnung (Seite 136 ff.)

1. 19.863,55 Yen
2. 34,40 €
3. 105 Schweizer Franken
4. 3.725 dänische Kronen
5. 29,37 €
6. 58,88 €
7. 408 €
8. 297.500 US-Dollar
9. 35.207,16 €
10. 10,41 € Verlust
11. 250 Singapore-Dollar
    > 25 US-Dollar
    > 10.000 dominikanische Peso
    > 15 Schweizer Franken
    > 25.000 indische Rupien
12. 125.500 €
13. 466,67 Schweizer Franken
14. Tschechien
15. 21 €

Zinsrechnung (Seite 139–143)

1. 1.187,50 €
2. 2.530 €
3. 101,56 €
4. 4,08 %
5. 2 Jahre 111 Tage
6. 379.146,92 €
7. 10,08 %
8. 10.989,47 €
9. 2.250 €
10. 2.100 €
11. 105 €
12. 5.200 €
13. 17,50 €
14. 500 €
15. 37,78 €
16. Angebot B
17. Angebot B, 3.600 €
18. ja, er spart 445,83 €
19. 32.600 €
20. 833,33 €
21. 1.714,29 €
22. 1.590 €
23. 10.000 €
24. 1.200.000 €
25. 90.000 €
26. 2.769,23 €
27. 9 %
28. 10 %
29. 12 %
30. 2,8 %
31. 15 %
32. Bank A 12 %, Bank B 18 %, Bank C 14 %
33. 12 %
34. 1/2 Jahr
35. 5 Monate
36. 49 Tage
37. 39 Tage
38. 11 Monate
39. 17.06.2010
40. 7 Tage

Kopfrechnen (Seite 144 f.)

1. 68
2. –117
3. 57
4. 51
5. 140
6. 64
7. 43,5
8. 4
9. 9
10. 289
11. 3
12. 247
13. 1
14. 3.069
15. 31
16. 65.784
17. 180
18. 315
19. 390
20. 47
21. 33
22. 315
23. 25
24. 215
25. 52
26. 270
27. –6
28. 255
29. 4
30. 15
31. 18
32. 125
33. 966
34. 157
35. 3
36. 1.681
37. 2.717
38. 334
39. 469
40. 681
41. 1.232
42. 513
43. 13
44. 62
45. 1.183
46. 160
47. 238
48. 216
49. 454
50. 9

Trainingsparcours Textaufgaben (Seite 146 f.)

1. a) 15 Liter	*Gegeben*:	6 Liter = 100 km x Liter = 250 km
	Gesucht:	Verbrauch auf 250 km
	Lösungsweg:	6/100 = 1 km 6/100 × 250 = 15 = Verbrauch auf 250 km
	Lösung:	Der Motorroller verbraucht 15 Liter auf 250 km.
1. b) 400 km	*Gegeben*:	6 Liter = 100 km
	Gesucht:	Maximal mögliche Wegstrecke bei einem 24-Liter-Tank
	Lösungsweg:	24/6 = 4 (Die 4 ist noch × 100 zu nehmen, da der Verbrauch immer in Liter/100 km angegeben wird)
	Lösung:	Der Motorroller kann mit einem 24-Liter-Tank 400 km weit fahren.
2. 24,75 qm	*Gegeben*:	Geselle = 18 qm = 8 Std. = 1 Arbeitstag Azubi = 18/3 qm = 6 qm = 8 Std. = 1 Arbeitstag Meister = 18 × 1,25 = 22,5 qm = 8 Std. = 1 Arbeitstag (Hinweis: Die Leistung des Malers ist 25 % größer als die des Gesellen. 25 % mehr lassen sich als Faktor 1,25 ausdrücken)
	Gesucht:	Die Differenz zwischen dem besten (Meister) und schlechtesten (Azubi) Arbeitsergebnis nach eineinhalb Tagen
	Lösungsweg:	Zunächst gilt es die Arbeitsleistung des Besten und des Schlechtesten zu ermitteln. Dies ist durch die Aufgabenstellung jedoch schon so gut wie vorgegeben (s. o.). Somit kann man sich nun der eigentlichen Fragestellung nach der Differenz des besten und des schlechtesten Arbeitsergebnisses nach 1,5 Tagen widmen: $\text{Azubi} = \frac{6 \text{ qm} \times 12 \text{ Std.}}{8} = 9 \text{ qm}$ $\text{Meister} = \frac{22{,}5 \text{ qm} \times 12 \text{ Std.}}{8} = 33{,}75 \text{ qm}$ $33{,}75 - 9 = 24{,}75$
	Lösung:	Die Differenz zwischen der Leistung des Meisters und der des Azubis beträgt 24,75 qm.

3. 35 Partien

Gegeben: 10.500,– € als Ausgabe, um Gewürzpartien zu kaufen
100,– € als Gewinn pro verkaufter Partie
14.000,– € als Gesamteinnahme nach Komplettverkauf (inkl. Gewinn)

Gesucht: Anzahl der Partien, die insgesamt verkauft wurden.

Lösungsweg: 14.000 – 10.500 = 3.500 = Reinkosten aller Partien

$\frac{3.500}{100} = 35$ = Gesamtbestand

(Hinweis: Die Reinkosten müssen durch 100 geteilt werden, da dies der Gewinn *pro Partie* ist)

Lösung: Der Gesamtbestand betrug 35 Gewürzpartien.

4. 1.187,50 €

Gegeben: Kredit = 150.000 €
Zinsen p. a. = 9,5 %

Gesucht: Größe der monatlichen Zinsrate?

Lösungsweg: 150.000 × 0,095 = 14.250 = Zinsbetrag pro Jahr

$\frac{14.250}{12} = 1.187{,}50$ € = Zahl pro Monat

Lösung: Die monatliche Zinsrate beträgt 1.187,50 €.

5. $26\frac{2}{3}$ Meter

Gegeben: Die Reaktionszeit beträgt eine Sekunde
Der Lastwagenfahrer fährt mit einer Geschwindigkeit von 96 km/h

Gesucht: Wie viele Meter fährt der Lastwagenfahrer pro Sekunde (Reaktionszeit)?

Lösungsweg: 96 km = 96.000 m in einer Stunde

$\frac{96.000}{1.600} = 1.600$ m in einer Minute

$\frac{16.000}{60} = 26\frac{2}{3}$ Meter pro Sekunde

Lösung: Die Wegstrecke beträgt $26\frac{2}{3}$ Meter, bis der Lastwagenfahrer reagiert.

6. 280 km

Gegeben: Der Radrennfahrer fährt konstant 40 km in einer Stunde

Gesucht: Wie viele km schafft er in 7 Stunden?

Lösungsweg: 40 km × 7 Stunden = 280 km

Lösung: Die Wegstrecke in 7 Stunden beträgt 280 km.

7. 205 kg

Gegeben: 15 Kisten wiegen je 3 kg, also insgesamt 45 kg
Das Gesamtgewicht aller Kisten inkl. Bananen beträgt 250 kg

Gesucht: Wie viel wiegen die Bananen alleine?

Lösungsweg: 250 kg – (15 × 3) = 205 kg

Lösung: Die Bananen wiegen alleine 205 kg.

8. 17 Jahre

Gegeben: Beide Brüder sind zusammen 40 Jahre alt
$= x + y = 40$
Der ältere Bruder ist um 6 Jahre älter

Gesucht: Wie alt ist der jüngere Bruder?

Lösungsweg: $A = \frac{y - z}{2}$ $A = \frac{40 - 6}{2}$ $A = \frac{34}{2} = 17$

Lösung: Der jüngere Bruder ist 17 Jahre alt (und der ältere somit 23 Jahre).

Alternativer Lösungsweg:

x = jüngerer Bruder
y = älterer Bruder
$y = x + 6$ → in $x + y = 40$ einsetzen:
$x + x + 6 = 40$
$2x + 6 = 40 \quad -6$
$2x = 34 \quad :2$
$x = \mathbf{17}$
$y = 6 + x$
$y = 6 + 17 = \mathbf{23}$

9. 1,92 Min.

Gegeben: 25 km = 60 Minuten = Strecke Mann
Der Mann hält bereits nach 1,2 km an und wartet auf seine Frau
15 km = 60 Minuten = Strecke Frau

Gesucht: Wie lange muss der Mann auf die Frau warten, wenn er nach 1,2 km anhält?

Lösungsweg: *Für die Strecke des Mannes*
25 km = 60 Minuten
$\frac{60}{25} = 2{,}4$ Minuten = 1 km
2,4 (Minuten) × 1,2 (km) = 2,88 Minuten
Für die Strecke der Frau
15 km = 60 Minuten
$\frac{60}{15} = 4$ Minuten = 1 km
4 (Minuten) × 1,2 (km) = 4,8 Minuten
Wartezeit des Mannes
4,8 – 2,88 = 1,92 Minuten

Lösung: Der Mann muss 1,92 Minuten auf seine Frau warten.

10. 48,– €	*Gegeben*:	$\frac{7}{8}$ entsprechen 84 €
		$\frac{1}{2}$ entsprechen X €
	Gesucht:	Wie viel kostet eine halbe Flasche?
	Lösungsweg:	$\frac{7}{8} = 84$ €
		Hier wird zunächst durch 7 geteilt, damit errechnet wird, wie viel ⅛ der Flasche kostet
		$\frac{1}{8} = \frac{84}{7} = 12$ €
		⅛ der Flasche kostet somit 12 €, gesucht sind aber ½ Flasche = 4/8
		$\frac{1}{8} \times 4 = 12 \times 4 = 48$ €
		$\frac{1}{2}$ sind = $\frac{4}{8}$ daher × 4 auf beiden Seiten
		also 12 € × 4 = 48 €
	Lösung:	Die halbe Flasche kostet 48 €.
11. 4 × 4 m	*Gegeben*:	Seitenlängen des Marktplatzes: 100 und 144 Meter.
	Gesucht:	Der größte gemeinsame Teiler der Seitenlängen des Marktplatzes
	Lösungsweg:	Gesucht ist das ggT der Zahlen 100 und 144
		100 : 2 × 2 × 5 × 5
		144 : 2 × 2 × 2 × 2 × 3 × 3
		ggT 2 × 2 = 4
	Lösung:	Die Abmessung einer Platte beträgt 4 × 4 m.
12. 12.000 €	*Gegeben*:	Die Eltern zahlen ⅓ und ⅜ des Autopreises (im Folgenden mit X bezeichnet), also insgesamt 8.500 €
	Gesucht:	Was kostet das neue Auto insgesamt?
	Lösungsweg:	$\frac{1}{3}x + \frac{3}{8}x = 8.500$ € I Suche des kgV von 3 und 8 (= 24)
		$\frac{8}{24}x + \frac{9}{24}x = \frac{17}{24}x = 8.500$ € I : 17 × 24
		X = 12.000 €
	Lösung:	Das Auto kostet 12.000 €.
13. B = 48 A = 16 S = 24	*Gegeben*:	Bürovorsteher B, Azubi A und Sekretärin S B = 3A (I) B = 2S (II) B + A + S = 88 (III)
	Gesucht:	Das Lebensalter der einzelnen Personen

Lösungsweg: Aus (I) und (II) folgt:

$A = \frac{B}{3} \qquad S = \frac{B}{2}$

Einsetzen in (III) liefert:

$B + \frac{1}{3} B + \frac{1}{2} B = 88$

$\frac{11}{6} B = 88$

$B = 48$

Dieser Wert wird wiederum in (I) und (II) eingesetzt, sodass man das Alter der Auszubildenden und der Sekretärin erhält:

$A = \frac{B}{3} = \frac{48}{3} = 16$

$S = \frac{B}{2} = \frac{48}{2} = 24$

Lösung: Der Bürovorsteher ist somit 48 Jahre alt, die Auszubildende 16 Jahre und die Sekretärin 24 Jahre.

14. Peter

Gegeben: Strecke des ersten Rennens = 10.000 m
Strecke des zweiten Rennens für Peter = 10.100 m
Strecke des zweiten Rennens für Victor = 10.000 m
Beide fahren im ersten und zweiten Rennen je gleich schnell

Gesucht: Wer wird Gewinner des zweiten Rennens?

Lösungsweg: Zuerst gilt es zu ermitteln, wie schnell beide im ersten Rennen fahren.

Dazu gilt: $v = \frac{s}{t}$

$V_{Peter} = \frac{10.000\ m}{t} \qquad V_{Viktor} = \frac{9.900\ m}{t}$

Wie viel Zeit brauchen die beiden nun jeweils für ihre Strecke beim zweiten Rennen? Dafür gilt nun umgeformt:

$t = \frac{s}{v}$

$$t_{Peter} = \frac{s_{Peter}}{v_{Peter}} = \frac{\frac{10.100\ m}{10.000\ m}}{t} = \frac{10.100\ m \times t}{10.000\ m} = 1\ \frac{1}{100} \times t$$

$$t_{Viktor} = \frac{s_{Viktor}}{v_{Viktor}} = \frac{\frac{10.000\ m}{9.900\ m}}{t} = \frac{10.000\ m \times t}{9.900\ m} = 1\ \frac{1}{99} \times t$$

$1\ \frac{1}{99} \times t > 1\ \frac{1}{100} \times t$

Lösung: $t_{Viktor} > t_{Peter}$ – woraus folgt, dass Peter erneut der Sieger ist.

Postkorbübung
(S. 195–213)

Dokument	*Entscheidung*
1 Notiz Ehefrau	Die fristlose Kündigung eines Au-pair-Mädchens ohne Beweise ist nicht zulässig. Die Situation muss geklärt und ein persönliches Gespräch mit Milli vereinbart werden. Termin vorschlagen und im Kalender eintragen.
2 Kalender	Alle Termine sollten in den Kalender eingetragen werden (Nachbar, neues Au-pair-Mädchen, Gespräche mit Lehrer und Direktor, Besuch des Chefs).
3 Dr. Bohr	Auch wenn man offensichtlich nur Mieter ist, gilt es, den Termin wahrzunehmen, ggf. zu delegieren (z.B. an die Ehefrau).
4 Landesbank	Von wichtiger Bedeutung, steht aber in Zusammenhang mit den Dokumenten 11 und 14. Ein kleiner Verlust durch einen Teilverkauf von Aktien im Werte von etwa 25.000 Euro (Hälfte des Depots) erscheint angemessen und muss der Bank mitgeteilt werden. Für den Rest eine Versicherung abschließen (Dokument 15). Erfordert eine besondere Zeitplanung (Rechtsanwaltsbesuch).
5 Tochter/Schule	Von Bedeutung, weil durch Dokument 12 aktuell. Termin in Kalender eintragen und wahrnehmen. Vorher unbedingt mit Lehrer und Direktor sprechen. Auftrag an Haushilfe bzw. Ehefrau wegen Terminvereinbarung für Di, 5.7.
6 Gärtnerei	Unwichtig, zu vernachlässigen, nichts tun. Am 5.7. sind Sie wieder da und der Gärtner weiß, was zu tun ist.
7 Kreisgericht	Relativ unwichtig. Sie sind erst am 5.7. da. Terminsetzung zu kurzfristig, ggf. kurzer Brief an das Kreisgericht, evtl. durch Ihr Büro.
8 Martha/Scheck	Zu beachten: Kein Blankoscheck, nachdem im Haus ein Diebstahl beklagt wird, lieber etwas vorsichtiger sein. Evtl. 200-Euro-Scheck ausstellen. Uhrenkauf (Dokument 10) und Gärtnerei (Dokument 6) zeigen einen etwas problematischen Umgang mit dem Geld. Rechnungen lieber etwas liegen lassen.
9 Grund- u. Boden	Wichtig, obwohl juristisch auf schwachen Füßen, Brief mit Gesprächs- und Verhandlungsangebot veranlassen, Einspruch einlegen gegen Kündigungsdrohung. Nicht zu sehr verunsichern lassen.
10 Sohn	Im Moment zu vernachlässigen, bald aber Gespräch führen wegen der Themen Umgang mit Geld und Schule. Juwelier kann warten, darf teure Uhr nicht an 14-Jährigen verkaufen. Ggf. am Abend Gespräch mit Sohn führen.
11 Wirtschaftsbrief	Wichtig ist lediglich Artikel »Spekulation«. Wem vertraut man eher, der Bank oder diesem Brief? Steht in Zusammenhang mit Dokument 4 und Dokument 15.

12 Schulleiter	Wichtig, weil neben Schulverweis auch Auseinandersetzungen am 6.7. (Dokument 5) drohen. Kurzbrief mit Bitte um Gesprächstermin. Erst Sachverhalt klären, dann ggf. entschuldigen.
13 Martha	Termin mit Nachbar ernst nehmen. Veranlassen, dass Montag spät am Abend oder Dienstag ein Treffen vereinbart wird. Vorstellungsgespräch mit neuem Au-pair-Mädchen delegieren an Frau und Martha. Ggf. Ehefrau veranlassen, mit Chef zu telefonieren wegen Opernpremiere, ob er mitkommt (Dokument 1).
14 Rechtsanwalt	Wichtig: für unter 1.600 Euro Absicherung gegen Verlustrisiko bei Aktien. Da nur noch halbes Depot, lediglich ca. 800 Euro. Persönlichen Besuch einplanen (Dokument 15), Scheck mitnehmen.
15 Terminplan	s.u., kann erst am Ende bearbeitet werden. Terminplanung (Dokument 15)

Meldestelle, Arzt, Wohnung, Bahnhof mit vorherigem Besuch des Delikatessengeschäfts wegen des Überraschungsgeschenkes für die Frau des Chefs sind unbedingte Muss-Anlaufstellen und werden mit jeweils 20 Punkten honoriert (sagt die Auswertungsempfehlung für die AC-Beobachter). Krankenhaus und Museumszeiten werden zwar mit Zusatzpunkten belohnt, aber hier wie auf der Bank, beim Rechtsanwalt und Friseur gibt es nur zehn Punkte. Alle Anlaufstellen ergeben maximal 150 Punkte, insgesamt sind angeblich 206 Punkte erreichbar, wenn man lediglich von 17.59 Uhr bis 18.03 Uhr am Bahnhof ist.

Die optimale Lösung sieht einen Weg über Friseur, Bank, Meldestelle, Rechtsanwalt, Delikatessengeschäft, Arzt und Bahnhof vor. Hier trifft man um 17:59 Uhr, ohne Arzt drei Minuten früher, also noch rechtzeitig ein. Nach nur zwei Minuten Geschenkübergabe am Bahnhof kann man sogar noch seine Freundin im Museum mit einer Minute beglücken.

Der optimale Weg führt vom Bahnhof weiter über das Krankenhaus zur geliebten Frau (hier sind zehn Minuten Aufenthalt ausreichend), zur eigenen Wohnung, um den Nachwuchs hereinzulassen, und zum zweiten Mal zum Museum, um hier der Geliebten 13 Minuten zu widmen.

(Anmerkung: Die Konstruktion Ehefrau im Krankenhaus – Geliebte im Museum ist wirklich nicht auf unserem Mist, in unserer Fantasie, gewachsen. Das Original-AC sieht ein Treffen mit der Freundin im Park vor. Gott sei Dank ist es noch warm.)

Auswertung

Die vorgegebene Bearbeitungszeit von einer Stunde ist sehr knapp. Wer den Terminplan zwischendurch anfängt, wird in Zeitnot kommen.

Die AC-Beobachter legen gesteigerten Wert auf ein gutes Postkorb-Interview. Hier müssen die AC-Teilnehmer ihr Vorgehen detailliert erklären (z.B. zunächst alles durchlesen, Wichtiges von Unwichtigem unterscheiden, eine bestimmte Strategie wählen, Prioritäten setzen, geschäftlichen oder finanziellen Interessen oder der Sorge um die Ehefrau Vorrang geben). Dabei verspricht man sich viele Hintergrundinformationen für jede einzelne Entscheidung und erkennt, ob der AC-Teilnehmer die Konsequenzen seiner Entscheidung planvoll mit einbezogen hat.

Empfehlung: Überlegen Sie sich, was Sie – im Postkorb-Interview entsprechend befragt – für Erläuterungen und Begründungen angeben. Entwickeln Sie nach einem ersten Durchlesen eine Strategie (Plan), mit der Sie verdeutlichen, dass Sie in den Bereichen des systematischen Denkens und Handelns befähigt sind.

Das Hesse/Schrader-Training im Mappenformat

Bewerbungserfolg kann man trainieren: Mit dem neu konzipierten Hesse/Schrader-Training inklusiver neuen Multimedia-CD-ROM.

Hesse/Schrader-Training Arbeitszeugnis
Schreiben – Interpretieren – Verhandeln

128 Seiten mit CD-ROM / Broschur

ISBN 978-3-8218-5717-6

Hesse/Schrader-Training Initiativbewerbung
Auffallen – Überzeugen – Gewinnen

128 Seiten mit CD-ROM / Broschur

ISBN 978-3-8218-5719-0

Hesse/Schrader-Training Schriftliche Bewerbung
Anschreiben – Lebenslauf – E-Mail- und Online-Bewerbung

144 Seiten mit CD-ROM / Broschur

ISBN 978-3-8218-5718-3

Hesse/Schrader-Training Vorstellungsgespräch
Vorbereitung – Fragen und Antworten – Körpersprache und Rhetorik

128 Seiten mit CD-ROM / Broschur

ISBN 978-3-8218-5716-9

eichborn berufsstrategie